国家有证标准物质
研制技术与实例

杨梦瑞　主编

化学工业出版社

·北京·

内容简介

本书作者根据多年从事标准物质研制与国家有证标准物质评审工作的经验积累，从标准物质的概念、国家有关标准物质研制的技术规范要求、标准物质研制共性关键技术、具体典型的研究实例介绍以及标准物质的申报等角度，系统介绍了标准物质研制技术，具有非常强的实用性。全书基于"国家质量基础的共性技术研究与应用""食品安全关键技术研发"等国家重点研发计划项目的重点研究内容，具体介绍了多种有证标准物质研发实例，包括了有机纯度标准物质、有机溶液标准物质及有机基体标准物质。本书可供从事国家标准物质研制、使用、培训、管理等的科研院所、大中专院校、企业中相关从业人员学习参考。

图书在版编目（CIP）数据

国家有证标准物质研制技术与实例 / 杨梦瑞主编.
北京：化学工业出版社，2024. 11. -- ISBN 978-7-122-46876-5

Ⅰ. TQ421.3

中国国家版本馆 CIP 数据核字第 2024FW9349 号

责任编辑：高　宁　仇志刚　　　　文字编辑：朱　允
责任校对：赵懿桐　　　　　　　　装帧设计：韩　飞

出版发行：化学工业出版社
　　　　　（北京市东城区青年湖南街 13 号　邮政编码 100011）
印　　装：北京捷迅佳彩印刷有限公司
710mm×1000mm　1/16　印张 16½　字数 252 千字
2025 年 8 月北京第 1 版第 1 次印刷

购书咨询：010-64518888　　　　　售后服务：010-64518899
网　　址：http://www.cip.com.cn
凡购买本书，如有缺损质量问题，本社销售中心负责调换。

定　　价：128.00 元　　　　　　　版权所有　违者必究

编 委 会

主　　　编：杨梦瑞

副　主　　编：杨扬仲夫　王　敏

其他参编人员：周　剑　闫晶晶　李　亮　王彤彤

　　　　　　　李付凯　李　凯

前 言

　　物质世界的精确测量是科学进步与技术创新的基石。标准物质作为量值传递与溯源的关键载体，其研制技术直接关系到分析检测结果的可靠性、可比性与国际互认。从基础科研到产业应用，从农业生产到健康医疗，标准物质的身影无处不在。撰写《国家有证标准物质研制技术与实例》一书，正是希望通过长期从事农业领域标准物质研制与申报的实践经验，为同行提供一份具有实践价值的参考。

　　本书的独特在于"技术"与"实例"的有机融合。书中收录的 6 个典型研制实例均来自作者近十年一线研制工作，涉及的标准物质均已获批国家一级/二级有证标准物质，涵盖了有机纯度、有机溶液以及基体标准物质等多种类型。我们特意选择了具有代表性的研制实例，每个实例不仅详细记录了研制过程中的技术参数和数据结果，更披露了研制技术路线与解决方案。同时，书中最后一章也详细描述了国家有证标准物质申报的材料撰写与申报流程，希望能帮助研制人员与申报单位少走弯路。

　　本书由国家重点研发计划项目课题"食品基体标准物质/标准样品制备共性关键技术研究与国际互认（2019YFC1604800）"、"绿色投入品抗致病因子生物活性评价计量技术和标准物质研究（2023YFF0724503）"资助，中国计量测试学会、中国农业科学院农业质量标准与检测技术研究所农业标准物质创新团队的各位领导与同事也给予了各方面的配合和支持，在此一并感谢。

由于我国标准物质发展日新月异，国家有证标准物质的管理制度、研制技术规范、评审制度与标准也在不断的发展与变化，书中的研制内容与现行的技术与评审要求难免存在不适宜之处，加之编者能力水平有限，肯定存在一些错误和问题，恳请同行专家以及使用本书的广大读者批评指正。

杨梦瑞

2025 年 7 月 25 日 北京

目 录

标准物质作为"化学砝码",是量值传递和测量校准的有效载体与工具,作为测量参考标准,是用于测量过程控制和测量结果评价不可缺少的工具,是建立一致性和可比性的全球测量互认体系的物质基础和保障。对改进检测工作质量、提高检测准确度、保证检测结果的一致性和有效性具有重要意义,为科技进步与创新、重大决策以及经济和社会发展中所涉及的公平贸易、标准制定与实施、民生保障等提供坚实的支撑。标准物质的研发与应用对钢铁、环境、化工、临床、农业、食品等多个领域的发展具有重要作用。

本章重点从定义、特性要求与分类、我国标准物质研制规范、有证标准物质发展现状等方面,对我国国家有证标准物质进行介绍。

第一节
标准物质

一、标准物质定义

在我国发布的国家计量技术规范 JJF 1005—2016《标准物质通用术语和定义》中给出了有关标准物质的定义。

1. 标准物质

又称参考物质(reference material,RM),是指具有足够均匀和稳定的特定特性的物质。其特性适用于测量和标称特性检查中的预期用途。

注1:标称特性的检查提供标称特性值及其不确定度。该不确定度不是测量不确定度。

注2:赋予或未赋予量值的标准物质都可用于测量精密度控制,只有赋予量值的标准物质才可用于校准或测量正确度控制。

注3:"标准物质"既包括具有量的物质,也包括具有标称特性的物质。

注4:标准物质有时与特制装置是一体化的。

注5:有些标准物质的量值计量溯源到单位制外的某个测量单位。这

类物质包括量值溯源到由世界卫生组织指定的国际单位（IU）的疫苗。

注6：在某个特定测量中，所给定的标准物质只能用于校准或质量保证两者中的一种用途。

注7：对标准物质的说明应包括该物质的追溯性，指明其来源和加工过程。

注8：国际标准化组织/标准物质委员会有类似定义，但采用术语"测量过程"意指"检查"，它既包含了量的测量，也包含了标称特性的检查。

2. 有证标准物质

又称有证参考物质（certified reference material，CRM），是指附有由权威机构发布的文件，提供使用有效程序获得的具有不确定度和溯源性的一个或多个特性值的标准物质。

注1："文件"是以"证书"的形式给出。

注2：有证标准物质制备和认定的程序在国家计量技术规范 JJF 1342、JJF 1343 中是有规定的。

注3：在定义中，"不确定度"包含了测量不确定度和诸如同一性和序列的标称特性值的不确定度两个含义。"溯源性"既包含量值的计量溯源性，也包含标称特性值的追溯性。

注4："有证标准物质"的特定量值要求附有测定不确定度的计量溯源性。

注5：国际标准化组织/标准物质委员会有类似定义，但修饰词"计量"既适用于量也适用于标称特性。

二、标准物质特性

标准物质的特性包括稳定性、均匀性、准确性、量值传递性以及实用性。标准物质是以特性量值的稳定性、均匀性和准确性为其主要特征的。这三个特性也是标准物质的基本要求。

1. 标准物质稳定性

稳定性是指在规定的时间和环境条件下，标准物质的特性量值保持在规定范围内的能力。这种稳定性确保了标准物质在长时间使用和存储后仍然能够保持其准确的量值，从而保证了测量的可靠性。标准物质的稳定性又分为长期稳定性和短期稳定性，短期稳定性又称为运输稳定性。

2. 标准物质均匀性

均匀性是标准物质的一种或几种特性具有相同组分或相同结构的状态。制备好的样品需要经过均匀性检验，只有通过均匀性检验的样品才能进入定值阶段。均匀性确保了标准物质在不同部位的成分或特性是一致的，这使得标准物质在校准仪器、测量材料和生产过程中的质量控制中能够发挥重要作用。标准物质均匀性又分为瓶间均匀性和瓶内均匀性。

3. 标准物质准确性

准确性是指标准物质具有准确计量的或严格定义的标准值（亦称保证值或鉴定值）。标准物质的量值由高水平的分析工作者在专业性实验室进行测定，通过统计处理确定其准确度，并标注在标准物质证书上。测定标准物质特性量值的过程就是标准物质的定值。

此外，标准物质的量值具有传递性。标准物质的量值可以通过比较测量进行传递，这意味着一个标准物质的量值可以被用来校准其他测量工具或物质，确保了测量的一致性和准确性。

最后，标准物质具有实用性。标准物质可以在实际工作条件下应用，用于校准检定测量仪器、评价测量方法的准确度、测量过程的质量评价以及实验室的计量认证与测量仲裁等。这种实用性使得标准物质在各个领域中得到了广泛的应用。

三、标准物质分类、分级与编号

1. 标准物质分类

根据《中华人民共和国计量法》制定的《标准物质管理办法》（1987年7月10日国家计量局发布）中第二条规定：标准物质是指用于统一量值的标准物质。用于统一量值的标准物质，按技术特性分类，分为化学成分分析标准物质、物理特性与物理化学特性测量标准物质和工程技术特性测量标准物质。依据标准物质学科专业和应用领域，可划分为临床化学分析与药物成分分析标准物质、环境化学分析标准物质、物理特性与物理化学特性测量标准物质、地质矿产成分分析标准物质、钢铁成分分析标准物质、有色金属及金属中气体成分分析标准物质、核材料成分分析与放射性测量标准物质、化工产品成分分析标准物质、食品成分分析标准物质、建材成分分析标准物质、煤炭石油成分分析和物理特性测量标准物质、工程技术特性测量标准物质和高分子材料特性测量标准物质等十三大类。标准物质领域布局反映行业、产业、企业及区域经济状况和产业结构。目前，我国已建成涵盖临床化学分析与药物成分分析等十三大类的标准物质体系。珠三角、长三角也是标准物质行业发达的区域，食品安全、环境监测以及大众健康领域标准物质需求旺盛。

按常见类型分类，标准物质一般分为纯度、溶液和基体三种类型。纯度标准物质是一种用于确定化学物质的纯度和杂质含量的物质，它确保物质符合规定的纯度要求，常用于赋值、配制溶液。溶液标准物质主要用于校准仪器设备。基体标准物质是一种具有实际样品特性的标准物质，旨在用于与其有相同或相似基体的实际样品的分析。这种标准物质在校准测量仪器、评价测量分析方法、测量物质或材料特性值、考核分析人员的操作技术水平，以及生产过程中产品的质量控制等领域起着不可或缺的作用。

2. 标准物质分级

我国根据标准物质溯源过程中的计量学控制水平即计量学有效性的高低，将标准物质划为：国家一级标准物质和国家二级标准物质。一级标准物质指由绝对测量法或其他准确可靠的方法确定物质特性量，准确度达到国内最高水平，具有唯一性。二级标准物质其特性量值通过与一级标准物质直接比对或用其他准确可靠的分析方法测试而获得，准确度和均匀性能满足一般测量的需要，可重复研制与申报。

3. 标准物质编号

我国标准物质的编号规则由标准代号、大类号、小类号、顺序号和生产批号组成。标准物质的编号形式通常为"GBW"冠于编号前部，GBW代表国家标准物质。编号的前两位是标准物质的大类号，第3位数是小类号，每大类标准物质分为 0～13 个小类。第 4～5 位是同一小类标准物质中按审批的时间先后顺序排列的顺序号。当标准物质为国家二级标准物质时，在 GBW 后加"（E）"表示二级，此时编号为六位数字，前两位是标准物质大类号，后四位为顺序号。当有复制批时，末尾加英文小写字母表示的生产批号，批号顺序与英文字母顺序一致。如图 1-1 所示。

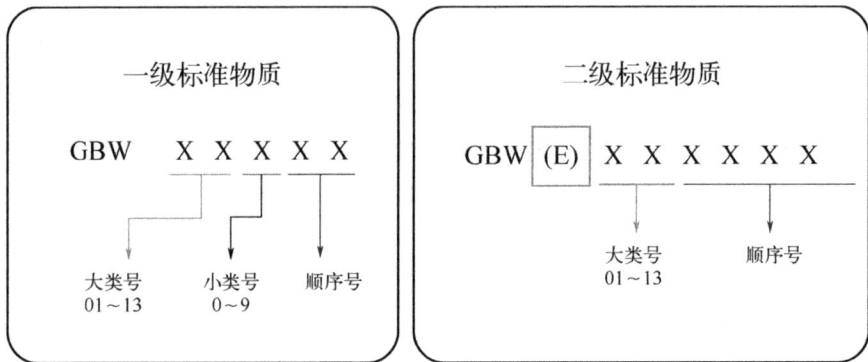

图 1-1   标签示意图

具体来说，标准物质的编号规则如下。

① 标准代号：国家标准物质的前缀为"GBW"，表示该物质是国家级标准物质。

② 大类号和小类号：编号的前两位是大类号，第 3 位是小类号，表示该物质的具体分类。

③ 顺序号：第 4～5 位是同一小类标准物质中按审批的时间先后顺序排列的顺序号。

④ 生产批号：最后一位是用英文小写字母表示的生产批号，批号顺序与英文字母顺序一致。

四、标准物质作用

1. 保存和传递特性量值，建立测量溯源性

标准物质是特性量值准确、均匀性和稳定性良好的计量标准，具有在时间上保持特性量值，在空间上传递特性量值的功能。使用标准物质，可

以使实际测量结果获得量值溯源性。溯源性的定义是指通过一条具有规定不确定度的不间断的比较链，使测量结果或测量标准的值能够与规定的参考标准，通常是与国家测量（计量）或国际测量（计量）标准联系起来。溯源性是标准物质的根本属性，确保了测量结果的一致性、可比性和准确性。具体来说，标准物质通过校准测量仪器、评价测量过程，将测量结果溯源到国际单位制（SI），从而保证测量结果的一致性和可比性，达到量值统一。

2. 保证测量结果的一致性、可比性

标准物质将测量结果溯源到国际单位制，保证了测量结果，达到量值统一。通过校准测量仪器和评价测量过程，保证测量结果的一致性和可比性。标准物质具有准确、均匀和稳定的特性量值，通过使用标准物质，可以将测量结果溯源到国际单位制，确保不同时间、不同地点和不同人员之间的测量结果具有一致性和可比性。具体来说，标准物质在保证测量结果一致性、可比性方面的作用主要体现在以下几个方面。

① 校准测量仪器：使用标准物质，可以校准测量仪器，确保仪器的准确性和精度。标准物质作为已知的参考物质，可以帮助评估和调整仪器的测量性能，从而保证测量结果的准确性。

② 评价测量过程：标准物质可以用来评价和验证测量方法的有效性。通过比较测量结果与标准物质的已知值，可以判断测量方法的准确度和重复性，从而改进和优化测量过程。

③ 质量控制：在实验室日常工作中，通过使用标准物质进行平行样测试、加标回收和实验室间比对等质量控制手段，可以及时发现和纠正测量中的偏差，确保测量结果的可靠性。

综上所述，标准物质在保证测量结果的一致性和可比性方面发挥着至关重要的作用，通过校准仪器、评价过程和质量控制等手段，确保测量结果的准确性和可靠性。

3. 研究与评价测量方法

标准物质作为特性量值已知的物质，评价方法的准确性、重复性、适用性等，进而促进标准方法与测试技术的发展。通过比较不同方法对同一

标准物质的测量结果，可以判断各种方法的准确度和精密度，从而选择最可靠的方法进行后续测量；在分析过程中，同时分析标准物质可以考查操作过程的准确性；通过比较标准物质的分析结果与预期值，可以确保整个分析过程的稳定性和可靠性；标准物质可用于方法确认中，评估方法的准确度（偏差）及其测量不确定度，通过对实验进行细致的安排，可以同时得到方法的精密度等其他有用的信息。标准物质在实际工作中提供相关性能参数的准确度可接受并且适用的证明。通过使用标准物质，可以确保分析数据的准确性和可靠性，提高分析结果的可信度。

4. 保证产品质量监督检验的顺利进行

产品的原料检验、工艺流程控制、产品质量评价等等都需要各种标准物质来保证其结果可靠，实现良好的质量控制，有效提高产品质量。标准物质作为质量控制参考物质用于监测和控制生产过程中的产品质量。通过与已知浓度或含量的标准物质进行比对，可以评估生产过程的稳定性和一致性，并确保产品符合质量标准和规定要求。标准物质用于确定样品中的成分含量。通过与已知浓度或含量的标准物质进行比对，可以计算出样品中的目标成分含量，从而评估样品的质量和合规性。因此，标准物质在产品质量监督检验中发挥着至关重要的作用，确保了检验的准确性和可靠性，从而保证了产品质量监督检验的顺利进行。

第二节
我国有证标准物质发展现状

一、我国标准物质研制规范

标准物质是指具有足够均匀和稳定的特定特性的物质，适用于测量中或标称特性检查中的预期用途，其研制和生产均离不开可靠的质量管理与保证措施。国际接轨的研发和生产管理体系是取得国际互认、形成国际竞争优势的关键。JJF 1342—2022《标准物质研制（生产）机构通用要求》（替代 JJF 1342—2012）实现与现行 ISO 17034：2016《标准物质研制（生产）者能力的通用要求》的接轨，涵盖了该国际标准在结构、资源、技术、体系等方面的全部要求。该规范的发布与实施，将进一步促进我国标准物质研制（生产）机构管理体系的规范化运行，确保标准物质的研发、生产和服务质量。

标准物质的均匀性与稳定性评估、定值及不确定度评估是标准物质研制和生产的关键环节，也是国家一级、二级标准物质定级鉴定评审的重点内容。JJF 1343—2022《标准物质的定值及均匀性、稳定性评估》（替代 JJF 1343—2012）对接 ISO 35：2017《标准物质——定值及均匀性、稳定性评估指南》，针对标准物质研制方案策划、均匀性与稳定性实验方案设计、不同定值模式下的技术要求、新型统计学方法与不确定度评估等方面，给出更为详细和完善的规定。该规范具有较强的可操作性和技术指导意义，有利于规范标准物质的研制和生产过程，确保标准物质量值的溯源性、准确性与可靠性。

截至目前，我国已发布 JJF 1001—2011《通用计量术语及定义》、JJF 1005—2016《标准物质通用术语和定义》、JJF 1006—1994《一级标准物质技术规范》、JJF 1033—2023《计量标准考核规范》、JJF 1059.1—2012《测量不确定度评定与表示》、JJF 1071—2010《国家计量校准规范编写规则》、JJF 1186—2018《标准物质证书和标签要求》、JJF 1218—2009《标准物质研制报告编写规则》、JJF 1342—2022《标准物质研制（生产）机构通用要求》、JJF 1343—2022《标准物质的定值及均匀性、稳定性评估》、JJF 1507—2015《标准物质的选择与应用》、JJF 1718—2018《转基因植物核酸标准物质的研制》、JJF 1854—2020《标准物质计量溯源性的建立、评估与表达计量技术规范》、JJF 1855—2020《纯度标准物质定值计量技术规范 有机物纯度标准物质》、JJF 1960—2022《标准物质计量比对计量技术规范》、JJF 1344—2023《气体标准物质的研制》、JJF 2109—2024《标准物质定值技术要求 有机同位素稀释质谱法》等标准物质领域国家计量技术规范，被广泛应用到标准物质的研制生产、技术评审、监督管理和国际互认等领域。此外，《国家标准物质定级鉴定规范》《有机同位素标记物标准物质的研制计量技术规范》《乳及乳制品基体标准物质的研制计量技术规范》《食品分析基体标准物质研制——通用技术要求》《蔬菜基体中农药标准物质研制》和《有机分析溶液标准物质研制技术规范》等多项技术规范正在制定，未来将正式发布实施。计量技术规范在指导标准物质高质量发展、支撑标准物质定级鉴定评审与量值监管等方面发挥着越来越重要的作用。

二、我国标准物质获批情况

1. 2017—2024 年我国标准物质获批情况

自 1951 年全国钢铁检验委员会首次发布钢铁现场分析"弹簧钢"标准物质以来，经过多年发展，特别是"十三五"时期，在《计量发展规划（2013—2020 年)》《"十三五"国家科技创新基地与条件保障能力建设专项规划》《"十三五"国家食品安全规划》《"十三五"国家药品安全规划》等政策统筹引领下，我国标准物质在食品安全、环境保护、医疗卫生、先进材料等涉及国计民生的热点领域覆盖面不断扩大，持续满足经济社会飞速发展对计量检测的需求。截至 2024 年 10 月，我国共有国家一级标准物质3246 项，国家二级标准物质 14530 项。

如表 1-1 所列，国家标准物质总量从 2017 年的 10894 种增至 2024 年的 17776 种，增长率达 63.17%。其中，国家一级标准物质由 2017 年的 2406种增加到 2024 年的 3246 种，增长率为 34.9%，国家二级标准物质由 2017年的 8488 种增加到 2024 年的 14530 种，增长率为 71.2%。国家标准物质数量，特别是国家二级标准物质数量呈稳步增长趋势，能很大程度上满足我国工业生产、人民生活和贸易的需求，服务国家高质量发展。

表 1-1　2017—2024 年国家标准物质总量增长情况

标准物质	2017	2018	2019	2020	2021	2022	2023	2024
GBW	2406	2470	2659	2744	3089	3180	3228	3246
GBW(E)	8488	8948	10080	10551	12099	13376	14074	14530

2. 主要领域标准物质获批情况

（1）国家一级标准物质获批情况

国家一级标准物质（GBW）是用绝对测量法或两种以上不同原理的准

确可靠的方法定值。在只有一种定值方法的情况下，用多个实验室以同种准确可靠的方法定值；准确度具有国内最高水平，均匀性在准确度范围之内；稳定性在一年以上或达到国际上同类标准物质的先进水平。

2017—2024 年，国家一级标准物质累计获批新增 941 种。其中获批总数量前 5 位的行业领域依次为地质（259 种）、食品（156 种）、临床化学与药品（134 种）、环境（107 种）以及物理（105 种），5 个领域累计达 761 项，占全部一级标准物质的 80.87%。同时在建材、高分子材料两个领域获批数量为 0；有色金属、钢铁、工程领域批准数量则只有 54 种。

（2）国家二级标准物质获批情况

国家二级标准物质［GBW(E)］是用与一级标准物质进行比较测量的方法或一级标准物质的定值方法定值；准确度和均匀性未达到一级标准物质的水平，但能满足一般测量的需要；稳定性在半年以上，或能满足实际测量的需要。

2017—2024 年间，国家二级标准物质累计获批新增 6560 种，获批数量明显高于国家一级标准物质。其中获批总数前 5 位的行业领域依次为环境（2947 种）、化工产品（1360 种）、临床化学与药品（506 种）、食品（506种）以及物理（404 种）。5 个领域累计达 5723 项，占全部一级标准物质的87.24%。高分子材料领域二级标准物质获批数量为 0；建材领域二级标准物质获批仅有 11 项，远不适应我国建筑行业发展的需求；核材料领域也只获批 7 项。

（3）国家级标准物质获批领域分析

标准物质领域布局从侧面反映了各行业、产业、企业及区域经济状况和产业结构。受国家一级、二级标准物质研制难度、技术指标要求、功能定位等方面的不同影响，国家一级标准物质批准数量虽呈逐年上升趋势，但少于同时期的国家二级标准物质批准数量。

从国家标准物质分布领域来看，增长最快的是环境领域，八年间共获批 3054 种；化工产品领域增长明显，新增 1441 种；地质（501 种）、食品（662 种）、临床化学与药品（640 种）三个领域也有较快增长；高分子材料连续五年没有获批新标准物质；建材产品、核材料以及煤炭石油类产品增长不明显。

食品安全、环境监测以及化工产品标准物质增长很快,行业需求旺盛。2017 年 12 月,十二届全国人大常委会第三十一次会议审议通过了《全国人民代表大会常务委员会关于修改〈中华人民共和国招标投标法〉〈中华人民共和国计量法〉的决定》,取消"制造、修理计量器具许可证"等行政审批事项。2018 年,为落实国务院"放管服"改革决定,原国家质量监督检验检疫总局和新成立的国家市场监督管理总局分别印发《质检总局关于取消制造、修理计量器具许可事项的公告》《市场监管总局办公厅关于取消标准物质制造许可加强后续工作的通知》,指导做好取消标准物质制造许可的后续监管等工作,并组织对全国标准物质状况进行全面梳理。这一政策的实施,激发了市场、社会的创新创造活力,吸引了更多社会资本和市场主体进入标准物质行业。2019 年市场监管总局新批准的国家标准物质数量显著增加。2020 年新增国家标准物质数量回落。2024 年,国内标准物质生产需求逐步恢复,经济社会发展对标准物质的长期需求仍然强劲。

三、有证标准物质发展现状与展望

标准物质经历了 100 多年的发展,已经在世界各国得到了广泛应用。发达国家和地区的标准物质研制机构,如美国国家标准与技术研究院(NIST)、英国国家化学研究所(LGC)、欧盟标准物质研究所(IRMM)、日本计量研究所(NMIJ)以及韩国标准科学研究院(KRISS)等等,是世界主要标准物质的研制与供应机构。高准确度有证标准物质作为量值传递和测量校准的有效载体与工具,涉及钢铁、环境、化工、临床、农业、食品等多个重点领域。虽然标准物质种类繁多、领域广泛,但是各领域发展并不均衡。当前标准物质正经历着高速发展的时期,随着需求的增加,大多数国家级研制机构不约而同将农业领域标准物质研制作为近年的发展重点。调查统计发现,虽然各个标准物质研制机构较为重视农业领域标准物质的研制,但是各有侧重,往往因地制宜,各具特色。

我国标准物质研制与应用与发达国家相比,起步较晚,但是发展迅速,全国有近 200 家科研机构研制标准物质,种类涉及环境、化工、钢铁等 13 个应用领域。近年,标准物质的新增资源主要分布于环境、农产品、食品、临床医学等领域，体现了服务民生、满足重大需求等特点。虽然我国标准物质研制资源丰富，但是标准物质发展相对滞后，且存在一系列发展不均衡等问题。例如，溶液标准物质多，基体标准物质较少；低水平农药标准物质、元素分析标准物质丰富，但活性成分、营养成分、功能性/特征性成分等标准物质缺乏。

国务院印发的《计量发展规划（2021—2035 年）》中进一步提出要加强标准物质研究和研制的工作任务，包括开展基础前沿标准物质研究，扩大国家标准物质覆盖面，填补国家标准物质体系的缺项和不足；加快标准物质研制，提高标准物质质量，更好地满足食品安全、生物、环保等领域和新兴产业检测技术配套和支撑需求；完善标准物质量传溯体系，保证检测、监测数据结果的溯源性、可比性和有效性。尽管我国标准物质种类和数量迅速增长，且政府主管部门也高度重视标准物质建设管理工作，不断通过出台指导意见、开展监督检查等手段持续加强标准物质监管，但我国标准物质行业总体水平较低，不能满足实际检测需求，标准物质的数量远不能满足市场的迫切使用需求，行业整体专业化程度和技术水平仍然较低，产品同质化日趋严重，部分关键核心技术和原材料仍依赖进口，高质量标准物质自主研发和供给不足。面对快速增加的检测需求，标准物质用户出于成本、品牌认可度等方面考虑，倾向于使用低价或进口标准物质。加快推动标准物质关键核心技术攻关，提升标准物质产业现代化水平，增强标准物质产业竞争力，才能下好先手棋、打好主动仗，把竞争和发展的主动权掌握在自己手中。

第二章

有机纯度标准物质研制实例

▲▲▲▲▲▲▲

有机纯度标准物质（organic purity certified reference material）是指具有确定纯度值、良好均匀性和稳定性的有机化合物，其纯度及相关特性通过权威方法测定，并附有可溯源的证书。这类标准物质在化学分析、药物检测、环境监测、食品安全等领域中作为测量基准，用于仪器校准、方法验证和质量控制，确保分析结果的准确性、可比性及计量溯源性。针对纯度标准物质的准确定值，国际计量局（BIPM）等研究机构公开并发表了多种测量方法并且成功应用于有机纯度标准物质纯度测定。其中，质量平衡法（MB）、定量核磁共振法（qNMR）、示差量热扫描法（DSC）较为常见。质量平衡法结合主成分与有机杂质测定、水分测定、挥发性组分测定，以及非挥发性组分测定等多种方法，全面分析纯度标准物质主成分含量及其杂质组成，是一种间接的定值方法；定量核磁共振法通过选择合适的、纯度较高的有证标准物质作为内标物，可以直接将测量结果通过有证标准物质特性量值溯源到 SI 单位，是一种快速、简单、直接的测量方法；示差量热扫描法则基于纯物质中杂质造成的熔点下降原理，直接、快速地测定样品纯度。

本章重点以甲磺酸培氟沙星、甲砜霉素纯度标准物质为例，从纯度标准物质制备、定值、均匀性和稳定性评估，以及不确定度评定等方面，对纯度国家有证标准物质的研制过程进行介绍。

按照标准物质研制的一般技术路线，主要采用了质量平衡法和定量核磁共振法两种不同原理方法对标准物质原料进行纯度定值，在此基础上再利用高效液相色谱法对其特性量值进行均匀性检验及稳定性监测，并系统分析与评估了标准物质研制过程中引入的不确定度。

第一节
甲磺酸培氟沙星纯度标准物质研制实例

一、概述

甲磺酸培氟沙星，英文名称为 pefloxacin mesylate，CAS 为 70458-95-6，分子式为 $C_{18}H_{24}FN_3O_6S$，分子量为 429.46，结构式如图 2-1 所示。甲磺酸

培氟沙星属第 3 代喹诺酮类抗菌药物。其他相关信息如下：培氟沙星，CAS 号 70458-92-3，分子式为 $C_{17}H_{20}FN_3O_3$，分子量为 333.36；甲磺酸培氟沙星二水合物，CAS 号 149676-40-4，分子式为 $C_{18}H_{28}FN_3O_8S$，分子量为 465.49。

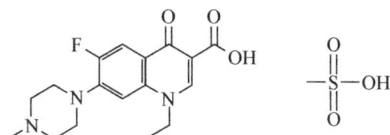

图 2-1 甲磺酸培氟沙星结构式

二、定性分析与原料制备

甲磺酸培氟沙星纯度标准物质原料为市售纯品，产品标示纯度为大于 98%（HPLC 法）。通过对产品外观的观察，初步判断含水量较高，同时结合文献及其他同类产品证书分析，大于 98% 的标示纯度并不能代表原料候选物的真实纯度。为了进一步确认原料的可靠性，分别采用红外光谱法、^{1}H-NMR 法、质谱法、紫外光谱法等手段对购买的原料进行了主成分定性分析。

1. 主成分定性分析

（1）红外光谱法

① 分析仪器 Bruker VERTEX 70 红外光谱仪。

② 分析方法 KBr 压片法，称量约 3mg 甲磺酸培氟沙星样品和约 300mg KBr 粉末于研钵中，研磨混匀 5～10 分钟后压片，采用红外光谱仪测定，测定范围 4500～500cm^{-1}。

③ 分析结果 如图 2-2 所示，3459cm^{-1} 特征吸收峰被认为归属于甲磺酸培氟沙星分子结构中水分子 O—H 的伸缩振动，2939cm^{-1} 是脂肪族 CH$_2$ 的 C—H 伸缩振动，1733cm^{-1} 和 1631cm^{-1} 特征吸收峰处为 COOH 的 C=O 伸缩振动，1273cm^{-1} 被认为是甲磺酸培氟沙星 C—F 的振动吸收峰。与已有文献报道的甲磺酸培氟沙星标准红外谱图（图 2-3）的特征吸收峰基本相同，因此可以认为原料主成分是甲磺酸培氟沙星。

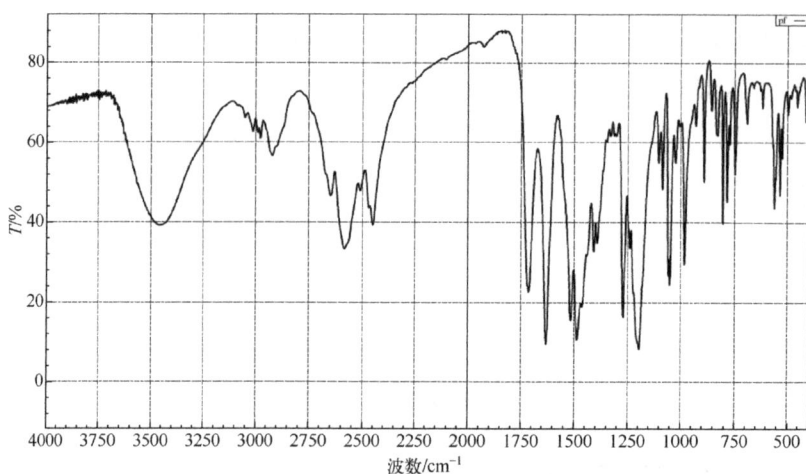

图 2-2　甲磺酸培氟沙星标准物质原料红外光谱图

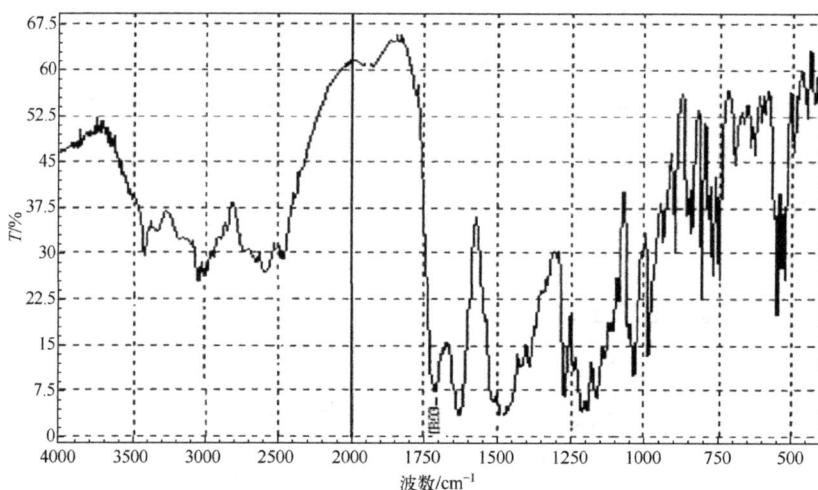

图 2-3　甲磺酸培氟沙星标准红外光谱图

（2）质谱法

① 分析仪器　AB SCIEX Triple Quad 3500 质谱仪。

② 分析方法　将甲磺酸培氟沙星溶于甲醇溶剂中，配成 100μg/L 的溶液，在正离子模式下全扫分析。质谱条件：气帘气（CUR）35psi[●]；喷雾电压（IS）5500V；雾化温度（TEM）550℃；碰撞气（CAD）8psi；雾化

[●] 1psi=6.895kPa。

气（GS1）55psi；辅助气（GS2）55psi；扫描范围 310～360。

③ 分析结果 利用质谱法对甲磺酸培氟沙星纯度标准物质原料进行定性分析，确保原料的可靠性。在正离子模式下扫描，得到甲磺酸培氟沙星的质谱图如图 2-4 所示，有 3 个明显的质谱峰。质荷比分别为 $m/z=334$、$m/z=290$、$m/z=316.1$，分析可知，3 个质谱峰分别属于培氟沙星的分子离子峰$[M+H]^+$、$[M+H—COOH]^+$、$[M+H—OH]^+$，$m/z=232.8$ 归属于培氟沙星结构中 C—N 键断裂产生的碎片峰。除此之外，谱图中没有发现其他明显的信号峰，初步确定候选物为甲磺酸培氟沙星。

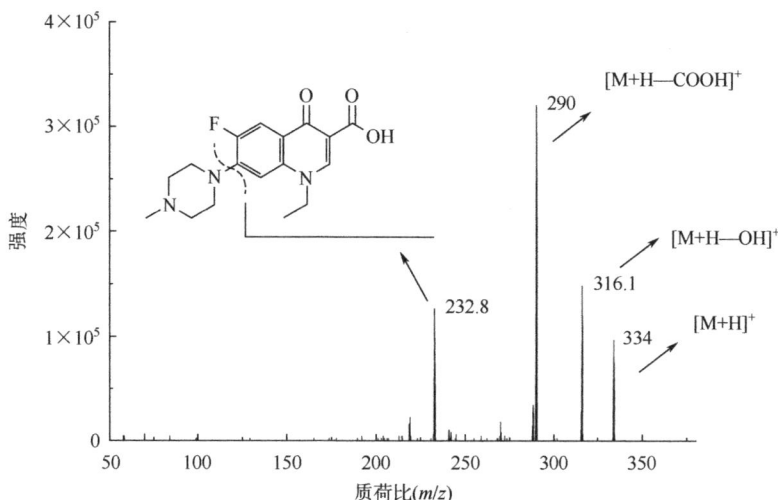

图 2-4 甲磺酸培氟沙星标准物质原料质谱图

（3）核磁共振氢谱法

① 分析仪器 核磁共振仪器型号为 AvanceⅢ 400MHz；电子天平型号为 UMX2（瑞士 Mettler Toledo 公司，分度值：0.001mg）。

② 分析方法 将甲磺酸培氟沙星溶于重水中，进行 ^{1}H-NMR 测定。氘代试剂：氘代甲醇（北京百灵威公司）；仪器参数：发脉冲角度 30°，采样时间 3.9846s，扫描宽度 8223.43Hz，弛豫延迟 60s，累计采样 128 次，探头温度 293.4K，偏置频率 2464.5137Hz，接收增益 64.00，脉冲序列 zg30。采样前，经过自动调谐和自动匀场，然后手动调谐和匀场，最后自动调节增益。谱宽 20.00，纵向弛豫为 8.5s。

③ 分析结果　甲磺酸培氟沙星原料的核磁共振氢谱分析结果如图 2-5 所示，与经过检索软件得到的图谱（图 2-6）进行对比，两个图谱的主要特征峰化学位移均能一一对应，因此，原料主成分为甲磺酸培氟沙星。

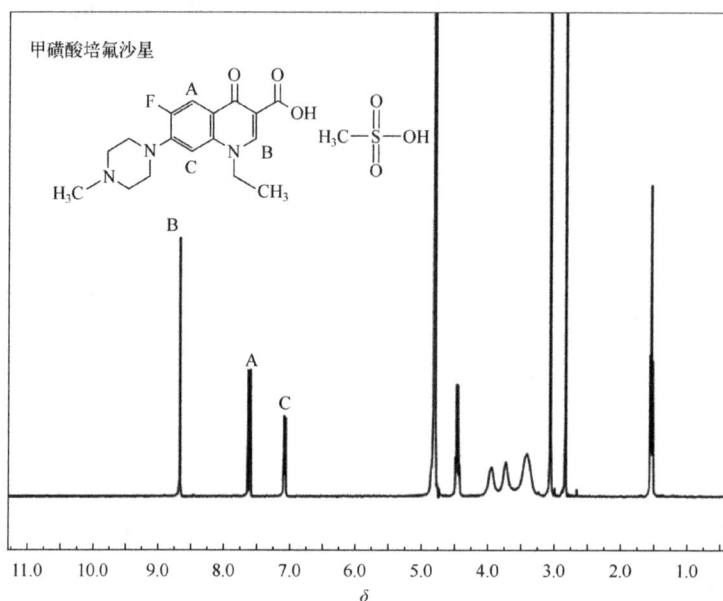

图 2-5　甲磺酸培氟沙星核磁共振氢谱

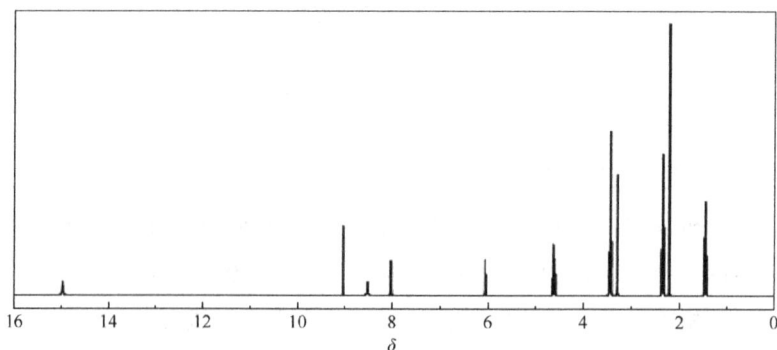

图 2-6　甲磺酸培氟沙星标准 ^{1}H-NMR 图（ChemDraw 模拟）

（4）紫外光谱法

① 分析仪器　ThermoFisher 液相色谱仪串联二极管阵列检测器（DAD）。

② 分析方法　针对液相色谱分离的甲磺酸培氟沙星，采用 DAD 全波

长扫描，扫描范围 190～400nm，数据处理时选择紫外区谱图进行分析。

③ 分析结果 实验测得的最大吸收峰位于 278nm 附近，与报道的紫外光谱最大吸收波长（图 2-7）一致，其最大吸收位于 277nm 附近。结果表明标准物质原料样品的紫外光谱图与报道基本一致。

综上所述，红外光谱法、核磁共振氢谱法、质谱法及紫外光谱法四种定性分析方法结果表明，本研究所选用的标准物质原料主成分为甲磺酸培氟沙星。

2. 标准物质原料制备

将经过主成分定性分析且充分混合好的标准物质原料，于干净封装环境（湿度 15%，温度 22℃）分装至 5mL 洁净棕色样品瓶中，旋紧瓶盖，防水胶带密封，4℃条件下冷藏保存。每个包装量为 100mg，共 200 个包装单元。标准物质候选物包装单元如图 2-8 所示。

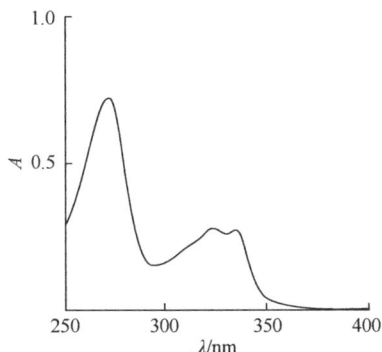

图 2-7 甲磺酸培氟沙星紫外光谱参考谱图 图 2-8 甲磺酸培氟沙星标准物质候选物

三、均匀性检验

1. 均匀性检验方案

根据 JJF 1006—1994《一级标准物质技术规范》和 JJF 1343—2012《标准物质定值的通用原则及统计学原理》（该标准已被 JJF 1343—2022《标准物质的定值及均匀性、稳定性评估》替代。本书中所有相关数据根据旧标准测定）的技术要求，记总体单元 N，当 $200<N\leqslant500$ 时，抽取单元数不

少于 15 个。因此，本研究按照整个封装过程的前、中、后时间阶段，从已分装的甲磺酸培氟沙星标准物质中随机抽取 15 个包装单位进行均匀性检验，对随机抽取的样品从 1 到 15 编号，并置于室温 [（20±2）℃] 平衡。待平衡结束后，立即称取配制溶液，上机测定。每个单元重复 3 次，测定顺序为：1，2，3，…，15；15，14，13，…，1；1，2，3，…，15。采用高效液相色谱面积归一化法对其均匀性进行检验，对抽取的单元，分别配制成浓度为 100mg/L 的甲磺酸培氟沙星甲醇溶液，同时测定抽取单元的水分含量。测量的数据采用单因素方差分析法进行统计检验，通过比较 F 检验值与 F 临界值的大小来判定。

2. 检验结果与统计分析

针对随机抽取的 15 瓶甲磺酸培氟沙星，采用卡尔费休滴定法分别测定水分含量。测定方法：采用 DL32 型微量水分测定仪（瑞士梅特勒公司），开机待仪器平衡后测样，用称量纸称取约 5.0mg 待测样品，输入称量质量，待滴定结束记录示值。每个样品重复测定三次，取平均值。为了消除空气中水分对测定结果的影响，模拟整个称量加样等测定过程，得到空气中的水分空白值，样品测量值扣除空白值后得到最终水分测定结果，如表 2-1 所示。

表 2-1　均匀性检验水分测定结果（$n=3$）

瓶号	结果/%	瓶号	结果/%
1	7.623	9	7.648
2	7.602	10	7.568
3	7.595	11	7.573
4	7.574	12	7.582
5	7.621	13	7.642
6	7.570	14	7.583
7	7.636	15	7.597
8	7.628	平均值	7.603

针对随机抽取的 15 瓶甲磺酸培氟沙星，每瓶分 3 个子样，采用 HPLC-UV 法测定甲磺酸培氟沙星主成分含量，HPLC-UV 测定方法如下：色谱柱 ZORBAX Agilent SB-aq（250mm×4.6mm，5.0μm）；柱温 30℃；流动相 A

为 0.05mol/L 磷酸三乙胺，流动相 B 为乙腈，流动相 A：流动相 B=87：13；流速 1mL/min；检测波长 277nm；培氟沙星浓度 100mg/L；进样量 10μL。测定结果如表 2-2 所示。

表 2-2　HPLC-UV 法测定主成分含量结果　　单位：%

瓶号	子样 1	子样 2	子样 3	平均
1	99.75	99.82	99.75	99.77
2	99.77	99.75	99.86	99.79
3	99.73	99.76	99.74	99.74
4	99.76	99.76	99.84	99.79
5	99.75	99.76	99.83	99.78
6	99.74	99.76	99.74	99.75
7	99.76	99.82	99.74	99.77
8	99.75	99.75	99.83	99.78
9	99.84	99.76	99.75	99.78
10	99.74	99.75	99.74	99.74
11	99.84	99.75	99.75	99.78
12	99.76	99.83	99.84	99.81
13	99.76	99.84	99.75	99.78
14	99.84	99.73	99.76	99.78
15	99.76	99.82	99.84	99.81

由于甲磺酸培氟沙星中水分含量较高，均匀性结果统计分析时，需评价每个单元内水分含量对均匀性的影响。因此，在均匀性检验时一一对应扣除每个单元水分含量。综上，甲磺酸培氟沙星均匀性检验结果如表 2-3 所示。

表 2-3　甲磺酸培氟沙星纯度标准物质均匀性检验结果　　单位：%

瓶号	子样 1	子样 2	子样 3	平均
1	92.15	92.21	92.14	92.17
2	92.19	92.16	92.27	92.21
3	92.16	92.18	92.17	92.17
4	92.21	92.20	92.28	92.23
5	92.15	92.15	92.22	92.17
6	92.19	92.21	92.19	92.20
7	92.14	92.20	92.12	92.15
8	92.14	92.14	92.21	92.16

续表

瓶号	子样1	子样2	子样3	平均
9	92.20	92.13	92.12	92.15
10	92.19	92.20	92.19	92.19
11	92.28	92.19	92.20	92.22
12	92.19	92.26	92.27	92.24
13	92.14	92.21	92.13	92.16
14	92.27	92.17	92.20	92.21
15	92.18	92.24	92.26	92.23
总平均值	92.19			
总标准偏差	0.044			
组间方差 s_1^2	0.002646			
组内方差 s_2^2	0.001592			
F	$F = s_1^2 s_2^2 = 1.66$			
$F_{0.05}$（14,30）	2.04			
结论	$F < F_{0.05}$（14,30），样品均匀			

由数据统计分析可知，甲磺酸培氟沙星纯度标准物质的均匀性良好，符合技术规范要求。

四、稳定性考察

1. 长期稳定性考察

（1）考察方案　根据 JJF 1006—1994《一级标准物质技术规范》和 JJF 1343—2012《标准物质定值的通用原则及统计学原理》的要求，标准物质稳定性考察按照先密后疏的原则。因此，本研究分别在第0、1、3、6、9、12个月进行稳定性考察。每次抽取2个包装，采用重量-容量法配制溶液，每个单元平行测定三次，样品预处理及测量方法与均匀性检验采用的方法相同，均为液相色谱法，同时测定每个单元的水分含量，测量结果的计算方式与均匀性检验相同。最后取两个包装单元平均值作为该次长期稳定性监测结果，结果分析采用趋势分析法，以监测时间和结果拟合直线，并对结果进行统计分析。

（2）结果与统计分析　长期稳定性监测结果如表 2-4 所示，以检测时间和结果拟合直线（见图 2-9），采用趋势分析法对稳定性监测结果进行统计分析。

表 2-4　甲磺酸培氟沙星纯度标准物质长期稳定性监测结果　单位：%

项目	2019 年 6 月			2019 年 7 月			2019 年 9 月			2019 年 12 月			2020 年 3 月			2020 年 6 月		
	HPLC	水分	MB	HPLC	水分	MB	HPLC	水分	MB	HPLC	水分	MB	HPLC	水分	MB	HPLC	水分	MB
1-1	99.75	7.68	92.09	99.84	7.70	92.16	99.84	7.66	92.20	99.76	7.68	92.09	99.74	7.63	92.13	99.77	7.71	92.08
1-2	99.82	7.65	92.18	99.76	7.68	92.09	99.80	7.70	92.12	99.75	7.70	92.07	99.81	7.72	92.10	99.73	7.61	92.14
1-3	99.74	7.77	92.00	99.81	7.58	92.24	99.78	7.53	92.26	99.82	7.61	92.23	99.78	7.70	92.10	99.80	7.64	92.18
2-1	99.75	7.60	92.17	99.73	7.74	92.01	99.74	7.60	92.17	99.81	7.63	92.19	99.76	7.69	92.09	99.76	7.70	92.08
2-2	99.84	7.73	92.12	99.76	7.69	92.09	99.76	7.68	92.10	99.77	7.68	92.11	99.75	7.63	92.14	99.79	7.64	92.17
2-3	99.76	7.74	92.04	99.74	7.53	92.23	99.75	7.61	92.16	99.74	7.67	92.09	99.79	7.72	92.13	99.79	7.67	92.14
平均值	99.78	7.69	92.10	99.77	7.65	92.14	99.78	7.63	92.17	99.77	7.66	92.13	99.77	7.68	92.11	99.77	7.66	92.13
b_1	−0.0005																	
b_0	92.13																	
s^2	0.0007																	
$s(b_1)$	0.0026																	
$t_{0.95, n-2}$	2.78																	
$t_{0.95, n-2} \cdot s(b_1)$	0.0072																	
结论	$\|b_1\| < t_{0.95, n-2} \cdot s(b_1)$，稳定																	

$$y = -5.0 \times 10^{-4} x + 92.132$$

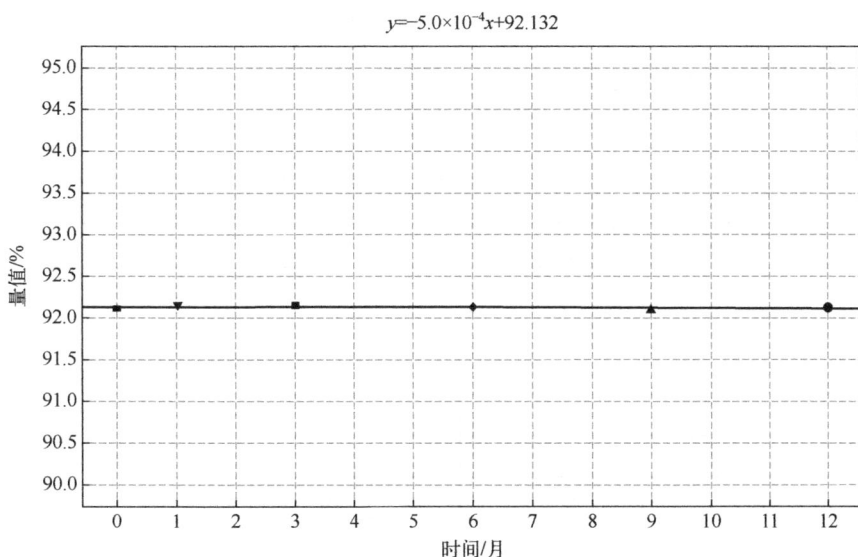

图 2-9　甲磺酸培氟沙星 12 个月稳定性监测结果

综上所述，甲磺酸培氟沙星在 4℃保存条件下，完成了 12 个月的稳定性考察。长期稳定性结果表明：本标准物质在 12 个月内特性量值稳定可靠。研制单位将继续监测标准物质量值以延长稳定期。

2. 短期稳定性考察

（1）考察方案　根据 JJF 1006—1994《一级标准物质技术规范》和 JJF 1343—2012《标准物质定值的通用原则及统计学原理》的要求，标准物质短期稳定性考察主要评价标准物质在运输过程中特性量值受环境温度变化而产生的变化或影响。本研究采用将随机抽取的样品置于 20℃、40℃和 60℃恒温箱中（模拟运输条件）保存，分别在第 1、3、5、7、9 天进行稳定性监测，测定方法与长期稳定性监测相同，同样采用趋势分析对监测数据进行统计分析。

（2）结果与统计分析　短期稳定性监测结果见表 2-5，趋势图见图 2-10。

表 2-5　甲磺酸培氟沙星固体纯度标准物质短期稳定性考察结果　单位：%

时间	温度								
	20℃			40℃			60℃		
	HPLC	水分	MB	HPLC	水分	MB	HPLC	水分	MB
2019 年 9 月 21 日	99.78	7.66	92.14	99.70	7.57	92.16	99.74	6.08	93.67
2019 年 9 月 23 日	99.74	7.73	92.03	99.73	7.61	92.14	99.77	4.17	95.61
2019 年 9 月 25 日	99.75	7.65	92.12	99.80	7.71	92.11	99.75	2.33	97.42
2019 年 9 月 27 日	99.81	7.74	92.08	99.79	7.66	92.15	99.80	0.57	99.23
2019 年 9 月 29 日	99.77	7.69	92.10	99.81	7.65	92.17	99.74	0.21	99.52
平均值	99.77	7.69	92.09	99.77	7.64	92.14	99.76	2.67	97.09
b_1	−0.0015			0.0015			0.766		
b_0	92.10			92.14			93.26		
s^2	0.0023			0.0007			0.3367		
$s(b_1)$	0.0077			0.0041			0.0917		
$t_{0.95,n-2}$	3.18			3.18			3.18		
$s(b_1) \cdot t_{0.95,n-2}$	0.0243			0.0131			0.2917		
结论	$\lvert b_1 \rvert < t_{0.95,n-2} \cdot s(b_1)$，稳定			$\lvert b_1 \rvert < t_{0.95,n-2} \cdot s(b_1)$，稳定			$\lvert b_1 \rvert > t_{0.95,n-2} \cdot s(b_1)$，不稳定		

短期稳定性考察结果显示，在 60℃条件下，水分含量随着时间的延长有显著的下降趋势，如图 2-11 所示。因此失水是影响 60℃短期稳定性的主要原因。

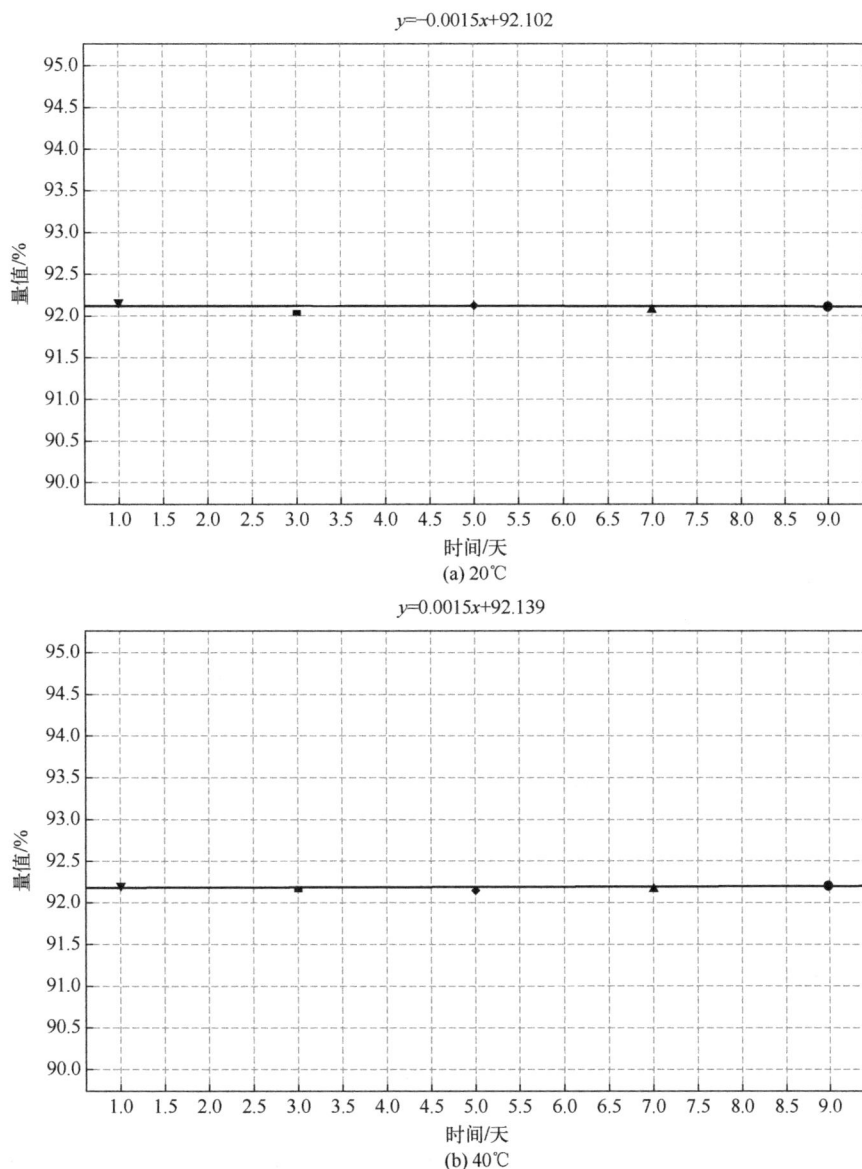

$y=-0.0015x+92.102$

(a) 20℃

$y=0.0015x+92.139$

(b) 40℃

图 2-10

$y=0.766x+93.26$

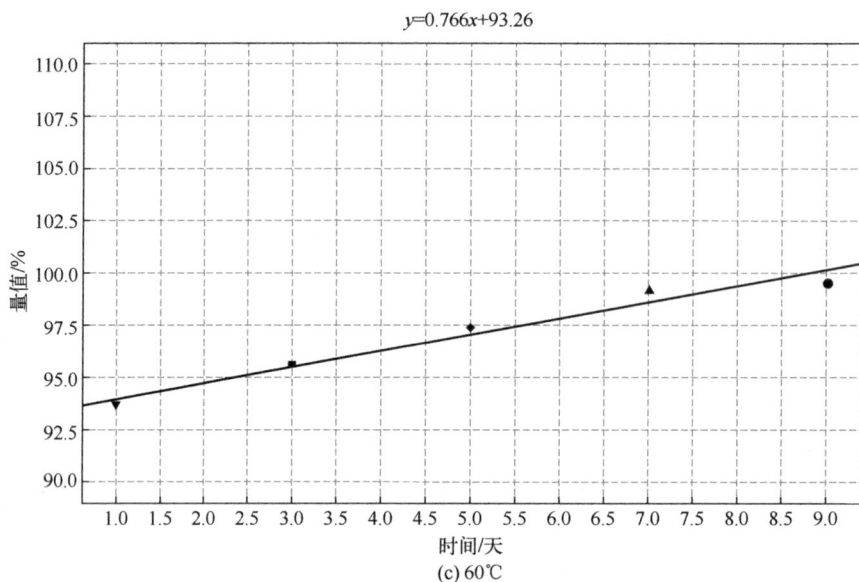

(c) 60℃

图 2-10　甲磺酸培氟沙星在 20℃、40℃、60℃条件下的短期稳定性结果

$y=-0.767x+6.507$

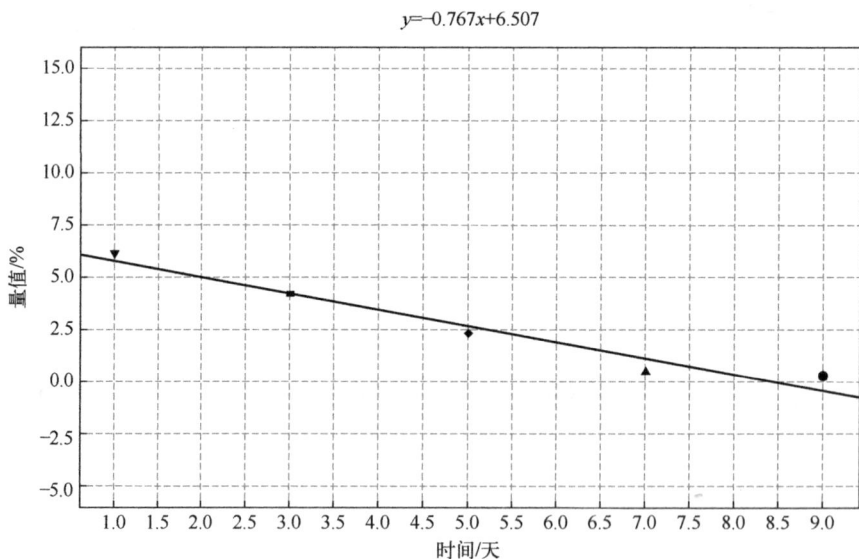

图 2-11　水分含量在 60℃条件下 9 天变化趋势图

短期稳定性结果表明：在环境温度为 20℃、40℃条件下甲磺酸培氟沙星可保持 9 天无明显变化，在 60℃条件下，水分含量随着时间的延长有显

著的下降趋势，因此，建议本标准物质在采用冰袋或其他低温措施下在环境温度低于40℃的条件下运输。

五、定值

1. 定值方法与溯源性描述

参照《一级标准物质技术规范》，通过前期文献调研及预实验结果，本研究采用液相色谱面积归一化法和定量核磁共振法两种不同原理的方法对甲磺酸培氟沙星纯度标准物质定值。液相色谱面积归一化法包括HPLC-UV法测定甲磺酸培氟沙星主成分、卡尔费休库仑法测定水分含量、顶空气相色谱法测定挥发性杂质含量、离子色谱测定甲磺酸根，以及ICP-MS法测定无机元素含量等，为保证测量结果的溯源性与准确性，使用的仪器设备经过计量检定或标准物质校准；定量核磁共振法选择国家基准物质苯甲酸（GBW06117，质量分数99.993%±0.02%）为内标物，采用内标法定值，实现测量结果准确可靠，并利用有证标准物质特性量值将定量核磁共振测量结果直接溯源到SI单位。

（1）定值方法1：液相色谱面积归一化法

液相色谱面积归一化法纯度定值公式如下：

$$P_{\text{HPLC-AN}} = P_0 \times (100\% - X_{\text{w}} - X_{\text{n}} - X_{\text{v}}) \times 100\%$$

式中，P_0 为液相色谱面积归一化法主成分测定结果；X_{w} 为水分含量；X_{n} 为非挥发性杂质含量；X_{v} 为挥发性杂质含量。

① 高效液相色谱法测定主成分

a. 色谱柱选择。在优化色谱柱条件时，发现主峰前面有一个明显的杂质存在，而且与主峰极性相近，较难分离。如图2-12所示，采用 C_{18} 色谱柱时，虽然杂质能明显分开，但是未达到基线分离，在相同的流动相条件下，试验 SB-AQ 柱的分离效果，主要杂质峰与主成分色谱峰基本实现了基线分离，相同流动相条件下，SB-AQ 柱的主峰与杂质分离度更好。因此，选择 SB-AQ 柱进行下一步实验。

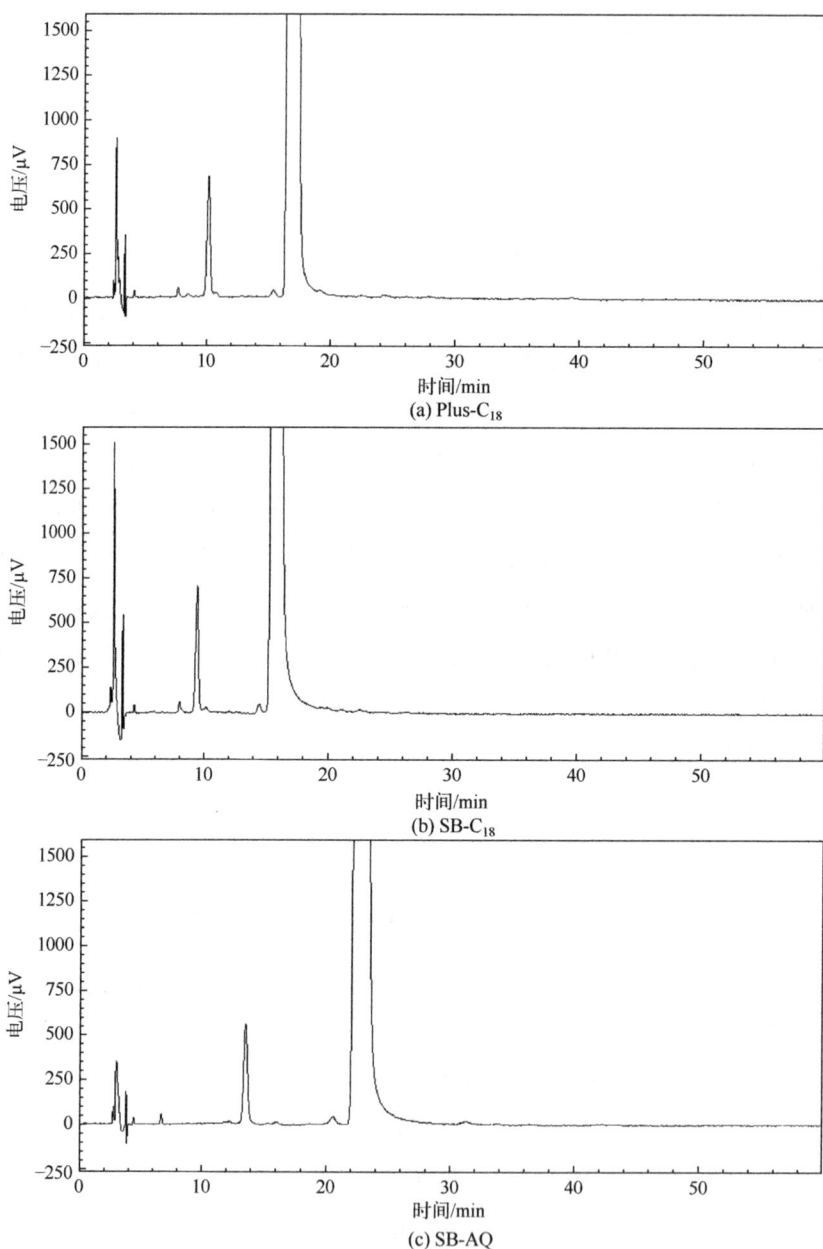

图 2-12　不同色谱柱条件下甲磺酸培氟沙星的色谱图

　　b. 流动相比例。在其他实验条件不变的情况下，调整流动相比例，结果如图 2-13 所示。当水相（0.05mol/L 磷酸三乙胺）与有机相比例为 86 : 14

时，出峰较快，杂质未完全分离；当比例为 89∶11 时，出峰较慢，且峰形展宽，同时也未见新的杂质峰；当比例为 87∶13 时，主峰与杂质以及杂质与杂质之间能够实现基线分离。因此，确定水相与有机相最佳比例为 87∶13。

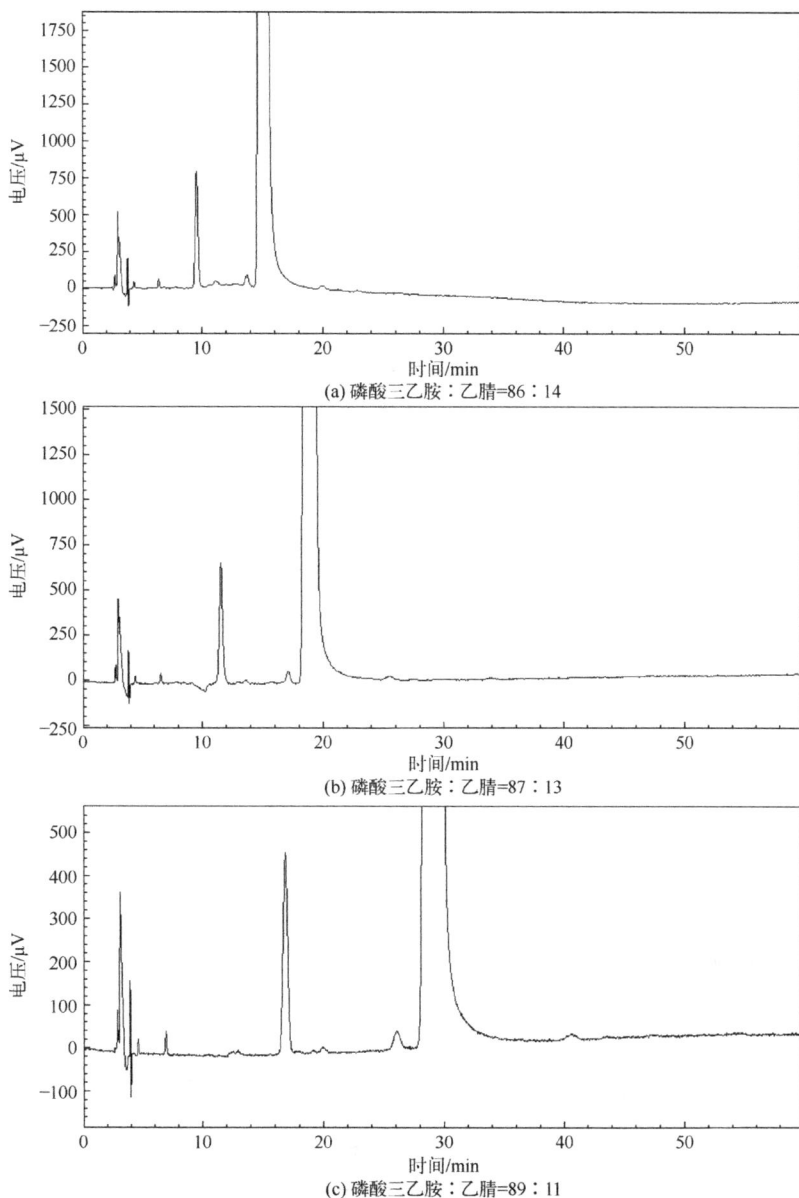

图 2-13　不同流动相比例条件下甲磺酸培氟沙星的色谱图

c. 杂质响应考察。针对杂质响应情况，考察 100mg/L 和 500mg/L 两种不同浓度的色谱出峰情况，并且与甲醇溶剂空白比较。如图 2-14 所示，相比较发现有更多明显的杂质出现。

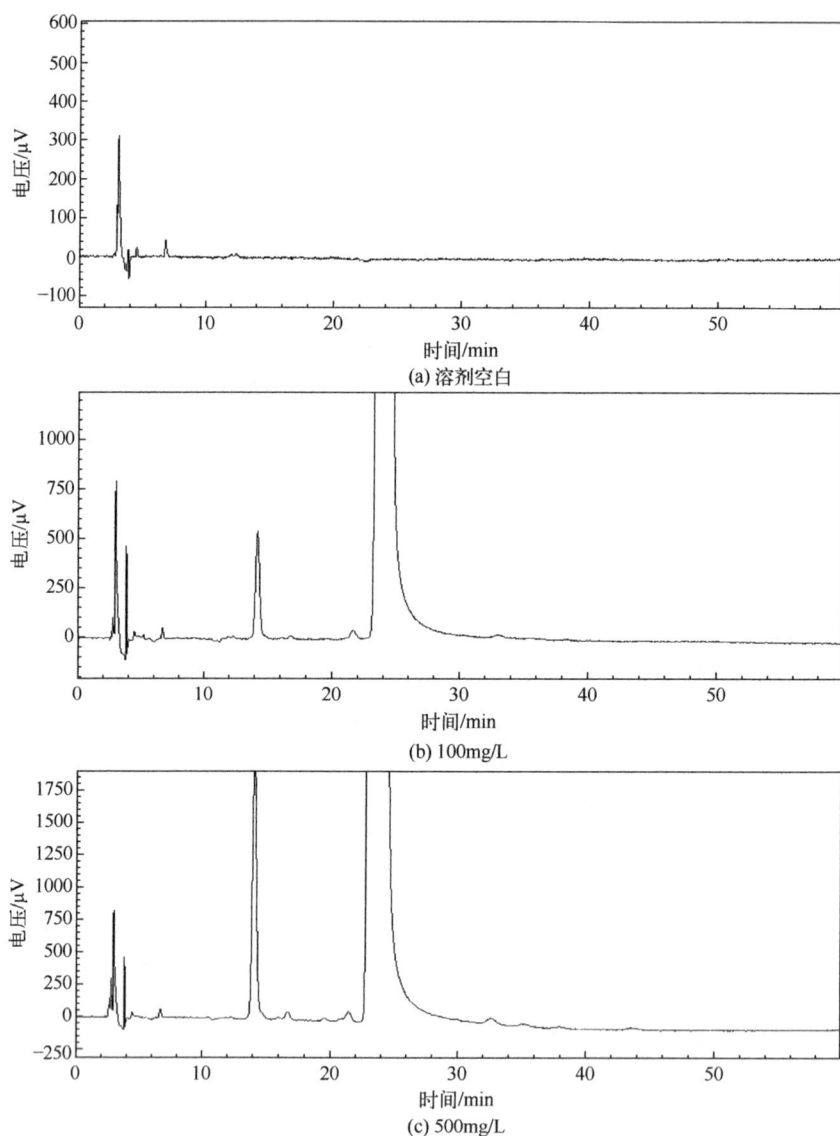

图 2-14　不同浓度条件下甲磺酸培氟沙星及其杂质的色谱图

综上所述，经过色谱柱、流动相等液相条件优化，最终确定的检测条件为：色谱柱 ZORBAX Agilent SB-aq（250mm×4.6mm，5.0μm）；柱温30℃；流动相 A 0.05mol/L 磷酸三乙胺，流动相 B 乙腈，流动相 A：流动相 B=87∶13，流速 1mL/min；检测波长 277nm；样品浓度 100mg/L；进样量 10μL。

采用 HPLC-UV 法平行测定甲磺酸培氟沙星主成分含量，如图 2-15 所示。测量结果见表 2-6。

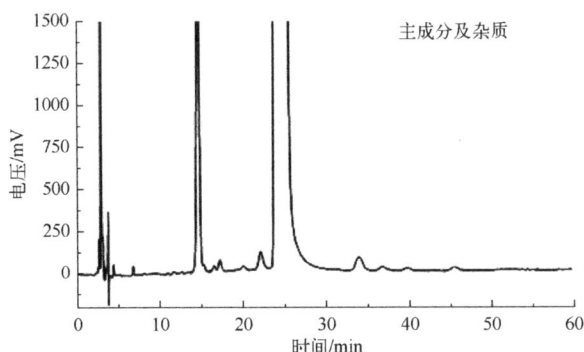

图 2-15　甲磺酸培氟沙星及其杂质的面积归一化色谱图

表 2-6　液相色谱法测定主成分结果　　　　　　　单位：%

平行测定次数	1	2	3	4	5	6	7
甲磺酸培氟沙星	99.75	99.79	99.74	99.79	99.78	99.75	99.77
平均值	99.77						
标准偏差	0.02						

② 水分测定。由于甲磺酸培氟沙星具有一定的吸湿性，水分含量的评价与测定对于定值非常关键。因此，采用热重分析（TGA）和卡尔费休两种不同原理的方法，对封装储备好的标准物质中水分含量进行分析与测定。

a. TGA 法测定水分。采用岛津公司 TGA-50 热重分析仪，随机抽取已封装的甲磺酸培氟沙星标准物质 3 瓶，以 10℃/min 速率，从 50℃升温至300℃，观察 TGA 失重曲线变化情况。如图 2-16 所示，120℃之前有明显失重，推测失重主要来自水分蒸发，平行测定结果如表 2-7 所示。

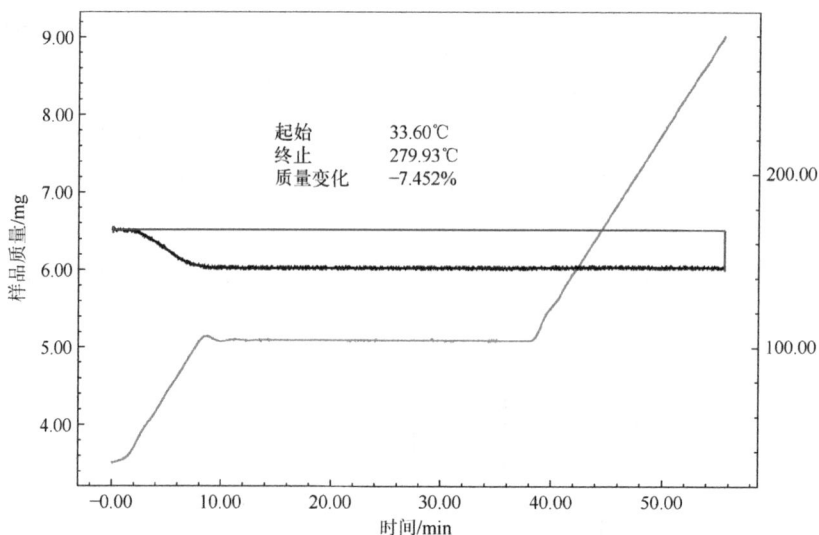

图 2-16　甲磺酸培氟沙星标准物质 TGA 曲线图

表 2-7　TGA 测定甲磺酸培氟沙星中水分含量结果　单位：%（质量分数）

样品	1	2	3	4	5	平均值	标准偏差
结果	7.56	7.67	7.72	7.55	7.74	7.65	0.09

　　b. 卡尔费休库仑法测定水分。同时采用 DL32 型微量水分测定仪（瑞士梅特勒公司）测定甲磺酸培氟沙星中的水分含量。首先分别选取固体水分国家一级标准物质 GBW 13518（9.90mg/g）、GBW 135178（50.7mg/g）、GBW 13515（156.3mg/g）对卡尔费休仪器进行测量准确性评价，结果如图 2-17 所示，测定值与标准值基本吻合，通过实测值与标准值拟合曲线可知相关系数 $R^2 = 0.9999$。

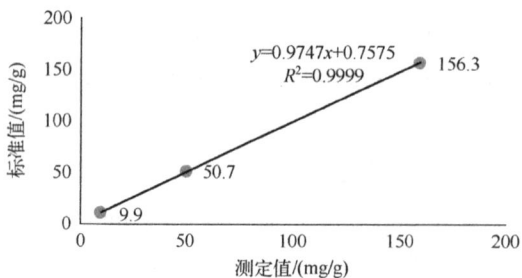

图 2-17　验证曲线

采用卡尔费休库仑法测定甲磺酸培氟沙星中水分含量结果如表 2-8 所示。测定结果与 TGA 法测定结果基本一致。

表 2-8 卡尔费休库仑法测定甲磺酸培氟沙星中水分含量结果

单位：%（质量分数）

样品	1	2	3	4	5	6	7	平均值	标准偏差
结果	7.73	7.68	7.59	7.48	7.52	7.48	7.67	7.59	0.10

本标准物质研制中，针对甲磺酸培氟沙星纯度标准物质中水分的测量，采用传统权威测量方法——卡尔费休库仑法。同时，基于前期研究基础，对于引湿性较强的纯度标准物质，考察 TGA 作为另一种不同原理的水分测量方法在甲磺酸培氟沙星纯度标准物质水分测定中的可行性。结果表明，二者的测量结果一致性较高。卡尔费休库仑法的结果进一步证明了 TGA 水分测量结果的准确可靠。采用 TGA 测定水分含量的目的主要是研究与建立引湿性较强的纯度标准物质水分测定新方法，其次是进一步考察甲磺酸培氟沙星水分测定结果的可靠性与一致性。

③ 挥发性有机杂质测定。针对纯度标准物质中挥发性有机杂质的测定，采用顶空进样气相色谱法。具体测试过程及结果如下。

a. 主要仪器与试剂。Agilent 6890 型气相色谱仪，氢火焰离子化检测器（FID，美国 Agilent 公司），Agilent 1888 型顶空自动进样仪（美国 Agilent 公司），20mL 顶空进样瓶（岛津）；甲醇（默克）、乙醇（霍尼韦尔）、乙腈（默克）、异丙醇（默克）、丙酮（MREDA）、正己烷（默克）、乙酸乙酯（默克）、二氯甲烷（赛默飞世尔科技）、二甲苯（北京化工试剂）、DMSO（德国 CNW）。

b. 测试条件与参数。色谱柱 DB-624（0.32mm×1.8μm，30m）；载气：氢气流量 40mL/min、空气流量 400mL/min；检测器温度 260℃；程序升温条件为初始 45℃保持 5min，以 7℃/min 的速率升温至 60℃，再以 15℃/min 的速率升温至 190℃；气流速率 3.35mL/min；进样量 1mL；分流比取 5∶1；恒温炉温度 90℃；样品流路温度 115℃；传输线温度 120℃。

c. 测试步骤。分别取 60mg 左右甲醇、乙醇、乙腈、乙酸乙酯、丙酮、异丙醇、二氯甲烷、二甲苯、正己烷溶于 10mL 容量瓶中并准确记录其质量，DMSO 定容，混匀后作为母液（浓度大致为 6000mg/L）。

标准曲线溶液配制：各取 1mL 母液于 15mL 离心管中，加入 9mL DMSO，混匀配制成 600mg/L 左右的溶液，各取 1mL 600mg/L 左右的甲醇、乙醇、乙腈、乙酸乙酯、丙酮、异丙醇、二氯甲烷、二甲苯于 15mL 离心管中，加 DMSO 溶剂到 10mL，配成约 60mg/L 的 8 种混标，再依次稀释成 30mg/L、6mg/L 和 0.6mg/L 的混标，混匀。正己烷配成单标，依次由 600mg/L 稀释成 60mg/L、30mg/L、6mg/L 及 0.6mg/L 的单标，混匀。单标和混标每个浓度取 2mL 于 20mL 顶空瓶中，立即用压盖器封好，待测定。

样品溶液配制及测定：称取 20mg（精确至 0.01mg）的样品于 20mL 的顶空瓶中，并准确记录样品质量，加入 2mL 的 DMSO 溶解，立即用压盖器封好顶空瓶，待测定。挥发性溶剂信息如表 2-9 所示。样品的测定结果代入标准曲线计算杂质含量，保留时间 4.114min、7.896min 的位置分别为甲醇、正己烷，如图 2-18 所示。通过标准曲线计算可知，甲磺酸培氟沙星纯度标准物质中甲醇、正己烷的溶剂残留质量分数平均值分别为 0.00032%、0.000026%。挥发性有机溶剂杂质总质量分数为 0.00035%。

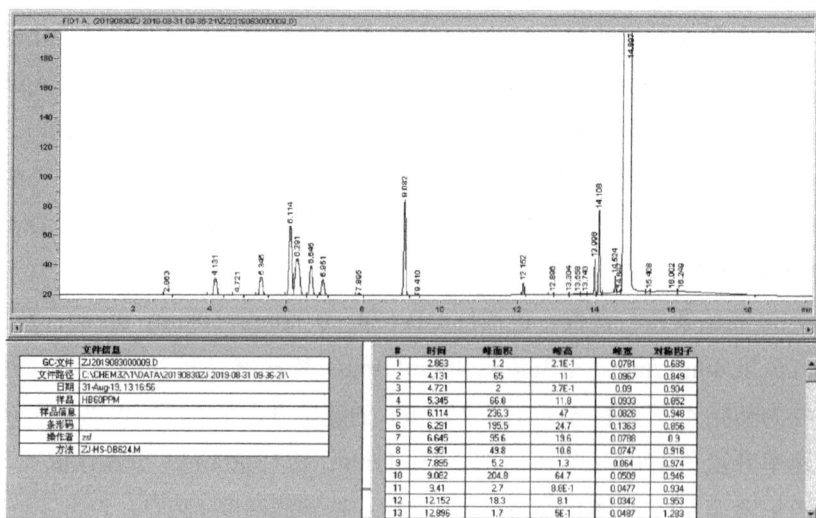

(a)

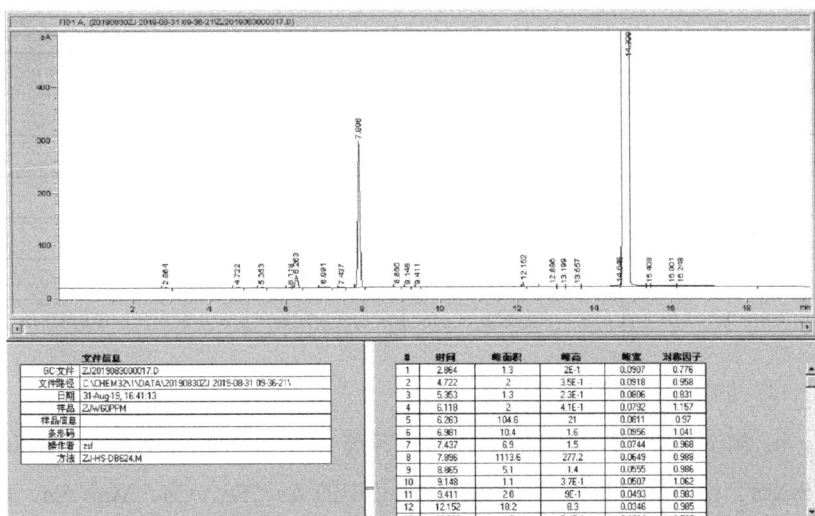
(b)

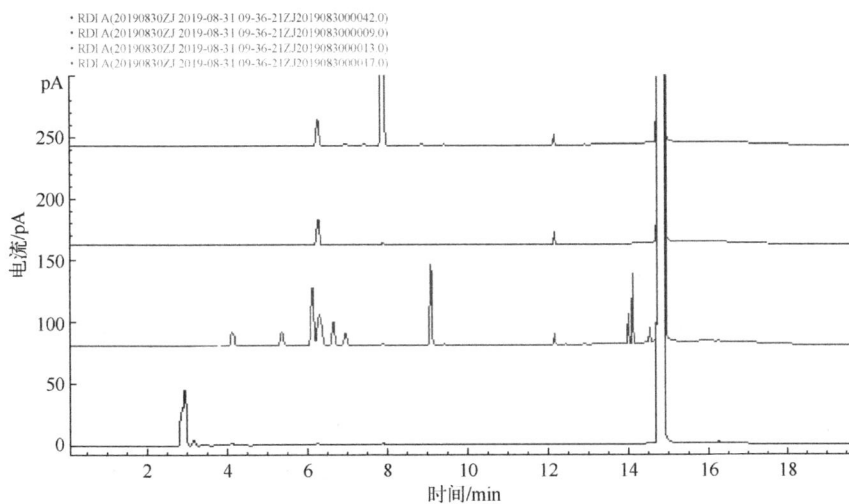
(c)

图 2-18 8 种混标、正己烷单标、甲磺酸培氟沙星纯度标准物质中
挥发性有机溶剂杂质对比色谱图

表 2-9 挥发性溶液保留时间及标准曲线 R^2

序号	挥发性溶剂	保留时间/min	标准曲线 R^2
1	甲醇	4.114	1
2	乙醇	5.329	1
3	丙酮	6.069	1

续表

序号	挥发性溶剂	保留时间/min	标准曲线 R^2
4	异丙醇	6.321	1
5	乙腈	6.637	1
6	二氯甲烷	6.943	1
7	乙酸乙酯	9.0871	1
8	二甲苯	14.109	1
9	正己烷	7.896	0.9945

④ 非挥发性无机杂质测定

a. 测试内容。微波消解-电感耦合等离子体质谱法（microwave-assisted ICP-MS）检测纯度标准物质候选物样品中的 As、Se、Cd、Mn、Sn、Li、Cr、Cs、Ni、Pb、Sr、Rb、Ti、Ba、Cu、Ca、Mg、K、Na、P、Mn、Mo、Zn、Fe、Co 等 70 多种元素。

b. 测试仪器及试剂。电感耦合等离子体质谱仪（ICP-MS）Agilent 7500a（美国安捷伦公司），万分之一分析天平，纯度>99.99%高纯氩气，Anton Paar 微波消解仪（Multiwave PRO），超纯水，硝酸（优级纯），双氧水（优级纯），As、Se、Cd、Mn、Mo、Co、Cu、Cs、Ni、Pb、Sr、Rb、Ti、Ba 等混合标准溶液（10mg/L）。

c. 样品前处理。采用微波消解法，准确称取 0.5g 样品于微波消解罐内，加 5mL 硝酸，浸泡过夜，加入 1mL 双氧水，盖上溶样盖，置于高压罐内，再放入微波溶样装置内，设置微波系统消解程序，开始消解试样。消解完全结束后，缓慢打开罐盖，将消解液转移至 50mL 容量瓶，多次洗涤消解罐，合并清洗液于容量瓶中，定容，同时做空白对照。

d. 仪器条件。ICP-MS 仪器工作参数：射频功率 1450W；等离子体气流速 16L/min；载气流速 1.23L/min；采样深度 7.8mm；蠕动泵转速 0.3r/min；雾化室温度 2℃；同位素驻留时间 0.1s。由 ICP-MS top 软件对数据进行分析。

e. 结果与讨论。甲磺酸培氟沙星纯度标准物质中非挥发性无机元素杂质测定结果如表 2-10 所示。

表 2-10　甲磺酸培氟沙星纯度标准物质中非挥发性无机元素杂质测定结果

元素	质量浓度/(μg/kg)	元素	质量浓度/(μg/kg)
Li	0.02	Ru	ND
Be	ND	Rh	ND
B	ND	Pd	ND
Na	931	Ag	ND
Mg	ND	Cd	ND
Al	ND	In	ND
Si	102	Sn	0.016
K	6	Sb	ND
Ca	ND	Te	ND
Sc	ND	I	ND
Ti	ND	Cs	ND
V	0.029	Ba	0.068
Cr	1.38	La	0.0006
Mn	ND	Ce	ND
Fe	ND	Pr	ND
Co	0.003	Nd	ND
Ni	0.016	Sm	ND
Cu	ND	Eu	ND
Zn	1.6	Gd	ND
Ga	6.2	Tb	0.7
Ge	0.16	Dy	ND
As	0.013	Ho	ND
Se	300	Er	ND
Br	0.2	Tm	ND
Rb	0.012	Yb	ND
Sr	0	Lu	ND
Y	0.4	Hf	ND
Zr	0.0019	Ta	ND
Nb	ND	W	ND
Mo	0.016	Re	ND
Tl	ND	Os	ND
Pb	8	Ir	ND
Bi	ND	Pt	ND
Th	0.4	Au	ND
U	ND	Hg	ND
无机元素质量分数			0.0136%

⑤ 离子色谱测定甲磺酸根含量

a. 测试仪器与试剂。Dionex ICS 3000 离子色谱仪（美国 Thermo 公司），ASRS 500-4mm 抑制器（美国 Thermo 公司），Milli-Q 超纯水系统（18.2MΩ·cm，25℃，美国 Millipore 公司），Mettler Toledo XP6 型电子分析天平（瑞士 Mettler 公司）；甲磺酸标准物质纯度 99%，氯化钠、氟化钾、硝酸钾、硫酸钠、溴化钾（均为分析纯，天津市化学试剂一厂），实验用水为超纯水。

b. 测试参数与方法。离子色谱条件如下：

色谱柱：Dionex IonPac AS18-IC（250mm×4mm，5μm）；

淋洗液：23mmol/L 氢氧化钠溶液；

流速：1.0mL/min；

柱温：35℃；

检测池温度：35℃；

抑制性电导检测器的抑制电流：57mA；

进样量：25μL。

c. 结果与讨论。采用纯度 99% 的甲磺酸配制 2μg/mL、5μg/mL、10μg/mL、20μg/mL、40μg/mL、50μg/mL 等一系列甲磺酸根标准溶液，采用离子色谱测定，以标准溶液浓度与甲磺酸根离子色谱峰峰面积拟合直线，如图 2-19 所示，校准曲线线性良好，相关系数为 0.9996。

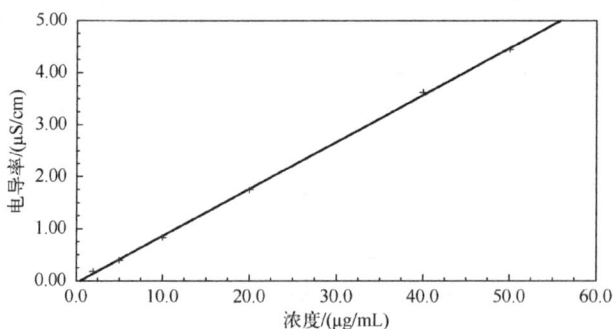

图 2-19　甲磺酸离子标准曲线

准确称取甲磺酸培氟沙星，以纯水为溶剂配制溶液，平行测量三次，如图 2-20 所示。通过校准曲线计算样品中甲磺酸根离子浓度，结果如表 2-11 所示。

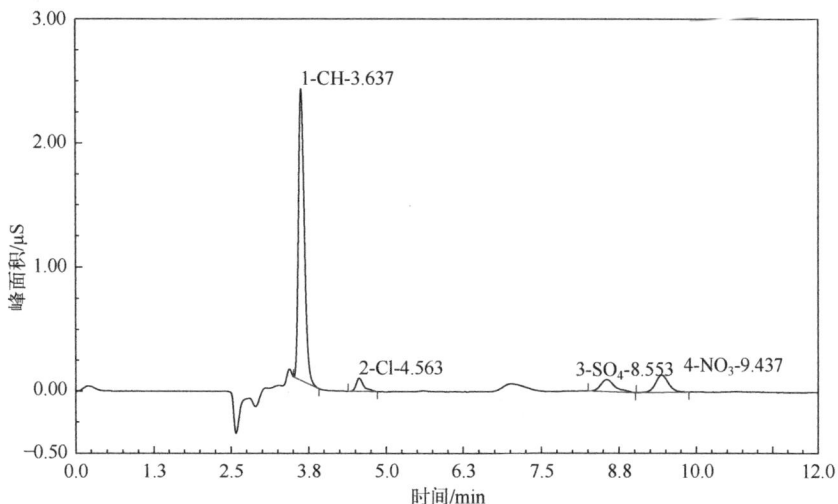

图 2-20 甲磺酸培氟沙星中甲磺酸根离子色谱图

表 2-11 甲磺酸培氟沙星中甲磺酸根离子浓度测定结果　　单位：%

样品	1	2	3	平均值	标准偏差
甲磺酸培氟沙星	21.74	22.50	21.68	22.0	0.5

甲磺酸培氟沙星中水分含量为 7.59%，因此在计算甲磺酸根离子与培氟沙星比例关系时，应考虑水分对其的影响，扣除水分计算甲磺酸培氟沙星中甲磺酸根离子的质量分数为 22.0%，标准偏差 0.5%。同时，根据甲磺酸培氟沙星分子量计算可知，在 1mol 的甲磺酸培氟沙星中甲磺酸根离子的理论质量分数为 22.4%。因此，我们认为甲磺酸培氟沙星纯度标准物质中甲磺酸根离子与培氟沙星摩尔比为 1∶1。针对 0.4%的测量差异，以称样量 10mg 计算可知，上述差异对于称量产生 0.03mg 的最大偏差，而该偏差也在天平检定的法定允差之内。综上所述，离子色谱测定结果与理论计算存在的差异对结果以及标准物质使用没有显著影响。

⑥ 液相色谱面积归一化法测定结果。甲磺酸培氟沙星采用液相色谱面积归一化法纯度定值结果如表 2-12 所示。

表 2-12　液相色谱面积归一化法纯度定值结果　　　　单位：%

样品编号	HPLC 主成分测定	卡尔费休水分测定	挥发性有机杂质测定	非挥发性无机杂质测定	定值方法1结果
1	99.75	7.73			92.04
2	99.79	7.68			92.13
3	99.74	7.59			92.17
4	99.79	7.48			92.33
5	99.78	7.52	0.00035	0.0136	92.28
6	99.75	7.48			92.29
7	99.77	7.67			92.12
平均值	99.77	7.59			92.19
标准偏差	0.02	0.10			0.11

（2）定值方法 2：定量核磁共振法

① 测试内容　核磁共振技术在化合物纯度定值、含量测定方面具有很多优势，其用于定量分析的基础是各化学环境中不同的原子核共振吸收峰的面积只与所包含的原子数有关。近年来，各国标准物质研究机构都开展了相关研究。本标准物质研制中采用定量核磁共振法作为第二种定值方法，对标准物质纯度进行定值。定量核磁共振法定值计算公式如下：

$$P_{\mathrm{NMR}} = \frac{I_x}{I_{\mathrm{std}}} \times \frac{n_{\mathrm{std}}}{n_x} \times \frac{M_x}{M_{\mathrm{std}}} \times \frac{m_{\mathrm{std}}}{m_x} \times P_{\mathrm{std}}$$

式中　P_{NMR}——采用核磁共振法测得的被测物的纯度；

　　I_x——样品指定峰的积分面积；

　　I_{std}——内标物指定峰的积分面积；

　　n_{std}——内标物指定峰的核群核个数；

　　n_x——样品指定峰的核群核个数；

　　M_x——样品的分子量；

　　M_{std}——内标物的分子量；

　　m_{std}——添加的内标物的质量；

　　m_x——样品的质量；

　　P_{std}——内标物的纯度。

② 仪器参数与方法　定量核磁测定的参数如下：核磁共振波谱仪型号为 Avance Ⅲ 400MHz，^{1}H-NMR 激发脉冲角度 90°，采样时间 3.9846s，扫描宽度为 8223.43Hz，弛豫延迟 60s，累计采样 16 次，探头温度 293.4K，偏置频率 2464.5137Hz，接收增益 64.00，脉冲序列 zg30；电子天平型号 UMX2，瑞士 Mettler Toledo 公司（分度值：0.01mg）；氘代试剂为氘代乙酸（美国 sigma 公司）。

选择国家基准物质苯甲酸（GBW06117，质量分数 99.993%±0.02%），为内标物，采用百万分之一天平，将 40mg 甲磺酸培氟沙星标准物质与 10mg 苯甲酸内标物共溶解于 2mL 氘代乙酸溶剂中，待充分溶解后，移取 0.80mL 至石英核磁管中待测，同时将甲磺酸培氟沙星标准物质样品与苯甲酸分别溶于氘代乙酸中作为参照样品来确定化学位移的归属。

③ 结果与讨论　测定的苯甲酸内标、甲磺酸培氟沙星，以及苯甲酸与甲磺酸培氟沙星混合溶液的 ^{1}H-NMR 谱图如图 2-21 所示。通过与苯甲酸及甲磺酸培氟沙星核磁图比较，可以确定加了苯甲酸作为内标的甲磺酸培氟沙星样品中各个质子峰的归属，并明确每个质子峰所对应的质子数。钝峰、偶合裂分复杂、相邻质子峰分离条件不佳等因素将对核磁共振定值测量产生较大的误差，而甲磺酸培氟沙星母核上 2、5、8 位碳相连的质子峰，

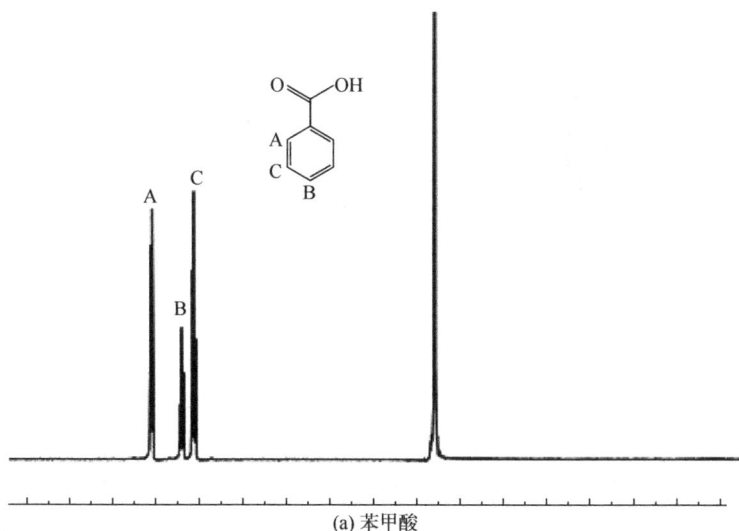

(a) 苯甲酸

图 2-21

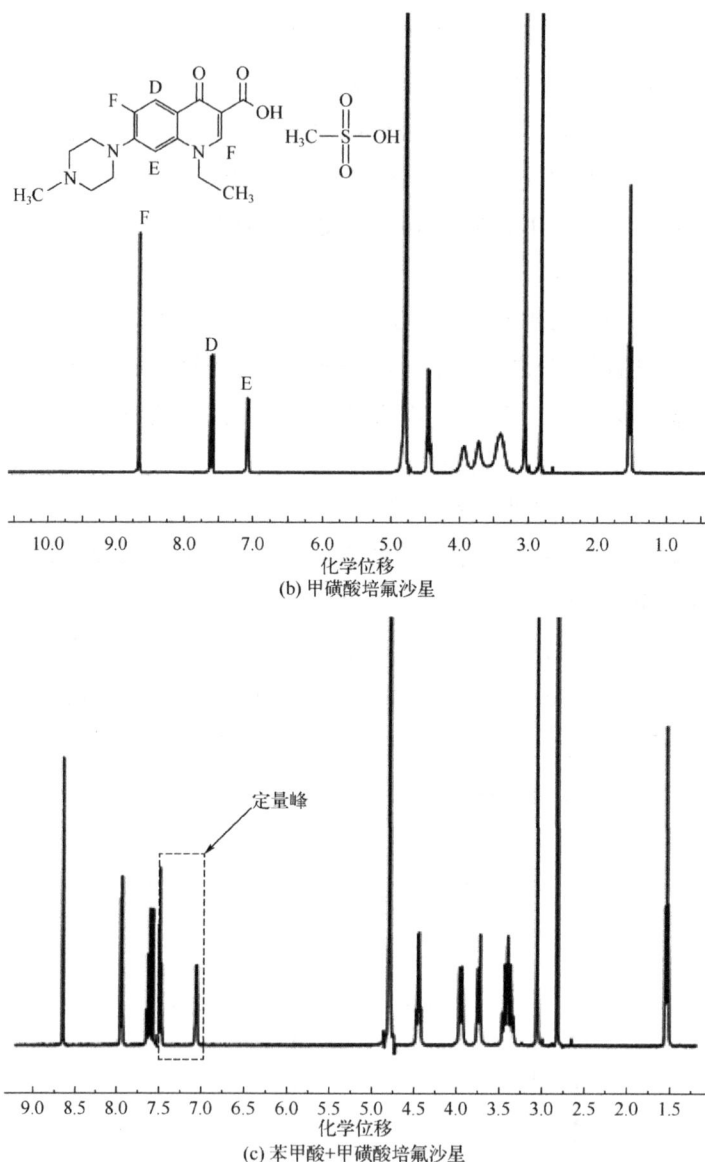

图 2-21　苯甲酸（a）、甲磺酸培氟沙星（b）和苯甲酸与
甲磺酸培氟沙星混合样品（c）的 ^{1}H-NMR 谱图

其化学位移值一般都在 7 以上，且偶合裂分简单，以双峰形式存在，不受
其他质子峰的干扰，因此可以用来定量测定其质量分数。图 2-21（c）中所选
择的定量峰，峰形尖锐，互不干扰，且属于同一核磁场区。根据核磁共振

定量公式计算，甲磺酸培氟沙星纯度标准物质质量分数测定结果如表 2-13 所示。

表 2-13 定量核磁共振法（^{1}H-NMR）测定甲磺酸培氟沙星纯度结果　单位：%

样品编号	1	2	3	4	5	6	7
甲磺酸培氟沙星质量分数	91.90	92.11	92.16	92.11	92.26	92.01	91.89
平均值	92.06						
标准偏差	0.14						

2. 纯度定值结果

液相色谱面积归一化法和定量核磁共振法两种定值方法的标准偏差分别为 s_1、s_2；两种方法的检测次数分别为 n_1、n_2；两种方法的定值结果分别为 x_1、x_2；两种方法的权重分别为 W_1、W_2。根据 t 检验公式可得 $t=1.93$，查表 $t_{0.05}(12)=2.18$，由此可见 $t<t_{0.05}(12)$，两组数据无明显差异。因此两种方法等精度。纯度定值的结果取两种不同原理方法测量结果的平均值，结果如下：

$$\overline{x} = \frac{P_{\text{HPLC-AN}} + P_{\text{NMR}}}{2} = 92.12\% \approx 92.1\%$$

综上所述，甲磺酸培氟沙星纯度质量分数定值结果为 92.1%，其中水分含量 7.6%。

六、不确定度评估

甲磺酸培氟沙星纯度标准物质不确定度来源分析及评定流程如图 2-22 所示。甲磺酸培氟沙星纯度标准物质的不确定度由三部分组成：标准物质的均匀性引入的不确定度 u_{bb}、标准物质的稳定性引入的不确定度（短期稳定性 u_{lts} 和长期稳定性 u_{sts}）以及标准物质定值过程引入的不确定度 u_{char}。

1. 均匀性引入的不确定度

根据技术规范要求，采用单因素方差分析法进行均匀性评估。则均匀性的标准偏差可以用以下公式计算：

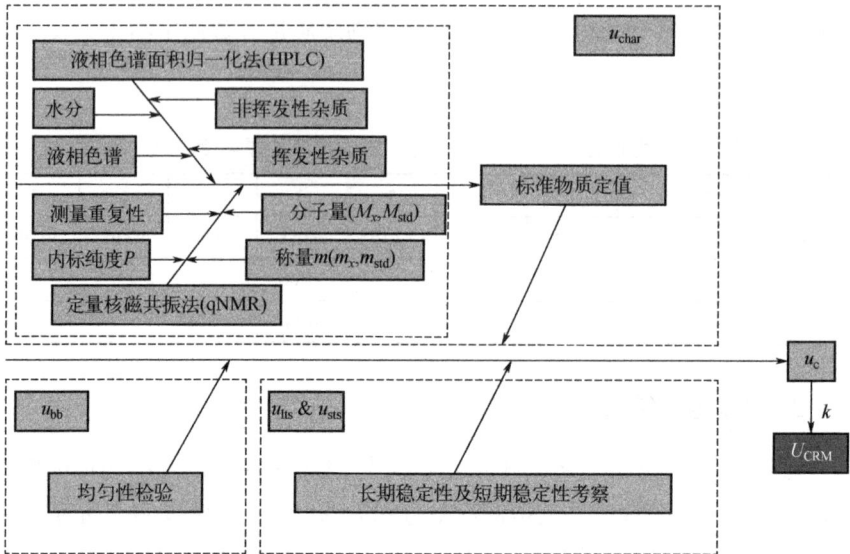

图 2-22 甲磺酸培氟沙星纯度标准物质不确定度来源分析及评定流程

$$s_H^2 = \frac{s_1^2 - s_2^2}{n}$$

式中，s_H 为均匀性标准偏差；s_1^2 为组间方差；s_2^2 为组内方差；n 为组内测量次数。

在这种情况下，s_H 等同于瓶间不均匀性导致的不确定度分量 u_{bb}，即

$$u_{bb} = s_H = 0.0187\%$$

2. 稳定性引入的不确定度

根据表 2-4 的数据，有效期为 12 个月的长期稳定性引入的不确定度 u_{lts} 计算如下：

$$u_{lts} = s(b_1)X = 0.0312\%$$

根据表 2-5 的数据，短期稳定性引入的不确定度 u_{sts} 计算如下：

在 20℃下：

$$u_{sts1} = s(b_1)X = 0.0693\%$$

在 40℃下：

$$u_{sts2} = s(b_1)X = 0.0369\%$$

由于 60℃ 条件下不稳定，而且本标准物质设计运输条件控制在 40℃ 内，因此短期稳定性只考虑 20℃ 和 40℃ 中较大的。

所以：

$$u_{sts} = \sqrt{u_{sts1}^2} = 0.0693\%$$

3. 定值引入的不确定度

（1）液相色谱面积归一化法定值引入的不确定度

根据液相色谱面积归一化法定值过程及其测量参数可知，液相色谱面积归一化法的不确定度 $u(P_{HPLC-AN})$ 计算公式如下：

$$u(P_{HPLC-AN}) = P_{HPLC-AN} \times \sqrt{\left[\frac{u(P_0)}{P_0}\right]^2 + \frac{u^2(X_w) + u^2(X_n) + u^2(X_v)}{(1 - X_w - X_n - X_v)^2}}$$

式中，$u(P_{HPLC-AN})$ 为液相色谱面积归一化法的不确定度；uP_0 为液相色谱法测量的不确定度；$u(X_w)$ 为水分测量的不确定度；$u(X_n)$ 为非挥发性杂质测量的不确定度；$u(X_v)$ 为挥发性杂质测量的不确定度。

① 液相色谱法测量的不确定度

a. 液相色谱法定值测量重复性引入的不确定度 u_1 由测量的标准偏差计算，$u_1 = 0.02\%$。

b. 各成分在不同检测波长下响应差异引入的不确定度：

$$u_2 = \frac{\sqrt{\sum_{i=1}^{n} u_{2\text{-}i}^2}}{\sqrt{3}} = \frac{\sqrt{\sum_{i=1}^{n} (B_{i\max\lambda} - B_{i定值\lambda})^2}}{\sqrt{3}}$$

式中，$B_{i\max\lambda}$ 为在 5 个检测波长下杂质成分 i 的最大百分含量；$B_{i定值\lambda}$ 为定值波长下杂质成分 i 的百分含量；$u_{2\text{-}i}$ 为杂质成分 i 的不确定度分量。

各波长的响应与不确定度评定结果，见表 2-14。

液相色谱测定不确定度：$u(P_0) = \sqrt{u_1^2 + u_2^2} = 0.02\%$。

② 水分测量的不确定度。天平称样引入的不确定度分量很小，所以水分测量的主要不确定来源是测量的重复性 u_A，水分的测量结果 X_w 为 7.59%，标准偏差 0.10%，因此水分测定引入的不确定度 $u(X_w) = 0.10\%$。

表 2-14　不同波长引入不确定度的评定

波长/nm	各杂质成分色谱峰面积百分比/%						
	14.73min	17.35min	22.26min	34.19min	36.80min	39.81min	45.71min
230	0.211	—	—	—	—	—	—
250	0.212	0.009	0.011	0.028	—	—	—
273	0.225	0.010	0.011	0.017	0.003	0.002	0.003
277	0.224	0.010	0.016	0.019	0.003	0.002	0.003
290	0.208	0.007	0.014	0.018	0.005	0.004	0.006
u_{2-i}	0.001	0	0	0.009	0.002	0.002	0.003
u_2	0.004						

③ 其他杂质引入的不确定度。天平称样引入的不确定度分量很小，所以挥发性溶剂测量的主要不确定来源是测量的重复性 u_A，非挥发性无机杂质的测量结果 X_v 为 0.00035%，由于部分元素的测定受环境、仪器的影响较大，因此，将非挥发性无机杂质的不确定度记为 $u(X_n) = 0.0136\%$。

面积归一化法的不确定度：

$$u(P_{HPLC-AN}) = P_{HPLC-AN} \times \sqrt{\left[\frac{u(P_0)}{P_0}\right]^2 + \frac{u^2(X_w) + u^2(X_n) + u^2(X_v)}{(1 - X_w - X_n - X_v)^2}} = 0.103\%$$

（2）核磁共振法定值引入的不确定度

由核磁共振定量的公式及其测量实验过程得出纯度测量不确定度公式：

$$u(P_{NMR}) = P_{NMR} \sqrt{\begin{array}{c}\left[\dfrac{u(I_x / I_{std})}{I_x / I_{std}}\right]^2 + \left[\dfrac{u(M_x)}{M_x}\right]^2 + \left[\dfrac{u(M_{std})}{M_{std}}\right]^2 + \\[2mm] \left[\dfrac{u(m_x)}{m_x}\right]^2 + \left[\dfrac{u(m_{std})}{m_{std}}\right]^2 + \left[\dfrac{u(P_{std})}{P_{std}}\right]^2\end{array}}$$

核磁共振定量法不确定度的来源包括测量的不确定度、分子量不确定度、称量不确定度、内标物纯度不确定度。

① 积分面积测量的不确定度 $u(I_x / I_{std})$：积分面积测定结果的标准不确定度采用 A 类评定，用 NMR 法测定结果的标准偏差表示，不确定度为 0.14%。

② 内标物标准物质苯甲酸和样品天平称量不确定度 $u(m_{\text{std}})$ 和 $u(m_x)$：称量天平的最小分度为 0.001mg，称样量为 10mg 和 40mg，所以天平称量的不确定度为：

$$u(m_x) = u(m_{\text{std}}) = \frac{0.001\text{mg}}{\sqrt{3}} = 0.0006\text{mg}$$

③ 内标物纯度不确定度 $u(P_{\text{std}})$：内标物苯甲酸的纯度不确定度由标准物质证书获得，纯度值的相对扩展不确定度为 0.02%（$k=2$），所以其标准不确定度为 0.01%。

④ 分子量的不确定度 $u(M_x)$ 和 $u(M_{\text{std}})$：甲磺酸培氟沙星和苯甲酸分子量的标准不确定度计算公式：

$$u(M) = \sqrt{\sum_{j=1}^{n} [N_j u_j]^2}$$

式中，N_j 为 j 元素的原子个数；u_j 为 j 元素的原子量的不确定度。

根据 IUPAC 国际原子量表，6 种原子的原子量及不确定度为 C：12.0107±0.0008；H：1.00794±0.00007；O：15.9994±0.0003；N：14.00674±0.00007；F：18.9984032±0.0000005；S：32.066±0.006。

对于每个元素，其标准不确定度是按照均匀分布由引用不确定度转化而来。

甲磺酸培氟沙星的分子式为 $C_{18}H_{24}FN_3O_6S$，分子量为 429.46。其标准不确定度为：

$$u(M_x) = \sqrt{\sum_{j=1}^{n} [N_j u_j]^2} = \sqrt{\begin{array}{l}\left(18 \times \frac{0.0008}{\sqrt{3}}\right)^2 + \left(24 \times \frac{0.00007}{\sqrt{3}}\right)^2 + \left(3 \times \frac{0.00007}{\sqrt{3}}\right)^2 + \\ \left(6 \times \frac{0.0003}{\sqrt{3}}\right)^2 + \left(1 \times \frac{0.0000005}{\sqrt{3}}\right)^2 + \left(1 \times \frac{0.006}{\sqrt{3}}\right)^2\end{array}}$$

$$= 0.00997$$

甲磺酸培氟沙星分子量的相对标准不确定度：

$$u(M_x) / M_x = \frac{0.00997}{429.46} = 0.000023$$

同理，内标物苯甲酸（$C_7H_6O_2$），分子量为 122.12，相对标准不确定度：

$$u(M_{std}) / M_{std} = 0.003 / 122.12 = 0.000025$$

因此核磁共振定量法纯度测量的合成标准不确定度为：

$$u_{NMR} = u(P_{NMR}) = 92.06\% \times \sqrt{\left(\frac{0.14\%}{92.06\%}\right)^2 + (2.3\times10^{-5})^2 + (2.5\times10^{-5})^2 + \left(\frac{0.0006}{40}\right)^2 + \left(\frac{0.0006}{10}\right)^2 + \left(\frac{0.01\%}{99.993\%}\right)^2}$$

$$\approx 0.146\%$$

因此，定值不确定度计算如下：

$$u_{char} = \frac{1}{2}\sqrt{u_{HPLC-AN}^2 + u_{NMR}^2 + \left(P_{HPLC-AN} - P_{NMR}\right)^2} = 0.111\%$$

4. 标准物质的合成及扩展不确定度

标准物质的合成不确定度计算公式如下：

$$u_c = \sqrt{u_{char}^2 + u_{bb}^2 + u_{lst}^2 + u_{sts}^2} = \sqrt{(0.111\%)^2 + (0.0187\%)^2 + (0.0312\%)^2 + (0.0693\%)^2}$$

$$\approx 0.14\%$$

扩展不确定度为：$U_{CRM} = k \times u_{CRM} = 0.28\% \approx 0.3\%$（$k$=2）。

5. 结果表达

综上所述，甲磺酸培氟沙星纯度标准物质的特性量值及其不确定度如表 2-15 所示。

表 2-15　甲磺酸培氟沙星纯度标准物质特性量值及其不确定度

名称	质量分数/%	不确定度（k=2）/%
甲磺酸培氟沙星	92.1	0.3

目前，针对本项目研制的甲磺酸培氟沙星纯度标准物质，已完成 12 个月长期稳定性监测，样品性质稳定、特性量值准确可靠。为充分保证标准物质的质量，需继续监测甲磺酸培氟沙星纯度标准物质的稳定性。

第二节
甲砜霉素纯度标准物质研制实例

一、概述

甲砜霉素，英文名：thiamphenicol；CAS 号：15318-45-3；分子式：$C_{12}H_{15}Cl_2NO_5S$；分子量：356.22；熔点：163～166℃。其为中性的白色无臭结晶性粉末；对光、热稳定；室温下在水中的溶解度为 0.5%～1.0%，略大于氯霉素，醇中溶解度为 5%，几乎不溶于乙醚或氯仿；是一种广谱抗菌药，分子结构如图 2-23 所示。

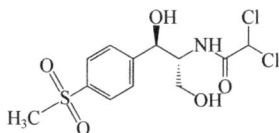

图 2-23　甲砜霉素分子结构

二、定性分析与原料制备

甲砜霉素纯度标准物质原料为市售纯品，产品分析证书标示纯度为>99.0%。为了进一步确认原料的准确可靠性，分别采用红外光谱、核磁共振氢谱、质谱、紫外光谱等手段对购买的原料进行主成分定性分析。

1. 主成分定性分析

（1）红外光谱法

① 分析仪器　Bruker VERTEX 70 红外光谱仪。

② 分析条件　KBr 压片法,称量约 3mg 甲砜霉素样品和约 300mg KBr 粉末于研钵中,研磨混匀 5～10 分钟后压片,采用红外光谱仪测定,测定范围 4500～500cm^{-1}。

③ 分析结果 图 2-24 中 3493～3259cm^{-1} 范围内的特征吸收峰被认为归属于甲砜霉素分子结构中 O—H 和 N—H 的伸缩振动，3000～2800cm^{-1} 范围的振动峰则来自甲基（—CH$_3$）中的 C—H 振动，1691cm^{-1} 和 1560cm^{-1} 处的两个振动峰则是羧基上的 C═O 伸缩振动和吡啶酮的 C═O 伸缩振动吸收峰，苯环上的 C═C 弯曲振动吸收峰分别在 1281cm^{-1}、1143cm^{-1}、1034cm^{-1}。实验测得的特征吸收峰与文献报道中甲砜霉素标准红外光谱图（图 2-25）的主要特征吸收峰相一致。因此认为原料主成分为甲砜霉素。

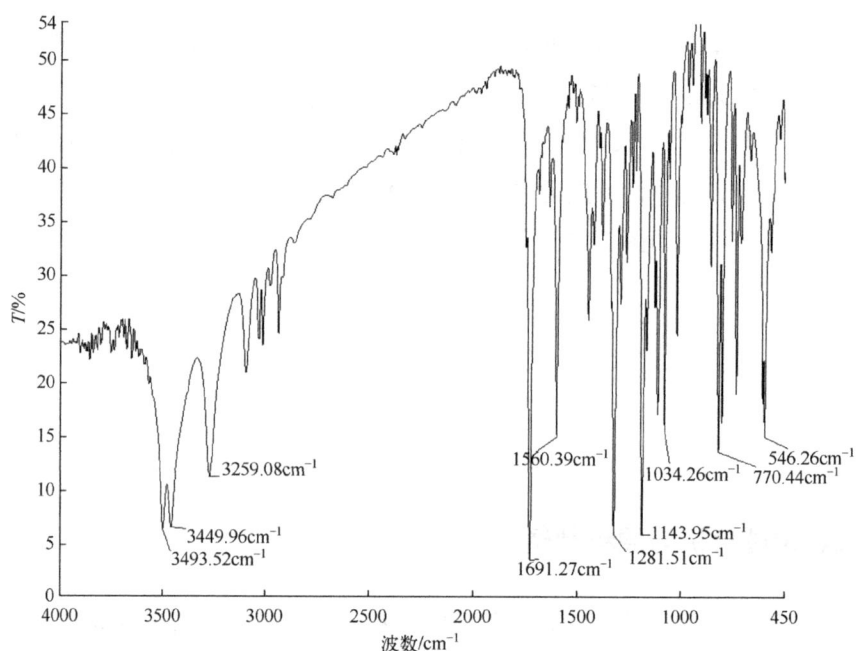

图 2-24 甲砜霉素标准物质原料红外光谱图

（2）核磁共振波谱法

① 分析仪器 核磁共振仪器型号为 Avance Ⅲ 400MHz；电子天平型号为 UMX2（瑞士 Mettler Toledo 公司，分度值：0.001mg）。

② 分析条件 将甲砜霉素溶于重水中，进行 ^{1}H-NMR 测定，氘代试剂：氘代甲醇（北京百灵威公司）；仪器参数：发脉冲角度 30°，采样时间 3.9846s，扫描宽度 8223.43Hz，弛豫延迟 60s，累计采样 128 次，探头温度 293.4K，偏置频率 2464.5137Hz，接收增益 64.00，脉冲序列 zg30。采样前，经过自

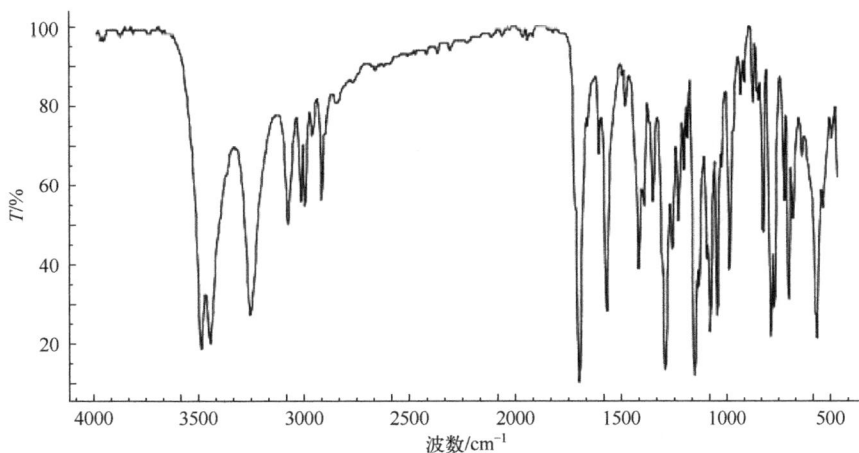

图 2-25　甲砜霉素标准红外光谱图（文献报道）

动调谐和自动匀场，然后手动调谐和匀场，最后自动调节增益。谱宽 20.00，纵向弛豫为 8.5s。

③ 分析结果　将约 10mg 甲砜霉素溶于氘代甲醇中，^{1}H-NMR 测定结果如图 2-26 所示。图中甲砜霉素纯度不同位置氢的特征核磁数据与甲砜霉素核磁标准谱图（图 2-27）比较，扣除氘代溶剂的溶剂峰影响，谱图基本一致，符合甲砜霉素纯度结构特征，因此认为原料主成分为甲砜霉素。

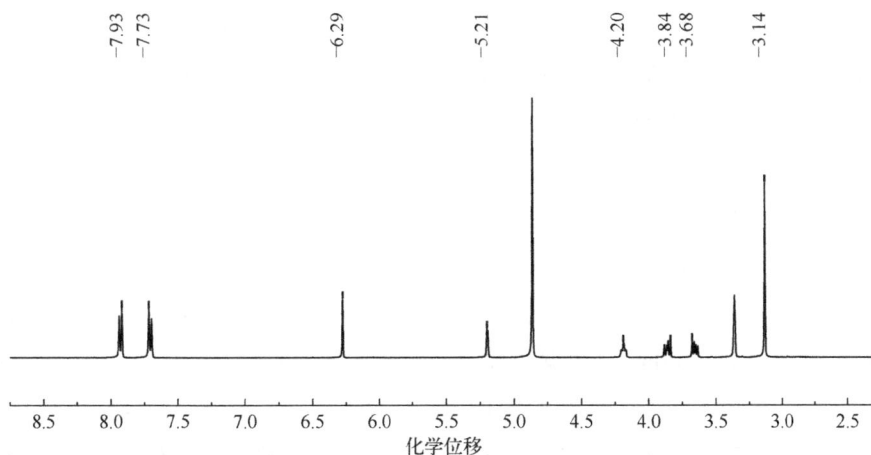

图 2-26　甲砜霉素标准物质原料的 ^{1}H-NMR 谱图

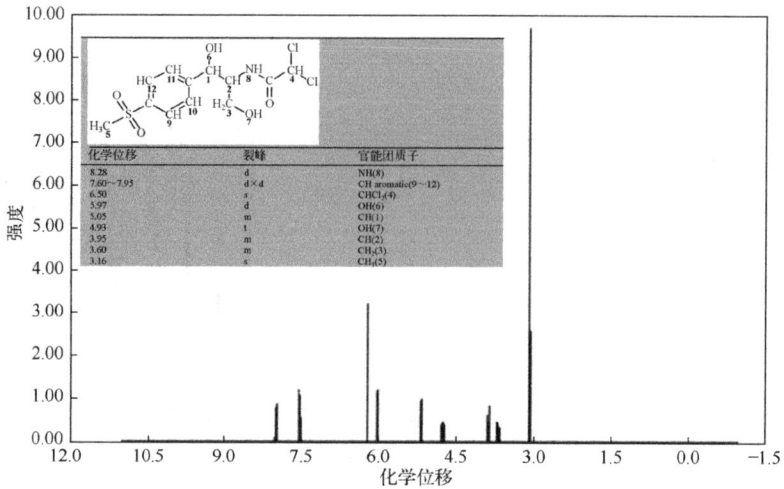

图 2-27　甲砜霉素的标准 ^{1}H-NMR 谱图

（3）质谱法

① 分析仪器　AB SCIEX Triple Quad 3500 质谱仪。

② 分析方法　将甲砜霉素溶于甲醇溶剂中，配成 100μg/L 的溶液，在负离子模式下全扫分析。

③ 质谱条件　气帘气（CUR）35psi；喷雾电压（IS）5500V；雾化温度（TEM）550℃；碰撞气（CAD）8psi；雾化气（GS1）55psi；辅助气（GS2）55psi；扫描范围 310～360。

④ 分析结果　质谱图如图 2-28 所示。图中得到明显的质荷比为 m/z=354 的甲砜霉素分子离子峰[M-H]$^-$，质荷比为 m/z=290、m/z=227 的质谱峰属于甲砜霉素的碎片峰。此外，谱图中没有发现其他明显的信号峰。由此认为，纯品原料主要成分为甲砜霉素。

（4）紫外光谱法

① 分析仪器　ThermoFisher 液相色谱仪串联二极管阵列检测器（DAD）。

② 分析方法　针对液相色谱分离的甲砜霉素，采用 DAD 全波长扫描，扫描范围 190～400nm，数据处理时选择紫外区谱图进行分析。

③ 分析结果　紫外光谱图如图 2-29 所示。实验测得的吸收峰位于 194.19nm、224.51nm 及 272.58nm。标准物质原料样品的紫外光谱结果与文献报道一致。

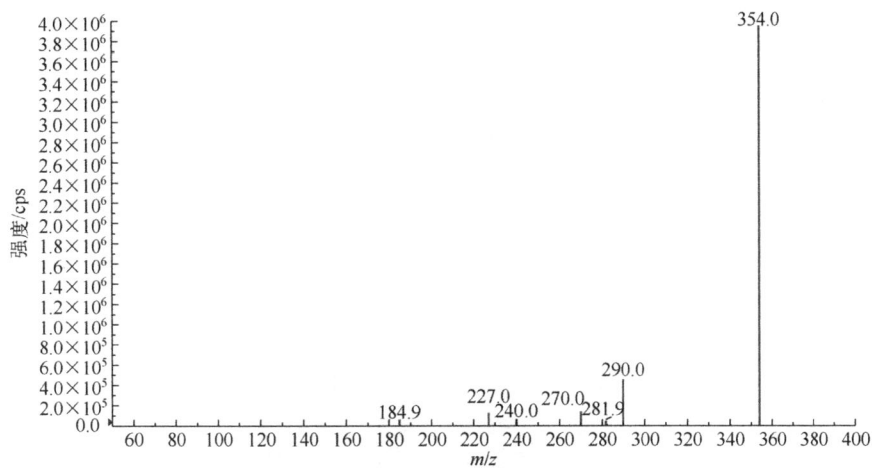

图 2-28 甲砜霉素质谱图

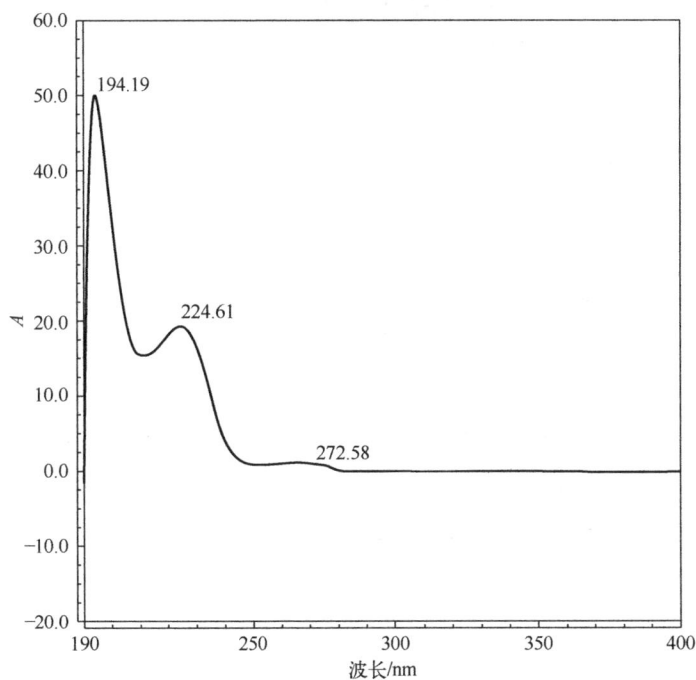

图 2-29 甲砜霉素样品紫外光谱图

综上所述，通过红外、核磁共振波谱、质谱、紫外光谱四种分析方法验证可知，本研究所采用的标准物质原料主成分为甲砜霉素。

2. 原料制备

将经过主成分定性分析且充分混合好的标准物质原料，在 P_2O_5 干燥器中放置 24 小时后，于干净封装环境（湿度 15%，温度 22℃）分装至 5mL 样品瓶中，旋紧瓶盖。每个包装量为 100mg，共 200 个包装单元。置于−20℃冰箱内保存。如图 2-30 所示。

图 2-30 甲砜霉素纯度标准物质候选物

三、均匀性检验

1. 均匀性检验方案

根据 JJF 1006—1994《一级标准物质技术规范》和 JJF 1343—2012《标准物质定值的通用原则及统计学原理》的技术要求，记总体单元 N，当 $200<N\leqslant500$ 时，抽取单元数不少于 15 个。因此，按照整个封装过程的前、中、后时间阶段，从已分装的甲砜霉素标准物质中随机抽取 15 个包装单位进行均匀性检验，对随机抽取的样品从 1 到 15 编号。每个单元重复测定 3 次，测定顺序为 1，2，3，…，15；15，14，13，…，1；1，2，3，…，15。对抽取的单元，分别配制成浓度为 100mg/L 的甲醇溶液，采用高效液相色谱面积归一化法对其均匀性进行检验，测量的数据采用单因素方差分析法进行统计检验，通过比较 F 检验值与 F 临界值的大小来判定。

2. 检验结果与统计分析

针对随机抽取的 15 瓶甲砜霉素，每瓶分 3 个子样，采用 HPLC-UV 法测定甲砜霉素主成分含量，测定方法如下：色谱柱 Agilent Eclipse Plus C_{18}

（4.6mm×250mm，5.0μm）；流动相为乙腈：水（10mmol/L 醋酸铵）=14：86；流速 1.0mL/min；进样量 10μL；UV 波长 224nm。测定结果如表 2-16 所示。

表 2-16　甲砜霉素纯度标准物质均匀性检验结果　单位：%（质量分数）

瓶号	子样 1	子样 2	子样 3	平均
1	99.26	99.26	99.26	99.26
2	99.27	99.26	99.26	99.26
3	99.26	99.24	99.25	99.25
4	99.27	99.26	99.26	99.26
5	99.25	99.26	99.24	99.25
6	99.24	99.26	99.24	99.25
7	99.26	99.27	99.25	99.26
8	99.25	99.26	99.27	99.26
9	99.25	99.26	99.26	99.26
10	99.25	99.27	99.26	99.26
11	99.25	99.27	99.26	99.26
12	99.24	99.25	99.24	99.24
13	99.26	99.24	99.25	99.25
14	99.25	99.24	99.26	99.25
15	99.25	99.26	99.25	99.25
总平均值	99.26			
总标准偏差	0.01			
组间方差	$s_1^2 = 0.0001232$			
组内方差	$s_2^2 = 0.0000733$			
F	$F = s_1^2 / s_2^2 = 1.68$			
$F_{0.05}$（14,30）	2.04			
结论	$F < F_{0.05}$（14,30），样品均匀			

由数据统计分析可知，甲砜霉素纯度标准物质的均匀性良好，符合技术规范要求。

四、稳定性考察

为考察甲砜霉素纯度标准物质在长期储存条件以及外部环境变化条件影响下，物质物理化学性质和特性量值保持不变的能力，根据《标准物质定值的通用原则及统计学原理》的介绍，采用直线拟合法对甲砜霉素纯度标准物质开展了长期和短期的稳定性考察。

1. 长期稳定性考察

（1）考察方案　根据 JJF 1006—1994《一级标准物质技术规范》和 JJF 1343—2012《标准物质定值的通用原则及统计学原理》的要求，标准物质稳定性考察按照先密后疏的原则进行。因此，分别在第 0、1、3、6、9、12 个月进行稳定性考察。每次抽取 2 个包装，采用重量-容量法配制溶液，每个单元平行测定 3 次，样品预处理及测量方法与均匀性检验采用的方法相同。最后取 2 个包装单元平均值作为该次长期稳定性监测结果，结果分析采用趋势分析法，以监测时间和结果拟合直线，并对结果进行统计分析。

（2）结果统计与分析　长期稳定性检验结果如表 2-17 所示，以检测时间和结果拟合直线（见图 2-31），采用趋势分析法，对稳定性检验结果进行统计分析。

表 2-17　甲砜霉素纯度标准物质长期稳定性监测结果　　单位：%

项目	2019 年 6 月	2019 年 7 月	2019 年 9 月	2019 年 12 月	2020 年 3 月	2020 年 6 月
#1	99.27	99.26	99.26	99.24	99.26	99.25
	99.24	99.25	99.27	99.26	99.26	99.26
	99.25	99.27	99.27	99.25	99.24	99.24
#2	99.25	99.24	99.26	99.23	99.23	99.23
	99.26	99.25	99.26	99.23	99.23	99.25
	99.27	99.24	99.26	99.23	99.25	99.24
平均值	99.26	99.25	99.26	99.24	99.25	99.25
b_1	-0.0007					
b_0	99.255					
s^2	0.0001					
$s(b_1)$	0.0007					
$t_{0.95,n-2}$	2.78					
$t_{0.95,n-2} \cdot s(b_1)$	0.0020					
结论	$\|b_1\|<t_{0.95,n-2} \cdot s(b_1)$，稳定					

$$y=-7.0×10^{-4}x+99.255$$

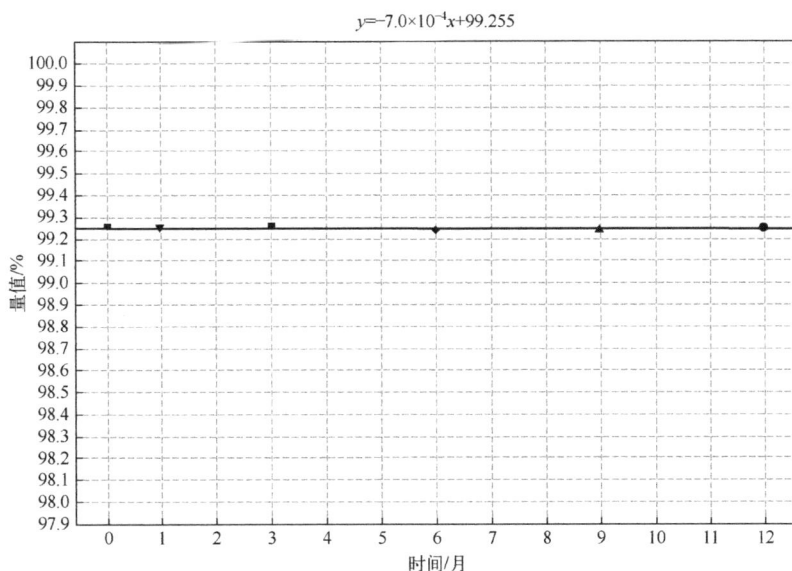

图 2-31　甲砜霉素 12 个月稳定性监测结果趋势图

2. 短期稳定性考察

（1）考察方案　根据 JJF 1006—1994《一级标准物质技术规范》和 JJF 1343—2012《标准物质定值的通用原则及统计学原理》的要求，标准物质短期稳定性考察主要评价标准物质在运输过程中特性量值受环境温度的变化而产生的变化或影响。采用将随机抽取的样品置于 20℃、40℃和 60℃恒温箱中（模拟运输条件）保存，分别在第 1、3、5、7、9 天进行稳定性监测，测定方法与长期稳定性监测相同，同样采用趋势分析对监测数据进行统计分析。

（2）结果与统计分析　短期稳定性监测结果见表 2-18，趋势图见图 2-32。

表 2-18　甲砜霉素纯度标准物质短期稳定性考察结果　　单位：%

项目	温度条件（20℃）	温度条件（40℃）	温度条件（60℃）
2019 年 9 月 21 日	99.24	99.27	99.27
2019 年 9 月 23 日	99.29	99.25	99.23
2019 年 9 月 25 日	99.25	99.26	99.29
2019 年 9 月 27 日	99.25	99.27	99.27
2019 年 9 月 29 日	99.21	99.22	99.29
平均值	99.25	99.25	99.27

续表

项目	温度条件（20℃）	温度条件（40℃）	温度条件（60℃）
b_1	−0.005	−0.004	0.004
b_0	99.27	99.27	99.25
s^2	0.0008	0.0004	0.0006
$s(b_1)$	0.0044	0.0030	0.0038
$t_{0.95,n-2}$	3.18	3.18	3.18
$t_{0.95,n-2} \cdot s(b_1)$	0.0139	0.0095	0.0122
结论	$|b_1|<t_{0.95,n-2} \cdot s(b_1)$，稳定	$|b_1|<t_{0.95,n-2} \cdot s(b_1)$，稳定	$|b_1|<t_{0.95,n-2} \cdot s(b_1)$，稳定

$y=-0.005x+99.273$

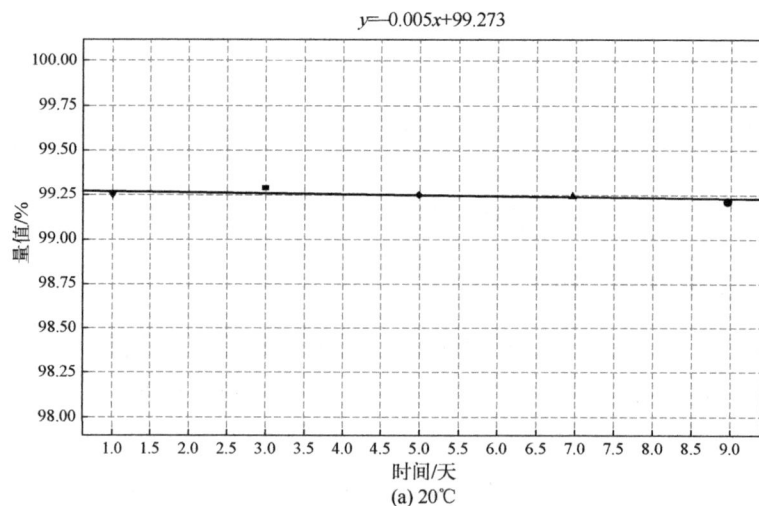

(a) 20℃

$y=-0.004x+99.274$

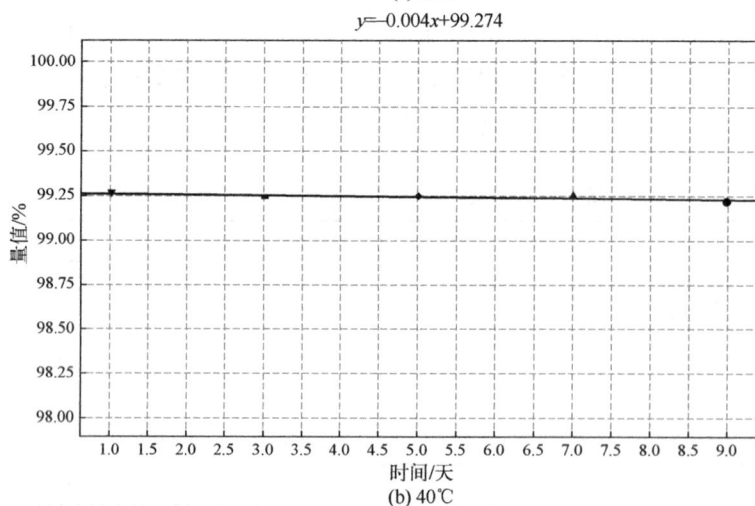

(b) 40℃

$$y=0.004x+99.25$$

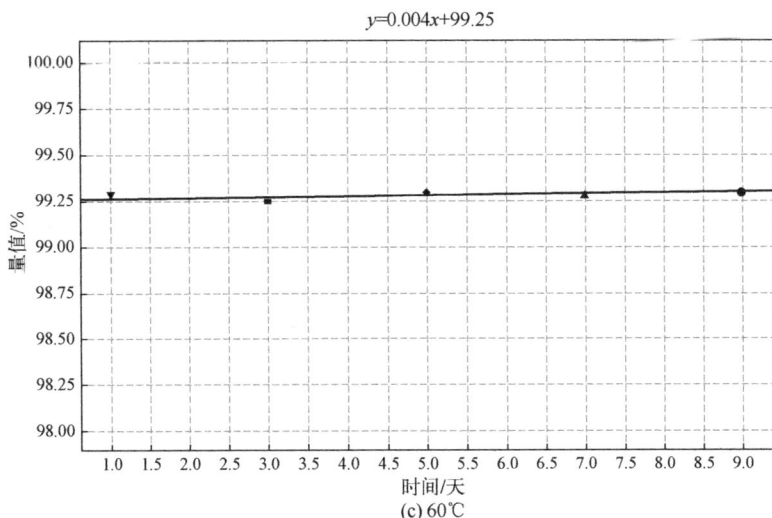

图 2-32　甲砜霉素在 20℃、40℃、60℃条件下的短期稳定性结果

综上所述，甲砜霉素标准物质 12 个月长期稳定性良好，在 20℃、40℃、60℃的模拟运输温度、9 天的运输时间条件下特性量值稳定。

五、定值

1. 定值方法与溯源性描述

参照《国家一级标准物质技术规范》，通过前期文献调研及预实验结果，采用液相色谱面积归一化法和定量核磁共振法两种不同原理的方法对甲砜霉素纯度标准物质定值。液相色谱面积归一化法包括 HPLC-UV 法测定甲砜霉素主成分、卡尔费休库仑法测定水分含量、顶空气相色谱法测定挥发性杂质含量，以及 ICP-MS、ICP-AES 法测定非挥发性无机元素含量等，为保证测量结果的溯源性与准确性，使用的仪器设备经过计量检定或标准物质校准；定量核磁法主要通过选择 NIST 肌酐标准物质（SRM914a，99.7%±0.3%）为内标物，采用内标法定值，实现测量结果准确可靠，并利用有证标准物质特性量值将定量核磁共振测量结果直接溯源到 SI 单位。

（1）定值方法 1：液相色谱面积归一化法

液相色谱面积归一化法纯度定值公式如下：

$$P_{HPLC-AN} = P_0 \times (100\% - X_w - X_n - X_v) \times 100\%$$

式中，P_0 为液相色谱面积归一化法主成分测定结果；X_w 为水分含量；X_n 为非挥发性杂质含量，X_v 为挥发性杂质含量。

① 高效液相色谱条件优化及主成分测定　针对酰胺醇类药物的 HPLC 分析，多数采用反相高效液相色谱柱，使用 C_{18} 色谱柱，以甲醇（或乙腈）-缓冲溶液（pH=2.0～3.5）系统为流动相。基于前期的研究基础，考虑到甲砜霉素紫外吸收处于 224nm，因此有机相选择乙腈。进一步优化了水相，通过比较纯水相与醋酸铵缓冲溶液，结果如图 2-33 所示，缓冲溶液

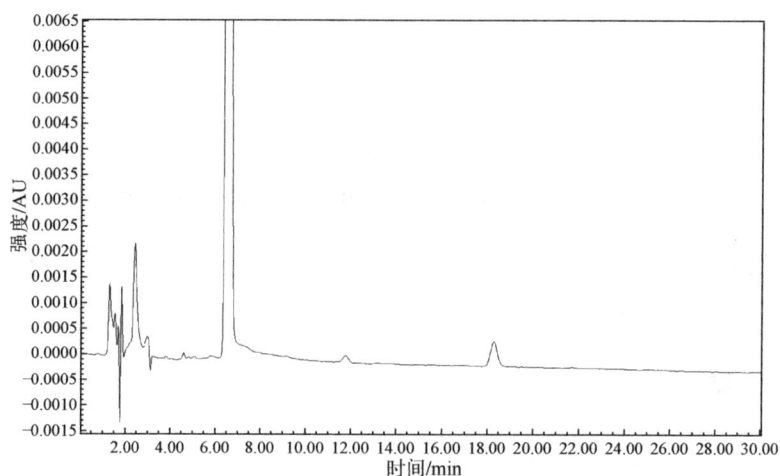

(a) 水相：去离子水

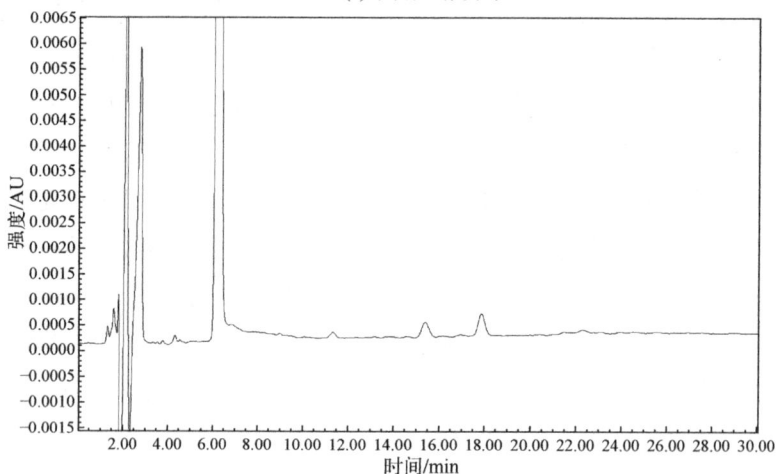

(b) 水相：10mmol/L醋酸铵

图 2-33　不同水相条件下甲砜霉素及其杂质的色谱图

流动相能够提高杂质的信号响应。

　　在此基础上，通过优化流动相比例，达到主成分与杂质以及杂质与杂质之间实现基线分离。如图 2-34 所示，当有机相和水相比例为 14∶86 时，达到最佳分离效果。并与甲醇溶剂空白比较，确定有机杂质。

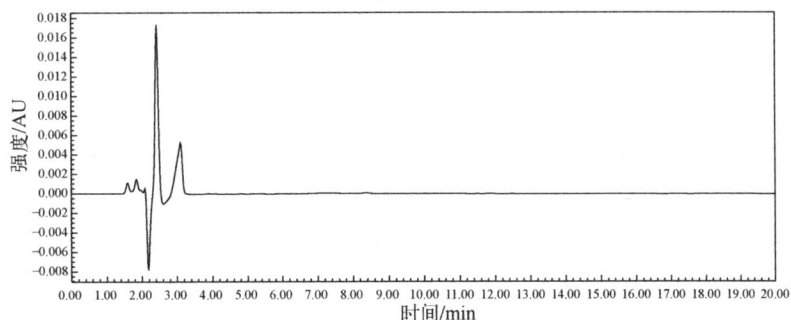

(a) 空白

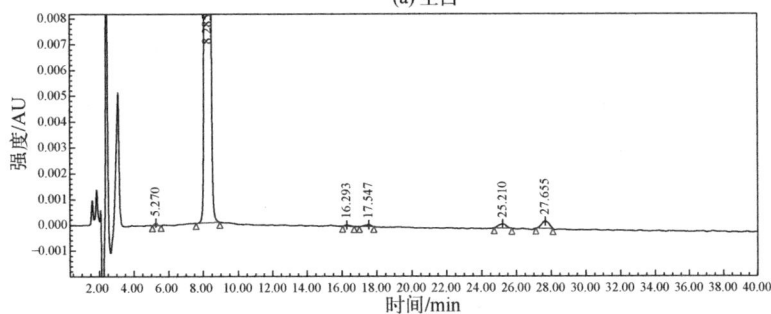

(b) 14∶86

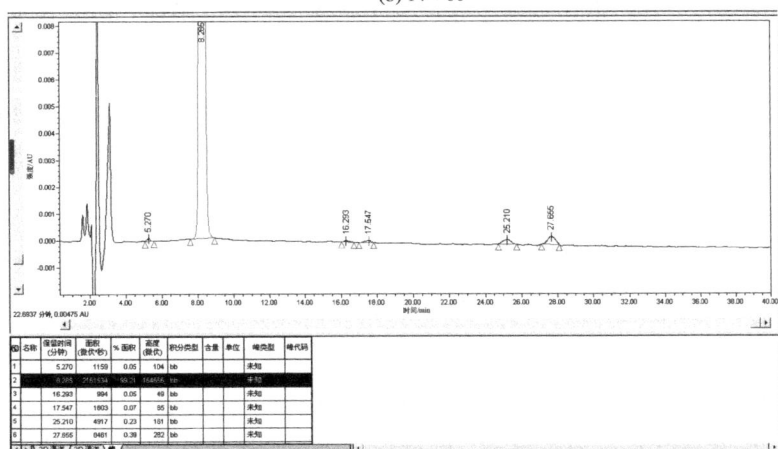

(c)

图 2-34　甲砜霉素及其杂质的色谱图

最终确定条件为：色谱柱 Agilent Eclipse Plus C$_{18}$（4.6mm×250mm，5.0μm）；流动相乙腈：水（10mmol/L 醋酸铵）=14：86；流速 1.0mL/min；进样量 10μL；UV 波长 224nm；Waters 2695 HPLC 仪。

综上所述，认为该色谱条件满足甲砜霉素纯度标准物质的色谱测量实验要求。因此，利用该色谱条件，对 7 瓶甲砜霉素标准物质进行平行测定，HPLC 主成分测量结果如表 2-19 所示。

表 2-19 HPLC 法测定主成分结果

样品	1	2	3	4	5	6	7	平均值	标准偏差
结果	99.25	99.26	99.21	99.23	99.24	99.25	99.23	99.24	0.02

② 卡尔费休库仑法测定水分

a. 主要仪器与试剂。瑞士梅特勒 DL32 型微量水分测定仪；XS105 分析天平（MAX=120g, d=0.01mg）；中国计量科学研究院固体水分国家一级标准物质 GBW 13518（9.90mg/g）、GBW 135178（50.7mg/g）、GBW 13515（156.3mg/g）；甲砜霉素纯度标准物质候选物。

b. 测试步骤。微量水分测定仪开机后，仪器自动滴定水分至终点，保持滴定池中无水分。分别准确称取固体标准物质，打开滴定池的盖子，迅速将称量的标准样品倒入滴定池并盖上盖子，输入质量进行滴定。每个标准样品测定三次，取平均值，验证卡尔费休库仑法准确性。由于含水较少的样品，卡尔费休库仑法测定结果与天平的称样量大小有关，因此优化了甲砜霉素纯度标准物质水分测定的称样量。结果如图 2-35 所示，当称样量大于 30mg 时，水分测定结果的波动趋于平稳。因此最终选择的称样量为50mg。

用称量纸称取约 50mg 待测样品，输入称量质量，待滴定结束，记录示值。为了消除空气中水分对测定结果的影响，模拟加样过程、质量及时间测定水分空白示值，扣除空白后得到最终结果。采用卡尔费休库仑法测定甲砜霉素中水分含量，结果如表 2-20 所示。

③ 挥发性有机杂质测定　纯度标准物质中挥发性有机杂质的测定，采用顶空进样气相色谱法。具体测试过程及结果如下。

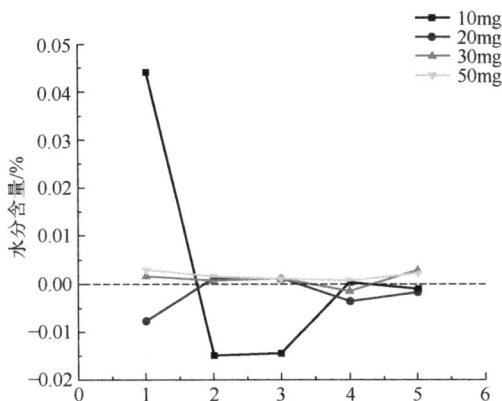

图 2-35 称样量对水分测定的影响

表 2-20 卡尔费休库仑法测定甲砜霉素中水分含量结果 单位：%（质量分数）

样品	1	2	3	4	5	6	7	平均	标准偏差
结果	0.0030	0.0015	0.0011	0.0008	0.0022	0.0017	0.0013	0.0017	0.0007

a. 主要仪器与试剂。Agilent 6890 型气相色谱仪，氢火焰离子化检测器（FID，美国 Agilent 公司），Agilent 1888 型顶空自动进样仪（美国 Agilent 公司），10mL 顶空瓶（美国 Agilent 公司），甲醇、乙醇、丙醇、异丙醇、乙腈、正己烷、乙酸乙酯、二氯甲烷标准物质（中国计量科学研究院）。

b. 测试条件与参数。色谱柱：DB-624（60m×0.25mm，1.40μm）；载气流速：氢气 40mL/min、空气 400mL/min；程序升温条件：初始 45℃保持 5min，以 7℃/min 的速率升温至 120℃，以 15℃/min 的速率升温至 230℃，保持 15min；进样量：5μL；分流比：不分流；加热箱：70℃；环路：90℃；传输线：110℃。

c. 测试步骤。取 10μL 甲醇、乙醇、丙醇、异丙醇、乙腈、正己烷、乙酸乙酯、二氯甲烷溶液标准物质分别溶于 990μL 纯水中并准确记录其质量，置于顶空瓶中立即用压盖器封好，制备单标，待测定；称取 50.00mg（精确至 0.01mg）待测纯度标准物质于 10mL 顶空瓶中，立即用压盖器封好，待测定。

样品的测定结果分别与空气空白、标准溶液结果比较后可以确定，在保留时间 5.9min 和 8.8min 位置的色谱峰分别为甲醇溶剂和乙腈溶剂，如图 2-36 所示。通过与标准溶液峰面积比较计算可知，甲砜霉素纯度标准物质中甲醇和乙腈的溶剂残留质量分数分别为 0.000328% 和 0.000040%，挥发性有机溶剂杂质质量分数为 0.000368%，含量很低，对定值影响不大，可以忽略。

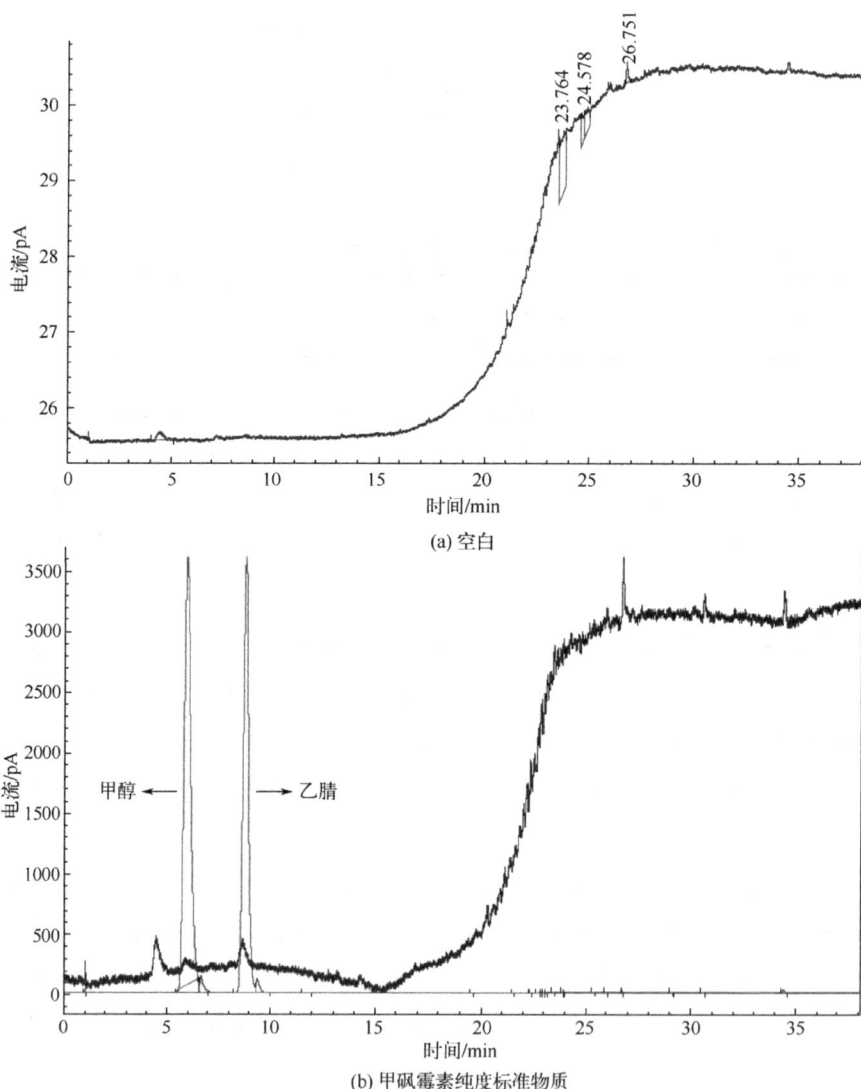

(a) 空白

(b) 甲砜霉素纯度标准物质

图 2-36 空白和甲砜霉素纯度标准物质顶气相色谱图

④ 非挥发性无机杂质测定 采用微波消解-电感耦合等离子体质谱法（microwave-assisted ICP-MS）检测甲砜霉素纯度标准物质中的无机元素含量，具体过程如下。

a. 测试仪器及试剂。电感耦合等离子体质谱仪（ICP-MS）ICP-MS X series 2（赛默飞世尔有限公司），万分之一分析天平，纯度>99.99%高纯氩气，CEM微波消解仪（MARS SYSTEM），超纯水，硝酸（优级纯），双氧水（优级纯），无机元素混合标准溶液（10mg/L）。

b. 测试方法。标准工作曲线的建立：配制不同浓度的混标溶液（0.01mg/L、0.1mg/L、1.0mg/L、10.0mg/L、50.0mg/L）。

铟内标液：以超纯水作介质，配成浓度为1μg/L的溶液。

样品前处理：微波消解法。称取均匀干样0.100g，精确至0.0001g，于55mL消解管中，加5mL硝酸，浸泡过夜，加入1mL双氧水，盖上溶样盖，置于高压罐内，再放入微波溶样装置内，设置微波系统消解程序，开始消解试样。消解完全结束后，取出内罐，放置于赶酸仪上，以100℃加热赶酸至溶液剩余1mL，取下冷却至室温，用水转移入10mL容量瓶中，定容，混匀备用。同时做空白对照。

仪器条件：雾化器流量1.02L/min；吹扫次数45次；辅助气流量0.80L/min；冷却气流量13L/min。

测得的甲砜霉素中各个元素的含量见表2-21。

综上所述，液相色谱面积归一化法的定值结果见表2-22。

由高效液相色谱面积归一化法测定的甲砜霉素纯度标准物质的质量分数为99.23%。

（2）定值方法2：定量核磁共振法

本标准物质研制中采用定量核磁共振法作为第二种定值方法，对标准物质纯度进行定值。定量核磁共振法定值计算公式如下：

$$P_{\mathrm{NMR}} = \frac{I_x}{I_{\mathrm{std}}} \times \frac{n_{\mathrm{std}}}{n_x} \times \frac{M_x}{M_{\mathrm{std}}} \times \frac{m_{\mathrm{std}}}{m_x} \times P_{\mathrm{std}}$$

式中　P_{NMR}——采用核磁共振法测得的被测物的纯度；

I_x——样品指定峰的积分面积；

I_{std}——内标物指定峰的积分面积；

表 2-21　甲砜霉素纯度标准物质中非挥发性无机元素杂质测定结果

元素	质量浓度/(μg/kg)	元素	质量浓度/(μg/kg)	元素	质量浓度/(μg/kg)
Li	67	Rb	0	Gd	0
Be	0	Sr	0	Tb	0
B	0	Y	0	Dy	0
Na	22	Zr	6.9	Ho	0
Mg	0	Nb	0	Er	0
Al	0	Mo	0	Tm	0
Si	92	Ru	0	Yb	0
K	7	Rh	0	Lu	0
Ca	0	Pd	0	Hf	0
Sc	548.6	Ag	7.5	Ta	0
Ti	0	Cd	0	W	12.6
V	376	In	0	Re	0
Cr	0	Sn	0	Os	0
Mn	688.9	Sb	0	Ir	0
Fe	404	Te	0	Pt	0
Co	10	I	0	Au	0
Ni	43	Cs	2.9	Hg	0
Cu	368	Ba	0	Tl	0
Zn	0	La	0	Pb	0
Ga	2.2	Ce	0	Bi	0
Ge	270	Pr	0	Th	0
As	311	Nd	0	U	0
Se	80	Sm	0		
Br	10.5	Eu	0		
质量分数/%			0.000333		

表 2-22　甲砜霉素的高效液相色谱面积归一化法定值结果　　单位：%（质量分数）

样品编号	HPLC 主成分测定	卡尔费休库仑水分测定	挥发性有机杂质测定	非挥发性无机杂质测定	定值方法 1 结果
1	99.25	0.0030			99.24
2	99.26	0.0015			99.25
3	99.21	0.0011			99.20
4	99.23	0.0008			99.22
5	99.24	0.0022	0.000368	0.000333	99.23
6	99.25	0.0017			99.24
7	99.23	0.0013			99.22
平均值	99.24	0.0017			99.23
标准偏差	0.02	0.0007			0.02

n_{std}——内标物指定峰的核群核个数；

n_x——样品指定峰的核群核个数；

M_x——样品的分子量；

M_{std}——内标物的分子量；

m_{std}——添加的内标物的质量；

m_x——样品的质量；

P_{std}——内标物的纯度。

选择了国家基准物质苯甲酸（GBW06117，质量分数99.993%±0.02%）为内标物，结果发现内标物与待测样品的分离度较差，如图2-37所示，苯甲酸的卫星峰与待测物的定量峰存在重合现象，而且相互之间的分离度也较差，会影响定量结果。

进一步选择NIST肌酐标准物质（SRM914a，99.7%±0.3%）为内标物。将10mg甲砜霉素标准物质与5mg肌酐内标物共溶解于1mL氘代甲醇溶剂中，待充分溶解后，移取至石英核磁管中待测，同时将甲砜霉素标准物质与肌酐分别溶于氘代甲醇中作为参照样品来确定化学位移的归属。测定的参数如下：核磁共振波谱仪型号为AvanceⅢ 400MHz，^{1}H-NMR激发脉冲

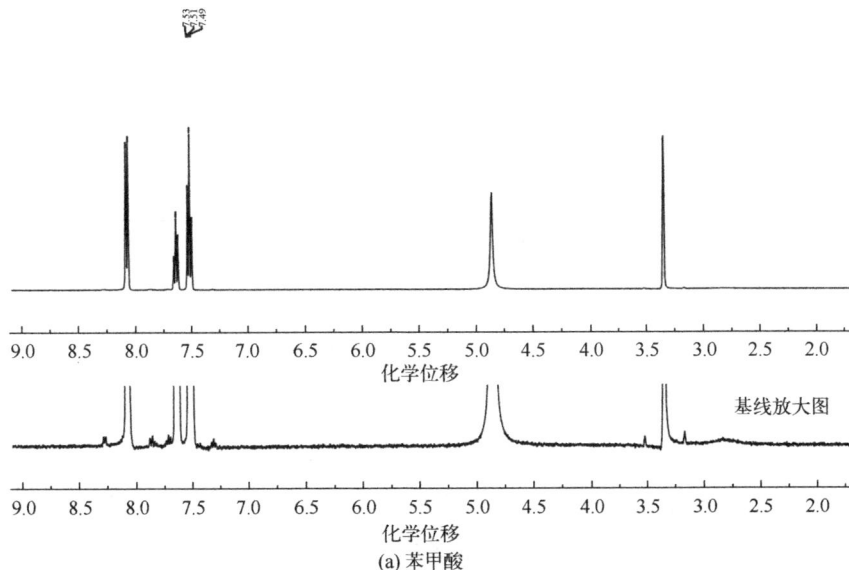

(a) 苯甲酸

图 2-37

(b) 甲砜霉素

(c) 苯甲酸和甲砜霉素

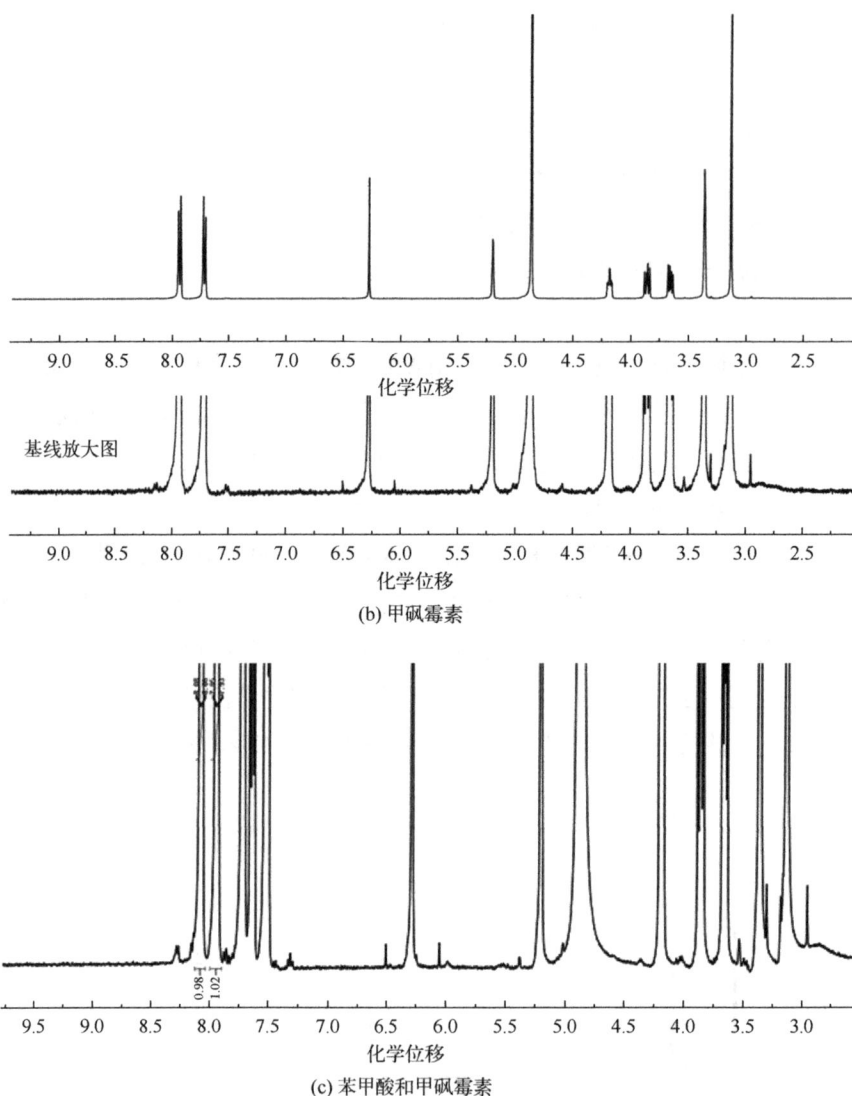

图 2-37 苯甲酸（a）、甲砜霉素（b）和苯甲酸与
甲砜霉素混合样品（c）的 ^{1}H-NMR 谱图

角度 90°，采样时间 3.9846s，扫描宽度 8223.43Hz，弛豫延迟 60s，累计采样 16 次，探头温度 293.4K，偏置频率 2464.5137Hz，接收增益 64.00，脉冲序列 zg30；电子天平型号 UMX2，瑞士 Mettler Toledo 公司（分度值：0.01mg）；氘代试剂为氘代丙酮（美国 sigma 公司）。测定的肌酐内

标、甲砜霉素，以及肌酐和甲砜霉素混合溶液的 ^{1}H-NMR 谱图如图 2-38 所示。

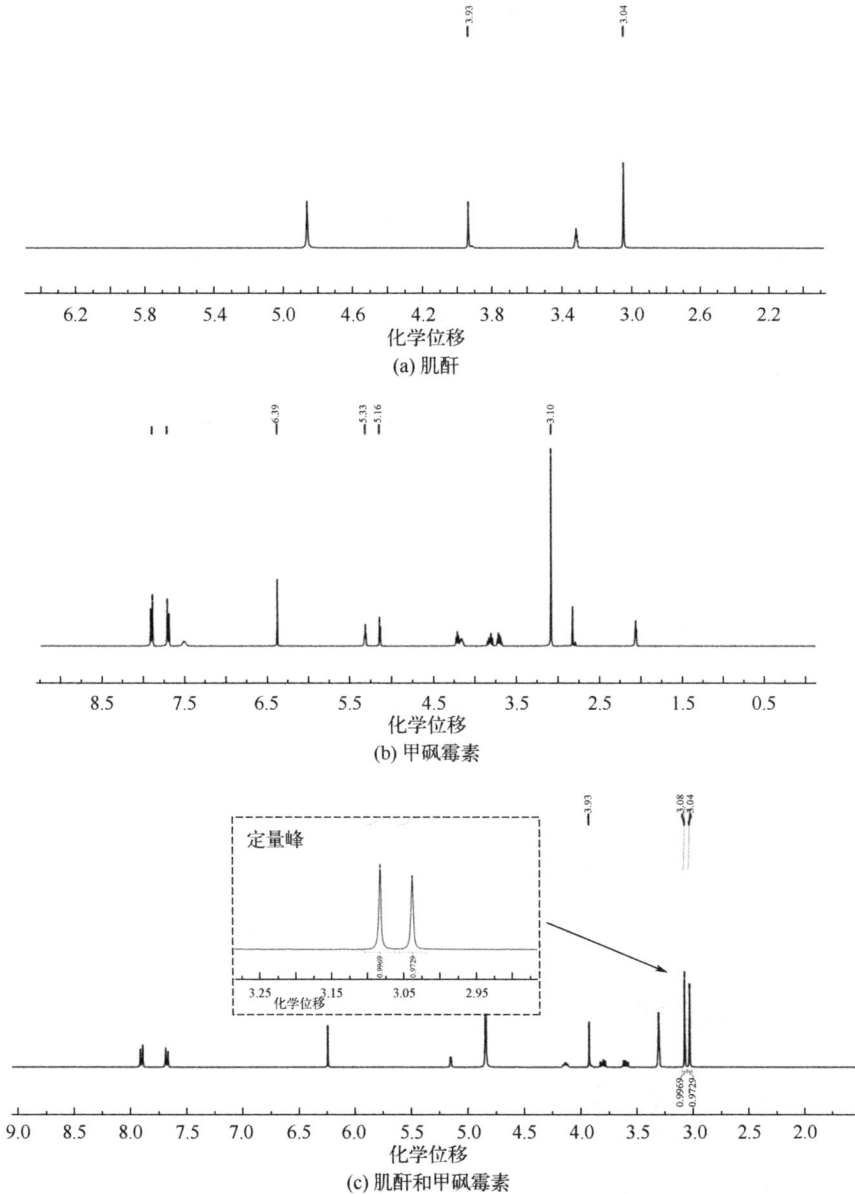

(a) 肌酐

(b) 甲砜霉素

(c) 肌酐和甲砜霉素

图 2-38 肌酐（a）、甲砜霉素（b）和肌酐与甲砜霉素混合样品（c）的 ^{1}H-NMR 谱图

通过与肌酐及甲砜霉素 ^{1}H-NMR 谱图比较,可以确定加了肌酐作为内标的甲砜霉素样品中各个质子峰的归属,并明确每个质子峰所对应的质子数。钝峰、偶合裂分复杂、相邻质子峰分离条件不佳等因素将对核磁共振定值测量产生较大的误差,图 2-38(c)中虚线框中为所选择的定量峰,峰形尖锐,均为单峰,互不干扰,且核磁磁场非常接近,满足定量的要求,根据核磁定量公式计算,甲砜霉素纯度标准物质质量分数定值结果如表 2-23所示。

表 2-23 定量核磁共振法测定甲砜霉素纯度结果 单位:%

样品编号	1	2	3	4	5	6	7
甲砜霉素质量分数	99.25	99.01	99.08	98.94	99.06	99.15	99.35
平均值	99.12						
标准偏差	0.14						

2. 纯度定值结果

液相色谱面积归一化法和定量核磁共振法两种定值方法的标准偏差分别为 s_1、s_2;两种方法的检测次数分别为 n_1、n_2;两种方法的定值结果分别为 x_1、x_2;两种方法的权重分别为 W_1、W_2。根据 t 检验公式可得 $t=2.06$,查表可得 $t_{0.05}(12)=2.23$,由此可知 $t < t_{0.05}(12)$,两组数据无明显差异。因此两种方法等精度。纯度定值的结果取两种不同原理方法测量结果的平均值,结果如下:

$$\overline{x} = \frac{P_{\text{HPLC-AN}} + P_{\text{NMR}}}{2} = 99.2\%$$

综上所述,甲砜霉素纯度质量分数定值结果为 99.2%。

六、不确定度评估

甲砜霉素纯度标准物质不确定度来源分析及评定流程与甲磺酸培氟沙星相同,可参照图 2-22。甲砜霉素纯度标准物质的不确定度由三部分组成:标准物质的均匀性引入的不确定度 u_{bb}、标准物质的稳定性引入的不确定度(短期稳定性 u_{lts} 和长期稳定性 u_{sts})以及标准物质定值过程引入的

不确定度 u_{char}。

1. 均匀性引入的不确定度

根据技术规范要求，采用单因素方差分析法进行均匀性评估。则均匀性的标准偏差可以用以下公式计算：

$$s_H^2 = \frac{s_1^2 - s_2^2}{n}$$

式中，s_H 为均匀性标准偏差；s_1^2 为组间方差；s_2^2 为组内方差；n 为组内测量次数。

在这种情况下，s_H 等同于瓶间不均匀性导致的不确定度分量 u_{bb}，即

$$u_{bb} = s_H = 0.0041\%$$

2. 稳定性引入的不确定度

根据表 2-17 的数据，有效期为 12 个月的长期稳定性引入的不确定度 u_{lts} 计算如下：

$$u_{lts} = s(b_1)X = 0.0084\%$$

根据表 2-18 的数据，短期稳定性引入的不确定度 u_{sts} 计算如下：

在 20℃下：

$$u_{sts1} = s(b_1)X = 0.0396\%$$

在 40℃下：

$$u_{sts2} = s(b_1)X = 0.0270\%$$

在 60℃下：

$$u_{sts3} = s(b_1)X = 0.0342\%$$

所以选择不确定度较大的作为短期稳定性的不确定度：

$$u_{sts} = \sqrt{u_{sts1}^2} = 0.0396\%$$

3. 定值引入的不确定度

（1）液相色谱面积归一化法定值引入的不确定度 根据液相色谱面积

归一化法定值过程及其测量参数可知，液相色谱面积归一化法的不确定度 $u(P_{HPLC-AN})$ 计算公式如下：

$$u(P_{HPLC-AN}) = P_{HPLC-AN} \times \sqrt{\left[\frac{u(P_0)}{P_0}\right]^2 + \frac{u^2(X_w) + u^2(X_n) + u^2(X_v)}{(1 - X_w - X_n - X_v)^2}}$$

式中，$u(P_{HPLC-AN})$ 为面积归一化法的不确定度；$u(P_0)$ 为液相色谱法测量的不确定度；$u(X_w)$ 为水分测量的不确定度；$u(X_n)$ 为非挥发性杂质测量的不确定度；$u(X_v)$ 为挥发性杂质测量的不确定度。

① 液相色谱测量的不确定度

a. 液相色谱法定值测量重复性引入的不确定度 u_1 由测量的标准偏差计算，$u_1 = 0.02\%$。

b. 各成分在不同检测波长下响应差异引入的不确定度：

$$u_2 = \frac{\sqrt{\sum_{i=1}^{n} u_{2-i}^2}}{\sqrt{3}} = \frac{\sqrt{\sum_{i=1}^{n}(B_{imax\lambda} - B_{i定值\lambda})^2}}{\sqrt{3}}$$

式中，$B_{imax\lambda}$ 为在 5 个检测波长下杂质成分 i 的最大百分含量；$B_{i定值\lambda}$ 为定值波长下杂质成分 i 的百分含量；u_{2-i} 为杂质成分 i 的不确定度分量。

各波长的响应与不确定度评定结果，见表 2-24。

表 2-24　不同波长引入不确定度的评定

波长/nm	各杂质成分色谱峰面积百分比/%				
	5.2min	16.3min	17.5min	25.2min	27.7min
210	0.03	0.04	0.01	0.20	0.09
224	0.05	0.05	0.07	0.23	0.39
256	0.08	0.03	0.02	0.02	0.06
278	0.08	0.03	0.02	0.02	0.06
300	0.01	0.06	0.03	0.41	0.14
u_{2-i}	0.03	0.01	0	0.18	0
u_2	0.11				

液相色谱测定合成标准不确定度：$u(P_0) = \sqrt{u_1^2 + u_2^2} = 0.112\%$。

② 水分测量的不确定度。天平称样引入的不确定度分量很小，所以

水分测量的主要不确定来源是测量的重复性 u_A，水分的测量结果 X_w 为 0.0017%，标准偏差为 0.0007%，因此水分测定引入的不确定度：$u(X_w) = $ 0.0007% 。

③ 其他杂质引入的不确定度。挥发性溶剂及非挥发性无机元素杂质测量的主要不确定来源是测量的重复性 u_A，挥发性溶剂的测量结果 X_v 为 0.000368%，非挥发性无机元素杂质的测量结果 X_n 为 0.000333%，由于部分元素的测定受环境、仪器的影响较大，因此，本研究中将上述杂质测定结果记为不确定度：$u(X_v) = 0.000368\%$ 、 $u(X_n) = 0.000333\%$ 。

面积归一化法的不确定度：

$$u(P_{HPLC-AN}) = P_{HPLC-AN} \times \sqrt{\left[\frac{u(P_0)}{P_0}\right]^2 + \frac{u^2(X_w) + u^2(X_n) + u^2(X_v)}{(1 - X_w - X_n - X_v)^2}} = 0.118\%$$

（2）定量核磁共振法定值引入的不确定度 由核磁共振定量的公式及其测量实验过程得出纯度测量不确定度公式：

$$u(P_{NMR}) = P_{NMR} \sqrt{\begin{array}{c} \left[\frac{u(I_x / I_{std})}{I_x / I_{std}}\right]^2 + \left[\frac{u(M_x)}{M_x}\right]^2 + \left[\frac{u(M_{std})}{M_{std}}\right]^2 + \\ \left[\frac{u(m_x)}{m_x}\right]^2 + \left[\frac{u(m_{std})}{m_{std}}\right]^2 + \left[\frac{u(P_{std})}{P_{std}}\right]^2 \end{array}}$$

核磁共振定量法不确定度的来源包括测量的不确定度、分子量不确定度、称量不确定度、内标物纯度不确定度。

① 积分面积测量的不确定度 $u(I_x / I_{std})$：积分面积测定结果的标准不确定度采用 A 类评定，用 NMR 法测定结果的标准偏差表示，不确定度为 0.14%。

② 内标物标准物质肌酐和样品天平称量不确定度 $u(m_{std})$ 和 $u(m_x)$：称量天平的最小分度为 0.001mg，称样量为 5mg 和 10mg，所以天平称量的不确定度为：

$$u(m_x) = u(m_{std}) = \frac{0.001mg}{\sqrt{3}} = 0.0006mg$$

③ 内标物纯度不确定度 $u(P_{std})$：内标物 SRM914a 肌酐的纯度不确定度由标准物质证书获得，纯度值的相对扩展不确定度为 0.3%（$k=2$），所以

其标准不确定度为 0.15%。

④ 分子量的不确定度 $u(M_x)$ 和 $u(M_{std})$：甲砜霉素和肌酐分子量的标准不确定度计算公式：

$$u(M) = \sqrt{\sum_{j=1}^{n}[N_j u_j]^2}$$

式中，N_j 为 j 元素的原子个数；u_j 为 j 元素原子量的不确定度。

根据 IUPAC 国际原子量表，6 种原子的原子量及不确定度为 C：12.0107 ± 0.0008；H：1.00794 ± 0.00007；O：15.9994 ± 0.0003；N：14.00674 ± 0.00007；F：18.9984032 ± 0.0000005；K：39.0983 ± 0.0001。

对于每个元素，其标准不确定度是按照均匀分布由引用不确定度转化而来。

甲砜霉素的分子式为 $C_{12}H_{15}Cl_2NO_5S$；分子量为 356.22。其标准不确定度为：

$$u(M_x) = \sqrt{\sum_{j=1}^{n}[N_j u_j]^2} = \sqrt{\begin{array}{l}\left(12\times\dfrac{0.0008}{\sqrt{3}}\right)^2 + \left(15\times\dfrac{0.00007}{\sqrt{3}}\right)^2 + \left(1\times\dfrac{0.00007}{\sqrt{3}}\right)^2 + \\ \left(5\times\dfrac{0.0003}{\sqrt{3}}\right)^2 + \left(2\times\dfrac{0.0009}{\sqrt{3}}\right)^2 + \left(1\times\dfrac{0.006}{\sqrt{3}}\right)^2\end{array}}$$

$$= 0.0067$$

甲砜霉素分子量的相对标准不确定度：

$$u(M_x)/M_x = \frac{0.0067}{356.22} = 1.88\times10^{-5}$$

同理，肌酐（$C_4H_7ON_3$）分子量为 113.10，相对标准不确定度：

$$u(M_{std})/M_{std} = 1.66\times10^{-5}$$

因此，核磁共振定量法纯度测量的合成标准不确定度为：

$$u_{NMR} = u(P_{NMR}) = 99.12\%\times\sqrt{\begin{array}{l}\left(\dfrac{0.14\%}{99.12\%}\right)^2 + (1.9\times10^{-5})^2 + (1.7\times10^{-5})^2 + \\ \left(\dfrac{0.0006}{5}\right)^2 + \left(\dfrac{0.0006}{10}\right)^2 + \left(\dfrac{0.15\%}{99.7\%}\right)^2\end{array}}$$

$$\approx 0.237\%$$

因此，定值不确定度计算如下：

$$u_{char} = \frac{1}{2}\sqrt{u_{HPLC-AN}^2 + u_{NMR}^2 + (P_{HPLC-AN} - P_{NMR})^2} = 0.144\%$$

4. 标准物质的合成及扩展不确定度

标准物质的合成不确定度计算公式如下：

$$u_c = \sqrt{u_{char}^2 + u_{bb}^2 + u_{lst}^2 + u_{sts}^2} = \sqrt{\begin{array}{c}(0.144\%)^2 + (0.0041\%)^2 + \\ (0.0084\%)^2 + (0.0396\%)^2\end{array}}$$

$$= 0.149\%$$

扩展不确定度为：$U_{CRM} = k \times u_{CRM} = 0.29\% \approx 0.3\%$（$k=2$）。

5. 结果表达

综上所述，甲砜霉素纯度标准物质的特性量值及其不确定度如表 2-25 所示。

表 2-25　甲砜霉素纯度标准物质特性量值及其不确定度

名称	质量分数/%	不确定度（$k=2$）/%
甲砜霉素纯度标准物质	99.2	0.3

针对本节所述甲砜霉素纯度标准物质，已完成 12 个月长期稳定性监测，样品性质稳定、特性量值准确可靠。为充分保证标准物质的质量，需继续监测甲砜霉素纯度标准物质的稳定性。

第三章

有机溶液标准物质研制实例

有机溶液标准物质（organic solution certified reference material）是指以有机溶剂（如甲醇、乙腈、正己烷等）为基质，含有一种或多种准确已知浓度的有机化合物的标准溶液。其浓度值通过权威方法测定，并具有可溯源性、均匀性和稳定性，用于化学分析中的校准、质量控制和方法验证。主要特征：目标分析物的含量经过严格定值，通常以质量浓度（μg/mL、mg/L 等）表示，并附带不确定度；量值可追溯至国际或国家计量标准；在规定的储存条件下，其浓度在一定期限内保持稳定。溶剂选择需与实际样品基质兼容，以减少分析误差。一般情况下，溶液标准物质定值主要采用重量-容量法。一种是纯品原料经过纯度准确定值后，采用重量-容量法制备溶液标准物质，另一种情况是选择已有的纯度国家有证标准物质，采用重量-容量法制备溶液标准物质。

本章重点以氟苯尼考胺溶液、氟喹诺酮混合溶液标准物质为例，从溶液标准物质制备、定值、均匀性和稳定性评估，以及不确定度评定等方面，对溶液国家有证标准物质的研制过程进行介绍。

第一节
氟苯尼考胺溶液标准物质研制实例

一、概述

氟苯尼考胺（florfenicol amine），CAS 号为 76639-93-5，分子式为 $C_{10}H_{14}FNO_3S$，分子量为 247.286，分子结构式见图 3-1。氟苯尼考胺是氟

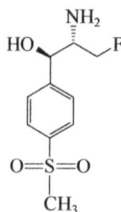

图 3-1　氟苯尼考胺结构式

苯尼考在动物体内的代谢物。原药氟苯尼考的代谢过程非常复杂，但是多以氟苯尼考胺形式存在，我国规定了动物源性食品中氟苯尼考的最高残留限量为 $100\mu g/kg$，并以氟苯尼考及其代谢物氟苯尼考胺作为检出物。

二、氟苯尼考胺纯品原料纯度定值

氟苯尼考胺纯品为市售纯品，标签纯度为 99.8%±2%（HPLC，220nm）。首先对其进行定性分析，并进行均匀性和稳定性考察，然后采用液相色谱面积归一化法、定量核磁共振法两种不同原理的方法对主成分纯度进行定值。

1. 主成分定性分析

氟苯尼考胺纯品原料采用红外光谱、质谱、核磁共振氢谱、紫外光谱等方法进行定性分析。

（1）红外光谱法

① 分析仪器　Bruker VERTEX 70 红外光谱仪。

② 分析方法　KBr 压片法，称量约 3mg 氟苯尼考胺样品和约 300mg KBr 粉末于研钵中，研磨混匀 5~10 分钟后压片，采用红外光谱仪测定，测定范围 $4500\sim500cm^{-1}$。结果如图 3-2 和图 3-3 所示，主要特征吸收峰一致。

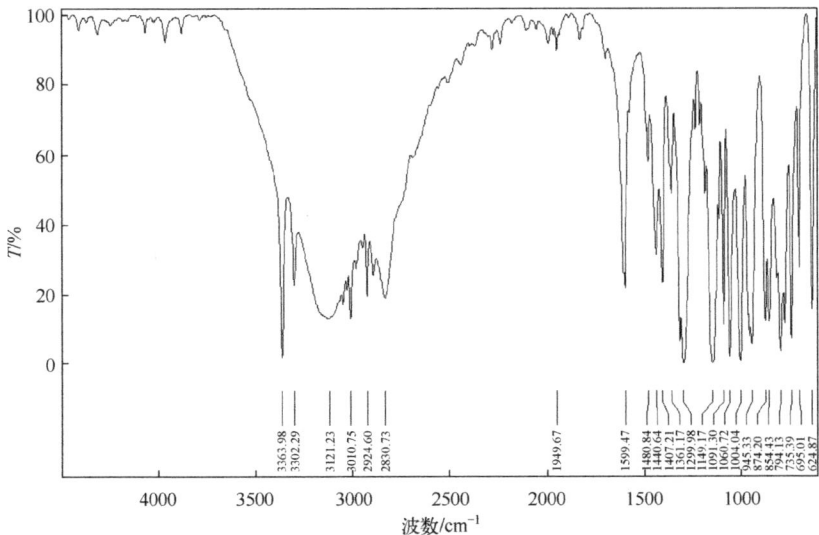

图 3-2　氟苯尼考胺标准物质原料红外光谱图

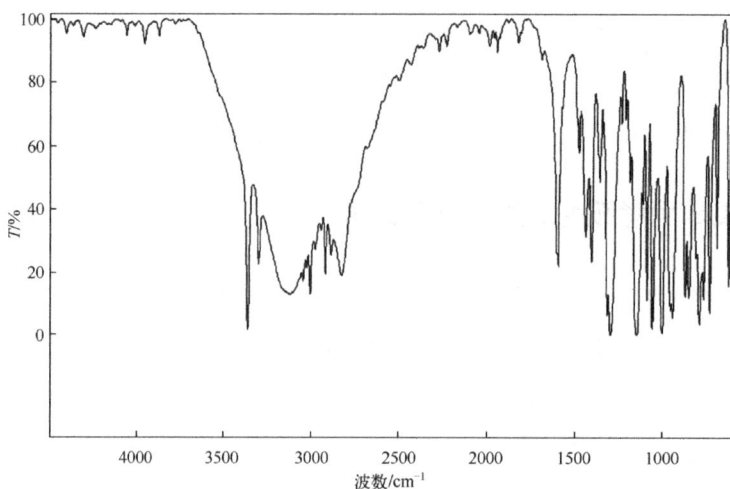

图 3-3　氟苯尼考胺标准红外光谱图

（2）核磁共振氢谱法

① 分析仪器　Bruker AVANCE Ⅲ型 400MHz 核磁共振仪；分析软件：Topspin 2.1；数据处理软件：MestRenova。

② 分析方法　称量约 1mg 氟苯尼考胺标准物质原料样品于氘代甲醇中，充分溶解混匀后上机分析，核磁共振氢谱数据采用 MestRenova 软件分析。结果如图 3-4 所示，与标准核磁共振谱图（见图 3-5）对照，特征化学位移一致。

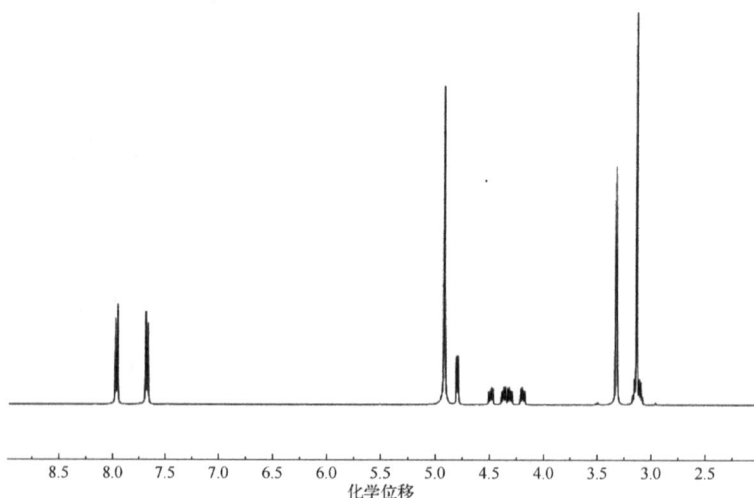

图 3-4　氟苯尼考胺样品的 ^{1}H-NMR 谱图

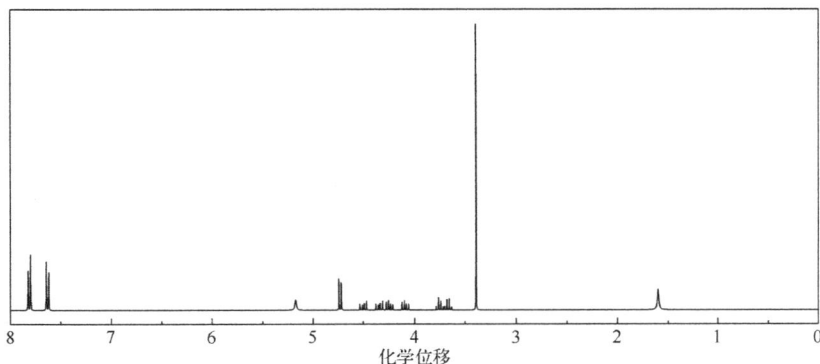

图 3-5　氟苯尼考胺的标准 ^{1}H-NMR 谱图

（3）质谱法

① 分析方法　将氟苯尼考胺纯品溶于甲醇溶剂中，配成 1mg/L 的溶液，采用 AB SCIEX Triple Quad 3500 质谱仪在正离子模式下全扫分析。

② 质谱条件　气帘气（CUR）35psi；喷雾电压（IS）5500V；雾化温度（TEM）550℃；碰撞气（CAD）8psi；雾化气（GS1）55psi；辅助气（GS2）55psi；扫描范围 50～400。

质谱图如图 3-6 所示，质谱图中 m/z=248.3 为氟苯尼考胺母离子，m/z=230.2 为典型碎片离子。此外，谱图中没有发现其他明显的信号峰。因此认为原料主成分为氟苯尼考胺。

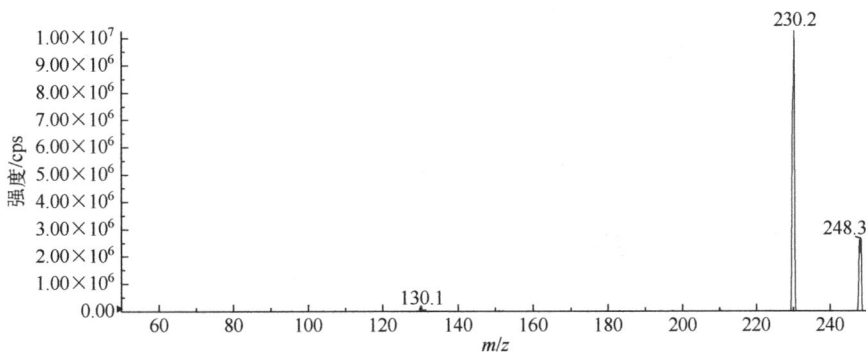

图 3-6　氟苯尼考胺质谱图

（4）紫外光谱法

① 分析仪器　液相色谱仪串联二极管阵列检测器（DAD）。

② 分析方法　针对液相色谱分离的氟苯尼考胺，采用 DAD 全波长扫描，扫描范围 190～400nm，数据处理时选择紫外区谱图进行分析。

③ 分析结果　氟苯尼考胺紫外光谱图如图 3-7（a）所示。实验测得的最大吸收峰位于 223.4nm 附近，通过检索文献后得到氟苯尼考胺最大吸收波长的标准紫外光谱图如图 3-7（b）所示，其最大吸收位于 223nm 附近。结果表明氟苯尼考胺标准物质原料样品的紫外最大吸收与文献报道一致。

综上所述，红外光谱法、核磁共振氢谱法、质谱法及紫外光谱法四种定性分析方法结果表明，本研究所选用的标准物质原料主成分为氟苯尼考胺。

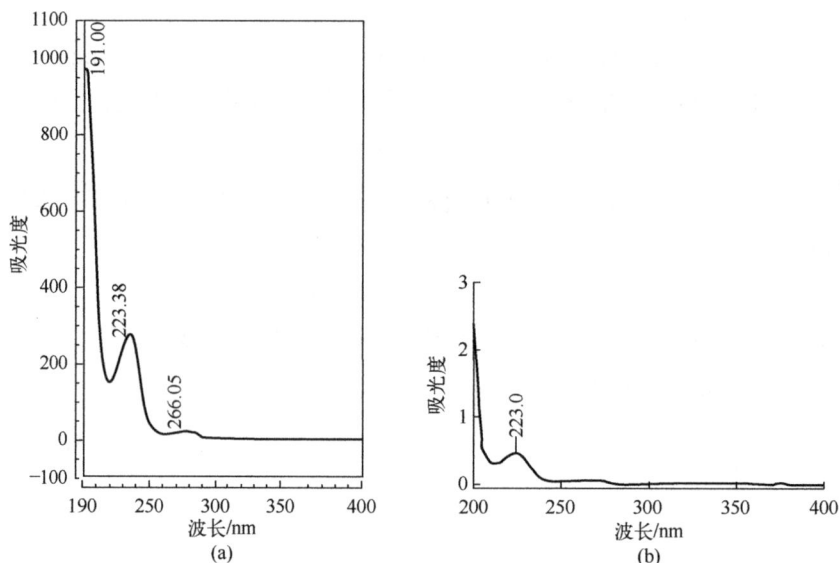

图 3-7　氟苯尼考样品紫外光谱图（a）和标准参考谱图（b）

2. 纯品原料均匀性检验

为保证每次复制溶液以及稳定性监测的准确性，对配制用的市售氟苯尼考胺纯品进行了均匀性检验。从市售标准品的包装中不同位置随机称取 7 份氟苯尼考胺，配制成 100mg/L 的甲醇溶液，经过 HPLC-UV 对主成分进行检测分析，每个样平行测定 3 次，结果采用单因素方差统计分析，如表 3-1 所示。

表 3-1　氟苯尼考胺纯品原料均匀性检测结果　　　　单位：%

序号	1	2	3	平均值
1	99.27	99.31	99.24	99.27
2	99.32	99.27	99.24	99.28
3	99.23	99.24	99.17	99.21
4	99.26	99.21	99.19	99.22
5	99.26	99.20	99.12	99.19
6	99.19	99.21	99.15	99.18
7	99.24	99.18	99.22	99.21
总平均值	99.22			
总标准偏差	0.049			
F	2.27			
$F_{0.05}$（6，14）	2.85			
结论	$F<F_{0.05}$（6，14），纯品均匀			

结果表明，均匀性检验通过 F 检验，纯品原料的均匀性良好。

3. 纯品原料稳定性考察

为保证每次复制溶液以及稳定性监测的准确性，对配制用的市售氟苯尼考胺纯品进行为期 6 个月的稳定性考察，以液相色谱面积归一化法计算纯品的纯度值，采用趋势分析法进行检验，结果如表 3-2 所示，趋势图如图 3-8 所示。

表 3-2　氟苯尼考胺纯品原料的稳定性监测结果　　　　单位：%

项目	0 月	1 月	3 月	6 月
	99.34	99.24	99.19	99.10
#1	99.26	99.18	99.22	99.28
	99.15	99.34	99.27	99.25
	99.24	99.19	99.34	99.23
#2	99.30	99.18	99.27	99.31
	99.19	99.27	99.26	99.24
平均值	99.25	99.23	99.26	99.24
b_1	−0.0007			
b_0	99.25			
s^2	0.0002			
$s(b_1)$	0.0031			
$t_{0.95,n-2}$	4.3			
$t_{0.95,n-2} \cdot s(b_1)$	0.0132			
结论	$|b_1|<t_{0.95,n-2} \cdot s(b_1)$，纯品纯度稳定			

$$y=-7.0\times10^{-4}x+99.245$$

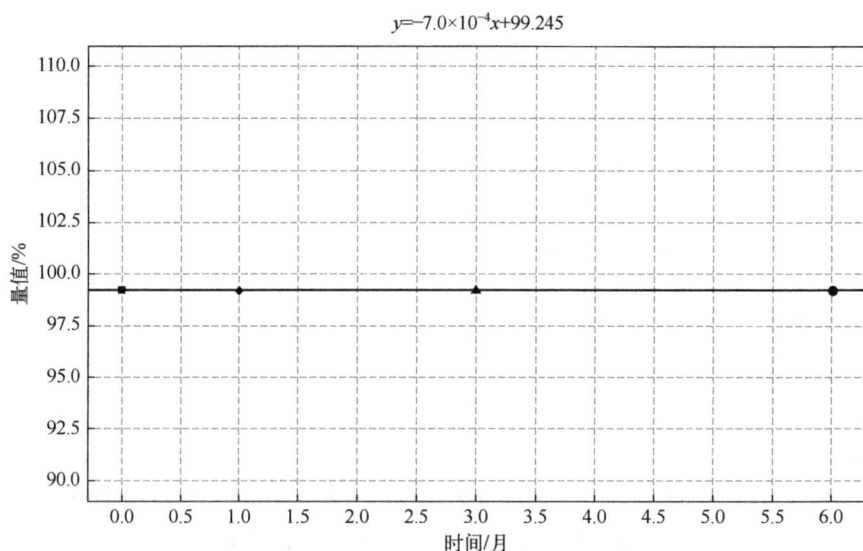

图 3-8 氟苯尼考胺纯品原料 6 个月纯度稳定性趋势图

上述结果表明,氟苯尼考胺纯品原料纯品纯度值在 6 个月内是稳定的,需继续监测稳定性以延长有效期。

4. 纯品纯度定值

（1）定值方法 1：液相色谱面积归一化法

① 高效液相色谱条件优化及主成分测定 针对酰胺醇类药物的 HPLC 分析，多数采用反相高效液相色谱柱，下面使用 C_{18} 色谱柱，以甲醇（或乙腈）-水系统为流动相分析。对比不同流动相后，分别选择 Agilent Bonus-RP 色谱柱（250mm×4.6mm，5μm）、Agilent Eclipse SB Aq（250mm×4.6mm，5μm）两种色谱柱，比较了氟苯尼考胺甲醇溶液的色谱出峰情况。其中，氟苯尼考胺在 Bonus-RP 柱上保留较差，与杂质分离效果差，而选择 SB Aq 柱发现，前沿峰与拖尾较严重，通过调整比例，无法明显改善，如图 3-9 所示。

大多数文献报道检测氟苯尼考胺的方法中，所用流动相为乙腈-磷酸二氢钠缓冲液（0.01mol/L，含 5mmol/L SDS、0.1%三乙胺，pH=4.5）。所以在此流动相基础上，选取 Thermo ODS-2 色谱柱（250mm×4.6mm，5μm）、Plus-C_{18} 色谱柱（250mm×4.6mm，5μm）。

(a) Bonus-RP（水：乙腈=70：30）

(b) SBAq（水：乙腈=60：40）

(c) SBAq（水：乙腈=70：30）

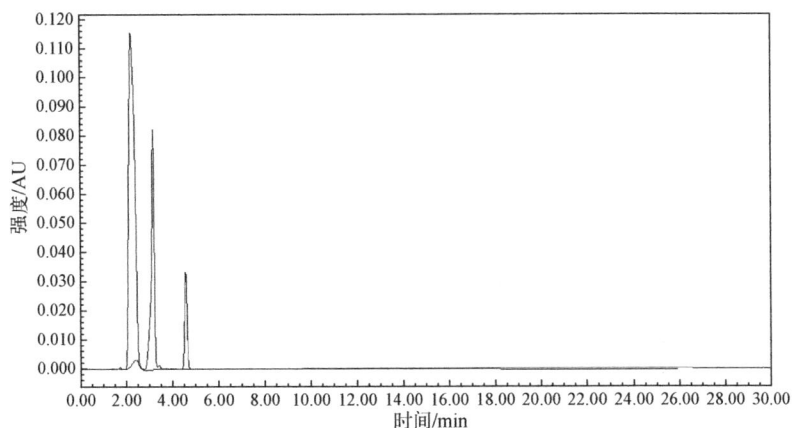

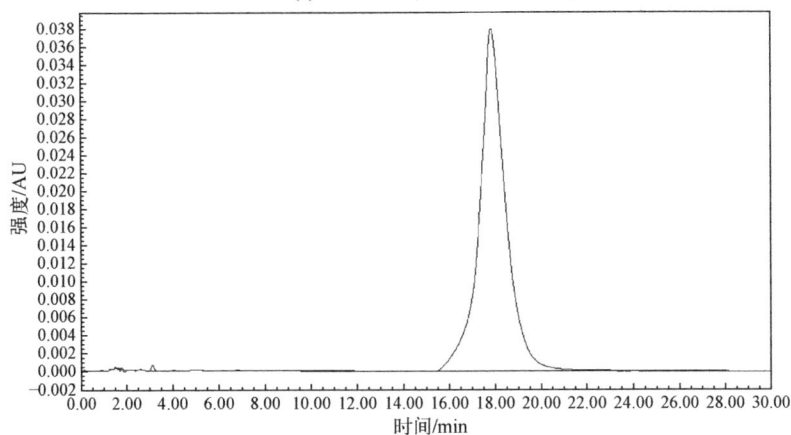

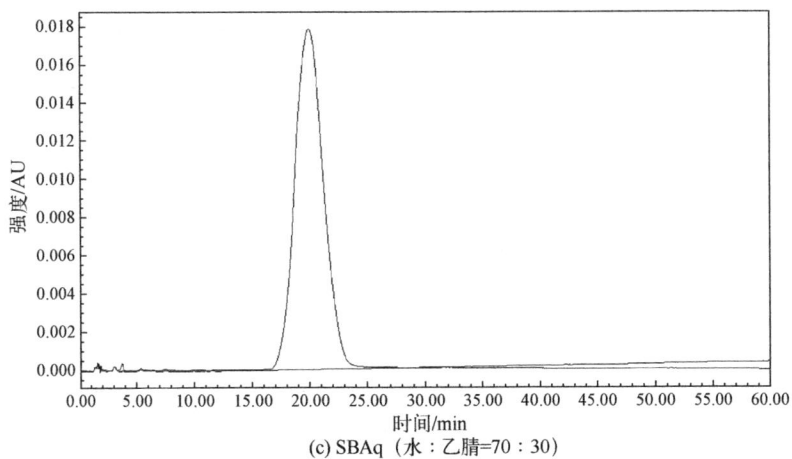

图 3-9　氟苯尼考胺及其杂质在不同色谱柱上的色谱图

如图 3-10 所示，Plus-C$_{18}$ 与 ODS-2 柱均可把氟苯尼考胺与杂质完全分离，且峰形较好。两者比较之下，Plus C$_{18}$ 柱的分离效果及主峰峰形更好。

为了保证杂质能够有充分的响应，考察五个不同波长条件下主成分与杂质的出峰情况。如图 3-11 所示，波长为 256nm、278nm 和 291nm 条件下杂质不能完全被检测，而波长为 200nm 和 224nm 条件下，两个杂质色谱响应明显，且没有更多的杂质被检出。此外，氟苯尼考胺的最大吸收波长为 224nm，在该波长条件下，杂质也能够保证充分的信号响应，波长歧视效应可忽略不计。因此，最终确定了检测波长为 224nm。

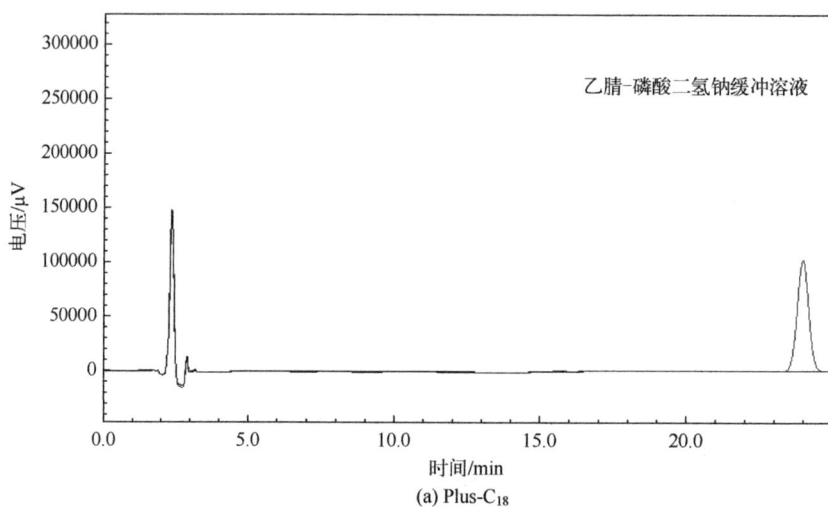

(a) Plus-C$_{18}$

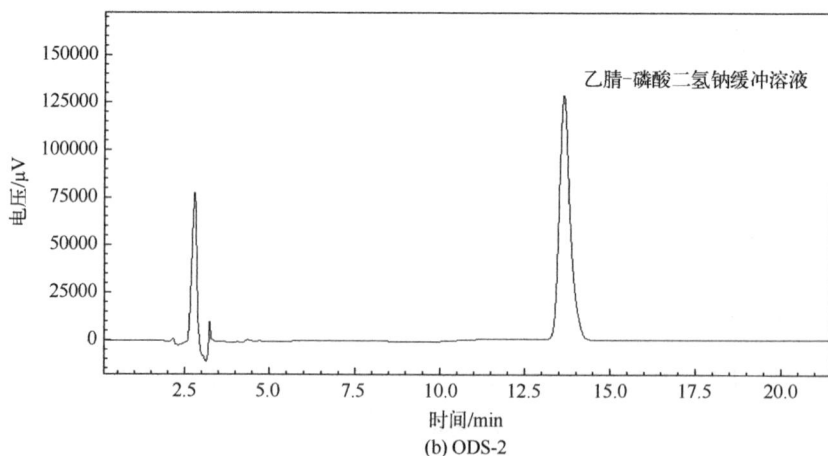

(b) ODS-2

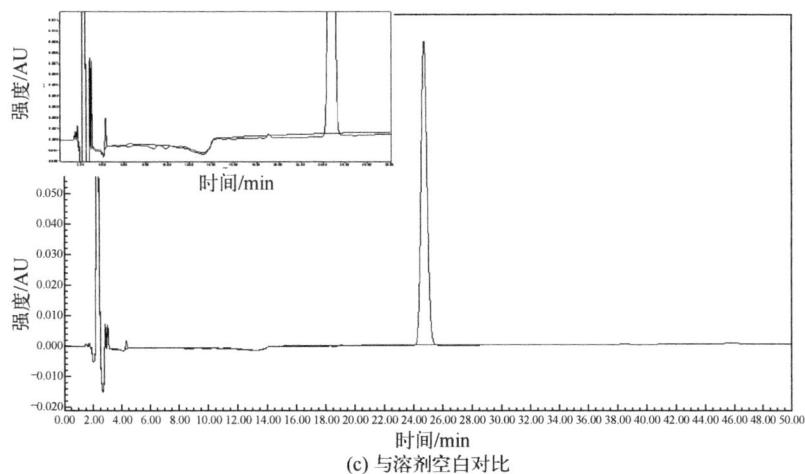

(c) 与溶剂空白对比

图 3-10 氟苯尼考胺在 ODS-2 与 Plus-C$_{18}$ 色谱柱的比较色谱图

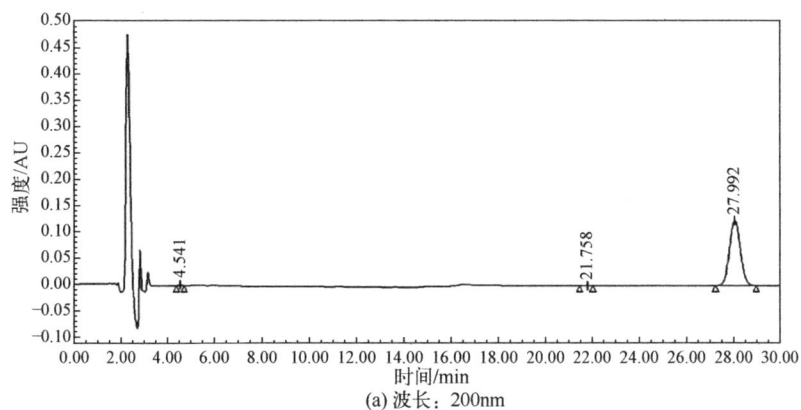

(a) 波长：200nm

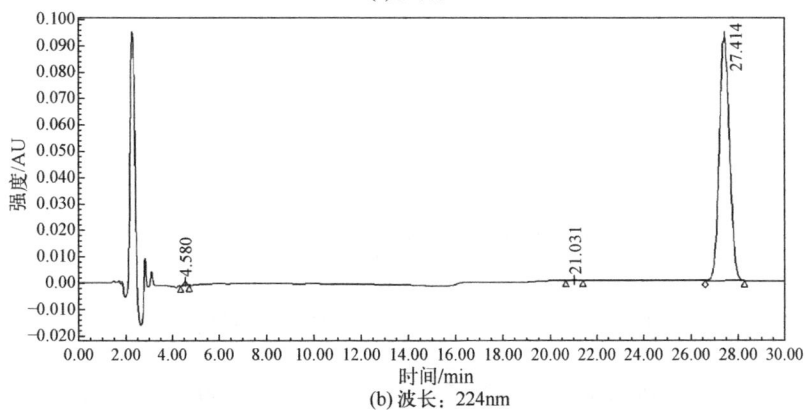

(b) 波长：224nm

图 3-11

(c) 波长：256nm

(d) 波长：278nm

(e) 波长：291nm

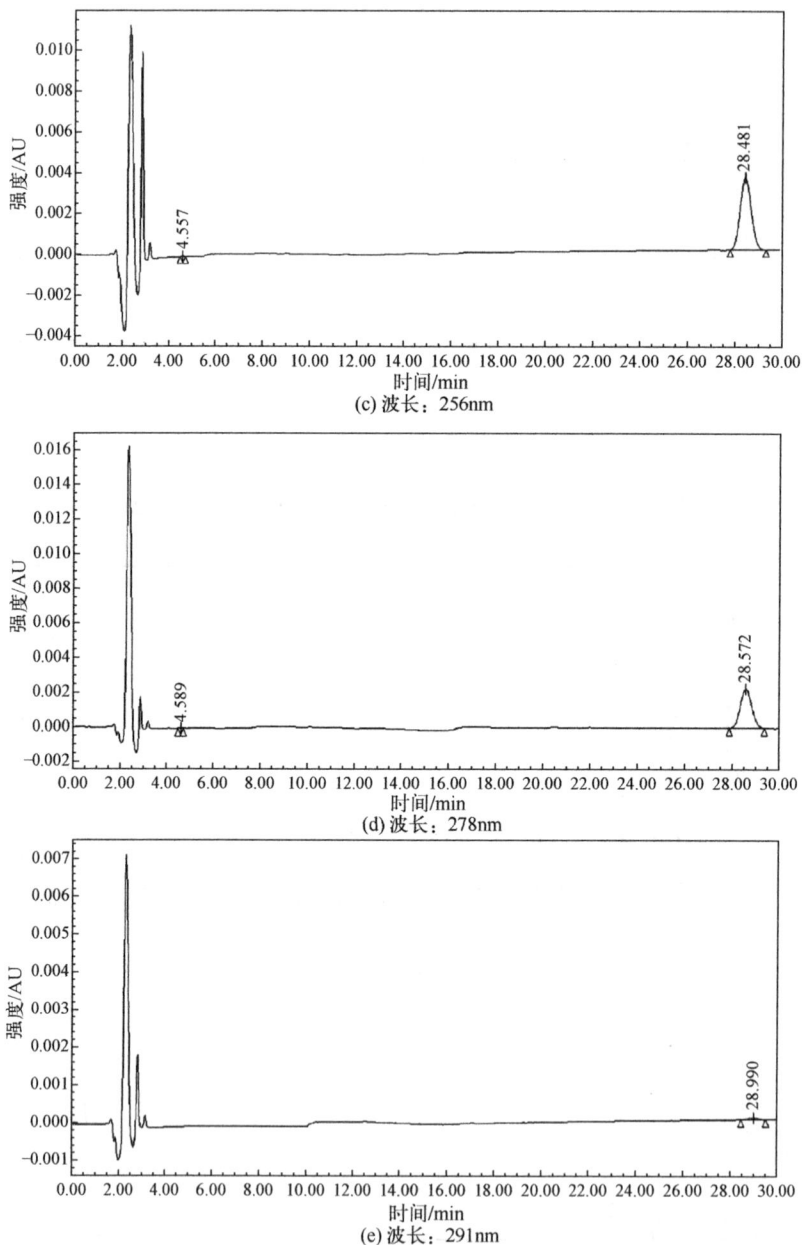

图 3-11　不同波长条件下氟苯尼考胺及其杂质的色谱图

　　针对杂质响应情况，本研究考察了 500mg/L 和 100mg/L 两种不同浓度的氟苯尼考胺甲醇溶液的色谱出峰情况，并且与甲醇溶剂空白比较后发现，

500mg/L 的氟苯尼考胺甲醇溶液的杂质响应与 100mg/L 的氟苯尼考胺甲醇溶液的杂质响应基本一致，未出现新的杂质，见图 3-12。

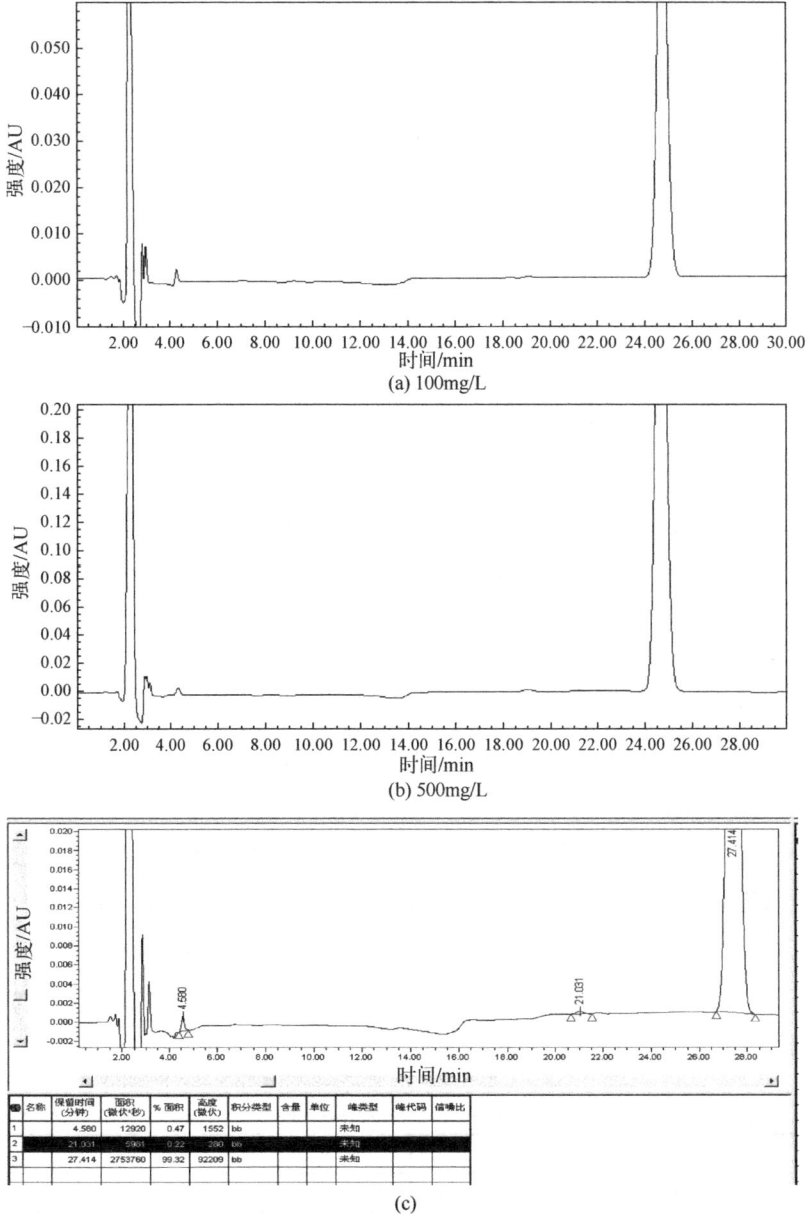

(a) 100mg/L

(b) 500mg/L

(c)

图 3-12　不同浓度条件下氟苯尼考胺及其杂质的色谱图

综上所述，该色谱条件满足氟苯尼考胺纯度的色谱测量实验要求。故选择 Plus C$_{18}$ 柱对氟苯尼考胺进行主成分测定。确认方法条件为：Plus-C$_{18}$ 色谱柱（250mm×4.6mm，5μm），224nm；乙腈 - 磷酸二氢钠缓冲液（0.01mol/L，含 5mmol/L SDS、0.1% 三乙胺，pH=4.5），流动相为 28∶72。由此可确认，氟苯尼考胺的杂质分别在 4.580min 与 21.031min 出现，并与主峰分离完全。因此，利用该色谱条件，对氟苯尼考胺纯品原料进行平行测定，HPLC 主成分测量结果如表 3-3 所示。

表 3-3　高效液相色谱法测定主成分结果　　　　　单位：%

样品编号	1	2	3	4	5	6	7
氟苯尼考胺质量分数	99.32	99.24	99.12	99.26	99.34	99.22	99.36
平均值	99.27						
标准偏差	0.077						

② 卡尔费休库仑法测定水分

a. 主要仪器与试剂　　DL32 型微量水分测定仪（瑞士梅特勒公司）；XS105 分析天平（Max=120g，d=0.01mg，瑞士梅特勒公司）；50μL 微量注射器；库仑法阳极液 Coulomat AK（用于酮类样品，Fluka 公司）；固体水分国家一级标准物质 GBW 13518（9.90mg/g）、GBW 135178（50.7mg/g）、GBW 13515（156.3mg/g）。

b. 测定步骤　　微量水分测定仪开机后，仪器自动滴定水分至终点，保持滴定池中无水分。准确称取固体标准样品（0.99%、5.58%、15.63%），打开滴定池的盖子，迅速将称量好的标准样品倒入滴定池并盖上盖子，输入质量进行滴定。每个标准样品测定三次，取平均值，绘制标准曲线，并与证书值对照，验证通过后进行测量。用称量纸称取 10mg 左右样品，输入称量质量，待滴定结束，根据系统计算出的含水量扣除空白值。样品重复测定 7 次，取平均值，见表 3-4。

表 3-4　水分测量结果　　　　　单位：%

样品	1	2	3	4	5	6	7
结果	0.3001	0.3022	0.2926	0.2878	0.3029	0.2996	0.3037
平均值	0.2984						
SD	0.006						

③ 挥发性有机杂质测定　纯度标准物质中挥发性有机杂质的测定，采用顶空进样气相色谱法。具体实验过程及结果如下。

a. 主要仪器与试剂　SHIMADZU 气相色谱仪（GC-2018），氢火焰离子化检测器（FID，岛津），HS-10 型顶空进样器（岛津），20mL 顶空进样瓶（岛津），甲醇、乙醇、乙腈、乙酸乙酯、丙酮、苯、甲苯、正己烷（中国计量科学院）。

b. 分析条件与参数　GC-FID 顶空气相色谱条件：色谱柱为 DB-624（30mm×0.32mm，1.80μm）；载气流速为氢气 40mL/min、空气 400mL/min；程序升温条件为初始 45℃保持 5min，以 7℃/min 的速率升温至 120℃，以 15℃/min 的速率升温至 230℃，保持 8min；进样量为 2mL；不分流。加热箱：60℃；环路：80℃；传输线：100℃。

c. 分析步骤　称取 10mg（精确至 0.01mg）的样品于 20mL 的顶空瓶中，并准确记录样品质量，加入 2mL 的 DMSO 溶解，立即用压盖器封好，待测定。测定结果见图 3-13、图 3-14。

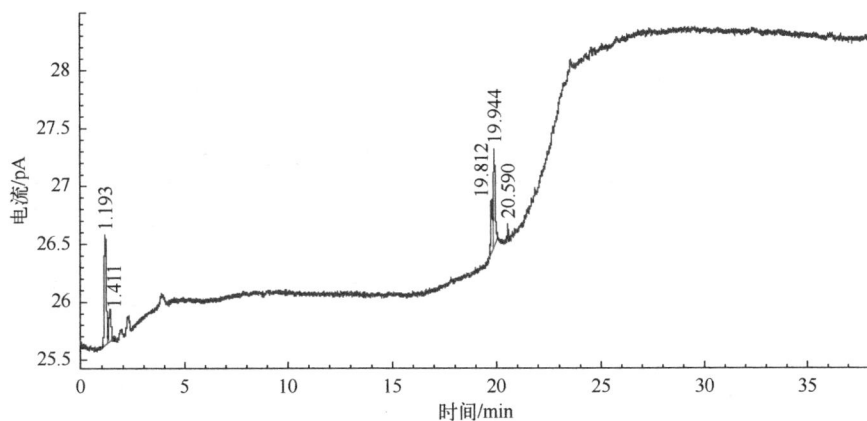

图 3-13　空白顶空气相色谱图

从顶空气相色谱图可以看出，有机挥发性杂质含量很低，对氟苯尼考胺的纯度定值结果影响可以忽略。

④ 非挥发性无机杂质测定　采用微波消解-电感耦合等离子体质谱法（microwave-assisted ICP-MS）测定氟苯尼考胺纯品原料中的 As、Se、Cd、

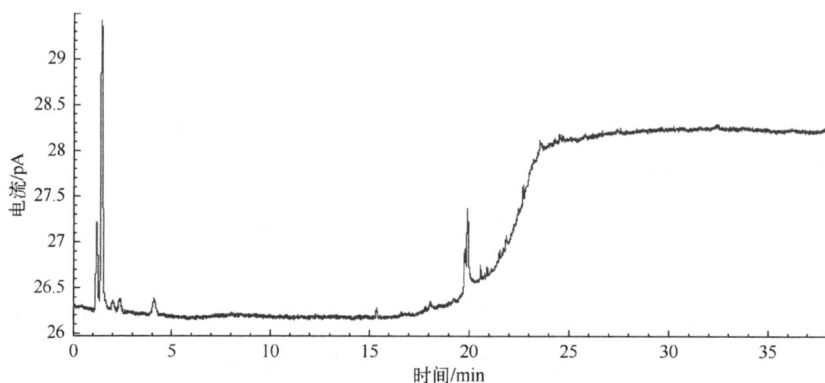

图 3-14　氟苯尼考胺顶空气相色谱图

Mn、Sn、Li、Cr、Cs、Ni、Pb、Sr、Rb、Ti、Ba 等的含量，具体实验过程如下。

　　a. 分析仪器及试剂　　电感耦合等离子体质谱仪（ICP-MS）ICP-MS X series 2（赛默飞世尔有限公司），万分之一分析天平，纯度>99.99%高纯氩气。

　　b. 分析方法　　取 1mg 样品于 15mL 离心管，加入 10mL 超纯水，混匀。同时，10mL 超纯水作为空白。测得的各个元素的含量见表 3-5。

表 3-5　氟苯尼考胺原料中非挥发性无机杂质测定结果

元素	含量/(mg/kg)	元素	含量/(µg/kg)	元素	含量/(µg/kg)
Li	3.04	Cr	ND	Rb	127.45
Be	ND	Mn	0.98	Sr	98.04
B	4.51	Fe	ND	Y	ND
Na	58.82	Co	ND	Zr	ND
Mg	ND	Ni	ND	Nb	ND
Al	32.35	Cu	ND	Mo	872.55
Si	78.81	Zn	ND	Ru	ND
K	28.04	Ga	0.05	Rh	ND
Ca	ND	Ge	0.89	Pd	ND
Sc	ND	As	0.49	Ag	ND
Ti	ND	Se	ND	Cd	ND
V	ND	Br	ND	In	ND

续表

元素	含量/(mg/kg)	元素	含量/(μg/kg)	元素	含量/(μg/kg)
Sn	ND	Gd	ND	Os	ND
Sb	147.06	Tb	ND	Ir	ND
Te	ND	Dy	ND	Pt	ND
I	ND	Ho	ND	Au	ND
Cs	ND	Er	ND	Hg	ND
Ba	ND	Tm	ND	Tl	ND
La	12.75	Yb	ND	Pb	27.45
Ce	69.61	Lu	ND	Bi	ND
Pr	ND	Hf	ND	Th	ND
Nd	ND	Ta	ND	U	ND
Sm	ND	W	323.53		
Eu	ND	Re	ND		
无机元素质量分数	0.021%				

根据液相色谱面积归一化法定值计算公式可得氟苯尼考胺定值结果，如表 3-6 所示。

表 3-6 氟苯尼考胺的液相色谱面积归一化法定值结果 单位：%（质量分数）

样品编号	HPLC 主成分测定	卡尔费休库仑法水分测定	挥发性有机杂质测定	非挥发性无机杂质测定	定值方法 1 结果
1	99.32	0.3001			99.00
2	99.24	0.3022			98.92
3	99.12	0.2926			98.81
4	99.26	0.2878			98.95
5	99.34	0.3029	忽略不计	0.021	99.02
6	99.22	0.2996			98.90
7	99.36	0.3037			99.04
平均	99.27	0.2984			98.95
标准偏差	0.077	0.006			0.08

综上所述，由液相色谱面积归一化法测定的氟苯尼考胺纯度标准物质的质量分数为 98.95%。

（2）定值方法 2：定量核磁共振法

本标准物质研制中采用了定量核磁共振法作为第二种定值方法，对标准物质纯度进行定值。定量核磁共振法定值计算公式如下：

$$P_{NMR} = \frac{I_x}{I_{std}} \times \frac{n_{std}}{n_x} \times \frac{M_x}{M_{std}} \times \frac{m_{std}}{m_x} \times P_{std}$$

式中　P_{NMR} ——采用核磁共振法测得的被测物的纯度；

　　　I_x ——样品指定峰的积分面积；

　　　I_{std} ——内标物指定峰的积分面积；

　　　n_{std} ——内标物指定峰的核群核个数；

　　　n_x ——样品指定峰的核群核个数；

　　　M_x ——样品的分子量；

　　　M_{std} ——内标物的分子量；

　　　m_{std} ——添加的内标物的质量；

　　　m_x ——样品的质量；

　　　P_{std} ——内标物的纯度。

① 仪器参数与方法

a. 定量核磁共振测定的参数如下：核磁共振仪型号为 Avance Ⅲ 400MHz，激发脉冲角度 90°，采样时间 3.9846s，扫描宽度 8223.43Hz，弛豫延迟 60s，累计采样 16 次，探头温度 293.4K，偏置频率 2464.5137Hz，接收增益 64.00，脉冲序列 zg30；UMX2 电子天平（瑞士 Mettler Toledo 公司，分度值：0.01mg）；氘代试剂为氘代乙酸（美国 sigma 公司）。

b. 以国家基准物质苯甲酸（GBW06117，质量分数 99.993%±0.02%）为内标物。采用百万分之一天平，将 10mg 氟苯尼考胺纯品原料与 4.9mg 苯甲酸内标物共溶解于 1mL 氘代甲醇溶剂中，待充分溶解后，移取 0.80mL 至石英核磁管中待测，同时将氟苯尼考胺样品与苯甲酸分别溶于氘代甲醇中作为对照样品来确定化学位移的归属。

② 结果和讨论　图 3-15 中所选择的定量峰分别为苯甲酸与氟苯尼考胺的氢峰，且偶合裂分简单，相互没有重叠干扰，且属于同一高场，因此可以用来定量测定其质量分数。

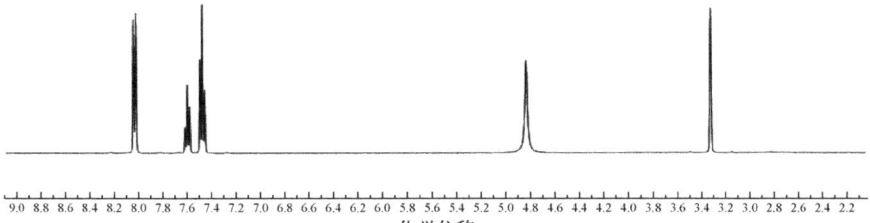

化学位移

(a) 苯甲酸

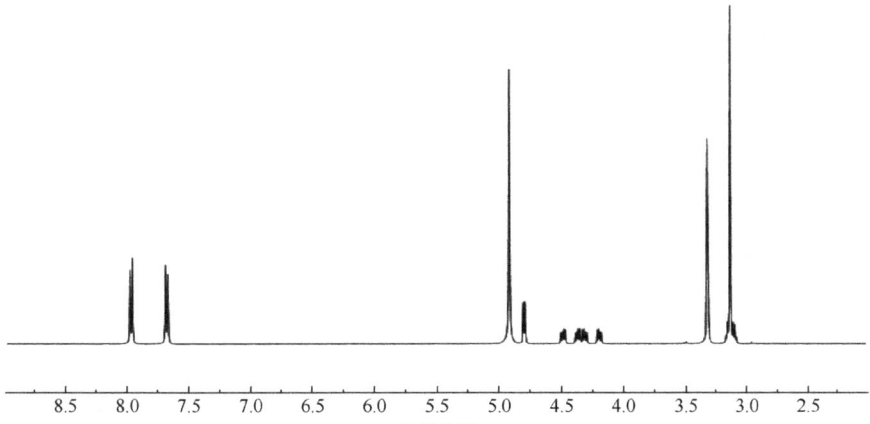

化学位移

(b) 氟苯尼考胺

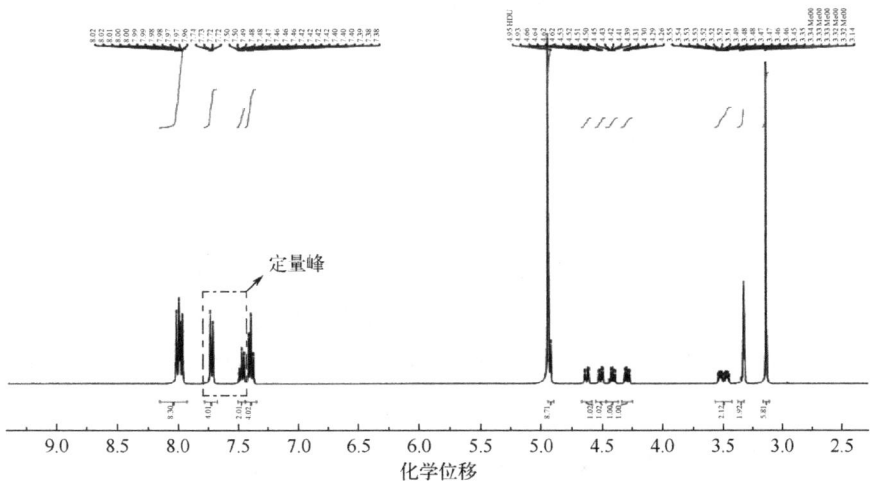

定量峰

化学位移

(c) 苯甲酸+氟苯尼考胺

图 3-15　苯甲酸（a）、氟苯尼考胺（b）和苯甲酸与
氟苯尼考胺混合样品（c）的 ^{1}H-NMR 谱图

根据核磁共振定量公式计算，氟苯尼考胺纯品原料的质量分数定值结果如表 3-7 所示。

表 3-7 定量核磁共振法（qNMR）测定氟苯尼考胺纯度结果 单位：%

样品编号	1	2	3	4	5	6	7
纯度	99.05	99.12	98.86	99.16	98.99	99.06	99.09
平均值	99.05						
标准偏差	0.09						

5. 纯度定值结果及不确定度评估

（1）纯度定值结果

以液相色谱面积归一化法和定量核磁共振法作为纯度定值方法，经检验，两组定值数据均无明显差异，因此两种方法等精度。纯度定值的结果取两种不同原理方法测量结果的平均值，结果如下：

$$\bar{x} = \frac{P_{\text{HPLC-AN}} + P_{\text{NMR}}}{2} = 99.00\% \approx 99.0\%$$

（2）纯度不确定度评估

① 液相色谱面积归一化法定值引入的不确定度　根据液相色谱面积归一化法定值过程及其测量参数可知，液相色谱面积归一化法的不确定度 $u(P_{\text{HPLC-AN}})$ 计算公式如下：

$$u(P_{\text{HPLC-AN}}) = P_{\text{HPLC-AN}} \times \sqrt{\left[\frac{u(P_0)}{P_0}\right]^2 + \frac{u^2(X_{\text{w}}) + u^2(X_{\text{n}}) + u^2(X_{\text{v}})}{(1 - X_{\text{w}} - X_{\text{n}} - X_{\text{v}})^2}}$$

式中，$u(P_{\text{HPLC-AN}})$ 为面积归一化法的不确定度；$u(P_0)$ 为液相色谱法测量的不确定度；$u(X_{\text{w}})$ 为水分测量的不确定度；$u(X_{\text{n}})$ 为非挥发性杂质测量的不确定度；$u(X_{\text{v}})$ 为挥发性杂质测量的不确定度。

a. 液相色谱的测量不确定度　液相色谱法定值测量重复性引入的不确定度 u_1 由测量的标准偏差计算，$u_1 = 0.08\%$。

各成分在不同检测波长下响应差异引入的不确定度：

$$u_2 = \frac{\sqrt{\sum_{i=1}^{n} u_{2-i}^2}}{\sqrt{3}} = \frac{\sqrt{\sum_{i=1}^{n} (B_{i\max\lambda} - B_{i\text{定值}\lambda})^2}}{\sqrt{3}}$$

式中，$B_{i\max\lambda}$ 为在 5 个检测波长下杂质成分 i 的最大百分含量；$B_{i定值\lambda}$ 为定值波长下杂质成分 i 的百分含量；u_{2-i} 为杂质成分 i 的不确定度分量。

各波长的响应与不确定度评定结果，见表 3-8。

表 3-8　不同波长引入不确定度的评定

波长/nm	各杂质成分色谱峰面积百分比/%	
	4.5min	21.03min
200	0.51	0.16
224	0.47	0.22
256	0.38	—
278	0.31	—
291	—	—
u_{2-i}	0.04	0
u_2	0.023	

液相色谱测定合成标准不确定度：$u(P_0) = \sqrt{u_1^2 + u_2^2} = 0.083\%$。

b. 水分引入的不确定度　天平称样引入的不确定度分量很小，所以水分测量的主要不确定来源是测量的重复性 u_A，水分的测量结果 X_w 为 0.2984%，标准偏差为 0.006%，因此水分测定引入的不确定度：$u(X_w) = 0.006\%$。

c. 其他杂质引入的不确定度　非挥发性杂质和挥发性杂质测量结果很小，且结果容易受到环境和仪器影响，因此，以测量值为不确定度来源，本研究中将挥发性杂质不确定度记为 $u(X_v) = 0$，非挥发性无机元素杂质的不确定度记为 $u(X_n) = 0.021\%$。

面积归一化法的标准不确定度：

$$u(P_{HPLC-AN}) = P_{HPLC-AN} \times \sqrt{\left[\frac{u(P_0)}{P_0}\right]^2 + \frac{u^2(X_w) + u^2(X_n) + u^2(X_v)}{(1 - X_w - X_n - X_v)^2}} = 0.604\%$$

② 定量核磁共振法定值引入的不确定度　由核磁共振定量的公式及其测量实验过程得出纯度测量不确定度公式：

$$u(P_{NMR}) = P_{NMR} \sqrt{\left[\frac{u(I_x/I_{std})}{I_x/I_{std}}\right]^2 + \left[\frac{u(M_x)}{M_x}\right]^2 + \left[\frac{u(M_{std})}{M_{std}}\right]^2 + \left[\frac{u(m_x)}{m_x}\right]^2 + \left[\frac{u(m_{std})}{m_{std}}\right]^2 + \left[\frac{u(P_{std})}{P_{std}}\right]^2}$$

核磁共振定量法不确定度的来源包括测量的不确定度、分子量不确定度、称量不确定度、内标物纯度不确定度。

a. 积分面积测量的不确定度 $u(I_x/I_{std})$　积分面积测定结果的标准不确定度采用 A 类评定，用 NMR 法测定结果的标准偏差表示，不确定度为 0.09%。

b. 内标物标准物质苯甲酸和样品天平称量不确定度 $u(m_{std})$ 和 $u(m_x)$ 称量天平的最小分度为 0.001mg，称样量为 4.9mg 和 10mg，所以天平称量的不确定度为：

$$u(m_x) = u(m_{std}) = \frac{0.001mg}{\sqrt{3}} = 0.0006mg$$

c. 内标物纯度不确定度 $u(P_{std})$　苯甲酸的纯度不确定度由标准物质证书获得，纯度值的相对扩展不确定度为 0.02%（$k=2$），所以其标准不确定度为 0.01%。

d. 分子量的不确定度 $u(M_x)$ 和 $u(M_{std})$　氟苯尼考胺和苯甲酸分子量的标准不确定度计算公式：

$$u(M) = \sqrt{\sum_{j=1}^{n}[N_j u_j]^2}$$

式中，N_j 为 j 元素的原子个数；u_j 为 j 元素的原子量的不确定度。

根据 IUPAC 国际原子量表，6 种原子的原子量及不确定度为 C：12.0107 ± 0.0008；H：1.00794 ± 0.00007；O：15.9994 ± 0.0003；N：14.00674 ± 0.00007；F：18.9984032 ± 0.0000005；K：39.0983 ± 0.0001。

对于每个元素，其标准不确定度是按照均匀分布由引用不确定度转化而来。

氟苯尼考胺的分子式为 $C_{10}H_{14}FNO_3S$；分子量为 247.286。其标准不确定度为：

$$u(M_x) = \sqrt{\sum_{j=1}^{n}[N_j u_j]^2} = \sqrt{\begin{array}{l}\left(10 \times \dfrac{0.0008}{\sqrt{3}}\right)^2 + \left(14 \times \dfrac{0.00007}{\sqrt{3}}\right)^2 + \left(1 \times \dfrac{0.00007}{\sqrt{3}}\right)^2 + \\[3mm] \left(3 \times \dfrac{0.0003}{\sqrt{3}}\right)^2 + \left(1 \times \dfrac{0.0000005}{\sqrt{3}}\right)^2 + \left(1 \times \dfrac{0.006}{\sqrt{3}}\right)^2\end{array}}$$

$$= 0.0058$$

氟苯尼考分子量的相对标准不确定度：

$$u(M_x)/M_x = \frac{0.0058}{247.286} = 2.35 \times 10^{-5}$$

同理，内标物苯甲酸（$C_7H_6O_2$），分子量为 122.12，其相对标准不确定度：

$$u(M_{std})/M_{std} = 2.6 \times 10^{-5}$$

因此核磁共振定量法纯度测量的合成标准不确定度为：

$$u_{NMR} = u(P_{NMR}) = 99.05\% \times \sqrt{\begin{array}{l}\left(\dfrac{0.09\%}{99.05\%}\right)^2 + (2.35 \times 10^{-5})^2 + (2.6 \times 10^{-5})^2 + \\[3mm] \left(\dfrac{0.0006}{4.9}\right)^2 + \left(\dfrac{0.0006}{10}\right)^2 + \left(\dfrac{0.01\%}{99.993\%}\right)^2\end{array}}$$

$$\approx 0.089\%$$

因此，定值不确定度计算如下：

$$u_p = \frac{1}{2}\sqrt{u_{HPLC-AN}{}^2 + u_{NMR}{}^2} = 0.31\%$$

三、甲醇中氟苯尼考胺溶液标准物质样品制备

在保证环境温度在 20℃±2℃的条件下，利用重量-容量法配制 100mg/L 氟苯尼考胺溶液 500mL，使用经计量检定并取得合格证书的分析天平，准确称量纯度经过确定的氟苯尼考胺固体 50.55mg，并转移至检定合格的 500mL 容量瓶中，用甲醇定容至刻线，振荡、混匀。静置后，对氟苯尼考胺溶液进行分装，选用洁净棕色安瓿瓶，每个包装大于 1mL，熔封 450 个

包装。置−18℃冰箱中保存。研制过程中涉及的天平、容量瓶等仪器均经过国家计量部门检定并取得合格证书。具体配制结果见表 3-9。

表 3-9　氟苯尼考胺溶液配制结果

样品	称量/mg	定容体积/mL	固体纯度/%	溶液浓度/(mg/L)
氟苯尼考胺	50.55	500	99.0	100

四、均匀性检验

根据 JJF 1006—1994《一级标准物质技术规范》和 JJF 1343—2012《标准物质定值的通用原则及统计学原理》的技术要求，记总体单元 N，当 $200 < N \leqslant 500$ 时，抽取单元数不少于 15 个。因此，本研究按照整个封装过程的前、中、后时间阶段，从已分装的甲醇中氟苯尼考胺溶液标准物质中随机抽取 15 个包装单元，采用液相色谱面积归一化法对其均匀性进行检验。色谱条件如下：

色谱柱：Agilent Eclipse Plus-C_{18}（250mm×4.6mm，5μm）。

流动相：乙腈-磷酸二氢钠缓冲液（0.01mol/L，含 5mmol/L SDS、0.1% 三乙胺，pH=4.5，比例为 28：72）。

流速：1.0mL/min。

进样量：10μL。

UV 波长：224nm。

HPLC：Waters2695 系统。

针对随机抽取的样品单元从 1 到 15 编号，每个单元重复测定 3 次，测定顺序为 1，2，3，…，15；15，14，13，…，1；1，2，3，…，15。采用现配制的浓度为 100mg/L 的甲醇中氟苯尼考胺溶液进行校准，均匀性检验结果如表 3-10 所示。

表 3-10　甲醇中氟苯尼考胺溶液标准物质均匀性检测结果　　单位：mg/L

瓶号	1	2	3	平均值
1	99.6	98.3	99.9	99.3
2	101.8	100.8	101.7	101.4
3	98.9	102.2	101.5	100.9

续表

瓶号	1	2	3	平均值
4	101.5	100.4	101.9	101.3
5	100.8	98.1	99.0	99.3
6	100.9	101.8	98.9	100.5
7	101.7	101.1	101.4	101.4
8	101.0	98.8	100.6	100.1
9	99.0	99.1	99.2	99.1
10	101.9	98.5	101.8	100.7
11	101.5	100.8	99.0	100.4
12	101.0	98.5	100.1	99.9
13	101.5	99.6	101.6	100.9
14	98.6	98.3	99.4	98.8
15	101.5	101.4	100.6	101.2
总平均值	100.34			
总标准偏差	1.28			
组间方差	2.3927			
组内方差	1.2711			
F	1.88			
$F_{0.05}(14,30)$	2.04			
结论	$F < F_{0.05(14,30)}$,样品均匀			

采用单因素方差分析法进行统计检验,均匀性检验结果表明甲醇中氟苯尼考胺溶液标准物质的均匀性良好。

五、稳定性考察

为考察甲醇中氟苯尼考胺溶液标准物质在长期储存条件以及外部环境变化条件下,物理化学性质和特性量值保持不变的能力,本研究根据《标准物质定值的通用原则及统计学原理》的介绍,采用直线拟合法对甲醇中氟苯尼考胺溶液标准物质开展了长期和短期的稳定性考察。

1. 长期稳定性考察

根据 JJF 1006—1994《一级标准物质技术规范》中的要求,标准物质稳定性考察按照先密后疏的原则进行。本研究采用液相色谱法分别在第 0、1、3、6 个月进行稳定性考察。每次抽取 2 个包装,每个包装平行测定

3 次，并采用新配制溶液进行质量浓度校准测定，色谱条件与均匀性检验相同，长期稳定性检验结果如表 3-11 所示，趋势图如图 3-16 所示。

表 3-11　甲醇中氟苯尼考胺溶液标准物质长期稳定性监测结果　单位：mg/L

项目	2018 年 11 月	2018 年 12 月	2019 年 2 月	2019 年 5 月
	101.1	100.2	100.8	99.5
#1	100.0	100.0	99.6	102.6
	99.6	101.1	100.0	100.0
	99.2	102.1	99.3	99.8
#2	100.0	99.0	99.4	101.1
	102.7	100.2	101.4	98.9
平均值	100.4	100.4	100.1	100.3
b_1	−0.0278			
b_0	100.386			
s^2	0.0327			
$s(b_1)$	0.0395			
$t_{0.95, n-2}$	4.3			
$t_{0.95, n-2} \cdot s(b_1)$	0.1698			
结论	$|b_1| < t_{0.95, n-2} \cdot s(b_1)$，稳定			

$$y = -0.0278x + 100.386$$

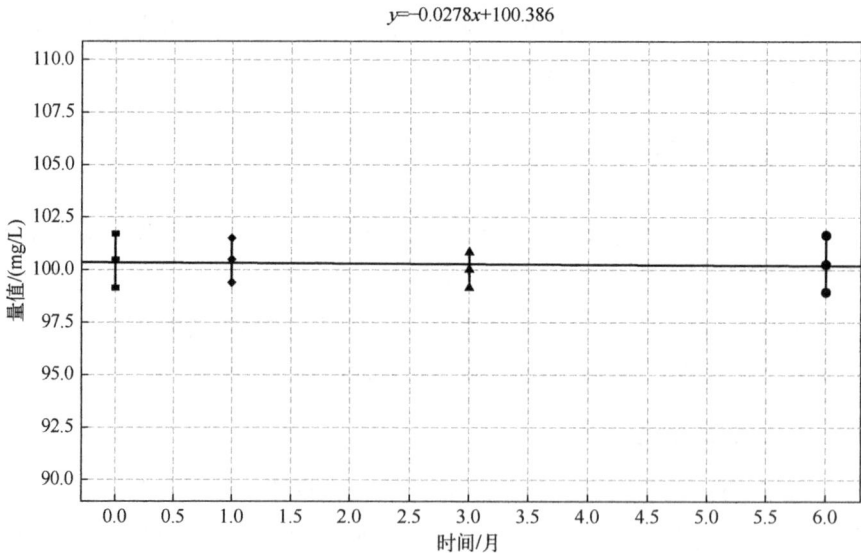

图 3-16　甲醇中氟苯尼考胺溶液标准物质 6 个月稳定性监测趋势图

2. 短期稳定性考察

将待测溶液标准物质样品置于 20℃、40℃和 60℃恒温箱中（模拟运输条件）保存，分别在第 1、3、5、7、9 天进行稳定性监测，测定方法与长期稳定性监测相同，结果如表 3-12 所示。

表 3-12　甲醇中氟苯尼考胺溶液标准物质短期稳定性考察结果　单位：mg/L

项目	温度条件（20℃）	温度条件（40℃）	温度条件（60℃）
1 天	99.4	100.7	94.2
3 天	99.3	95.9	77.8
5 天	100.5	97.1	74.1
7 天	100.5	97.1	65.2
9 天	99.7	96.0	58.5
平均值	99.9	97.4	74.0
b_1	0.09	−0.41	−4.2
b_0	99.43	99.41	94.96
s^2	0.348	2.8493	11.524
$s(b_1)$	0.0933	0.2669	0.5367
$t_{0.95,n-2}$	3.18	3.18	3.18
$t_{0.95,n-2} \cdot s(b_1)$	0.2966	0.8487	1.7069
结论	$\|b_1\|<t_{0.95,n-2}\cdot s(b_1)$，稳定	$\|b_1\|<t_{0.95,n-2}\cdot s(b_1)$，稳定	$\|b_1\|>t_{0.95,n-2}\cdot s(b_1)$，不稳定

不同温度条件下拟合直线如图 3-17 所示。

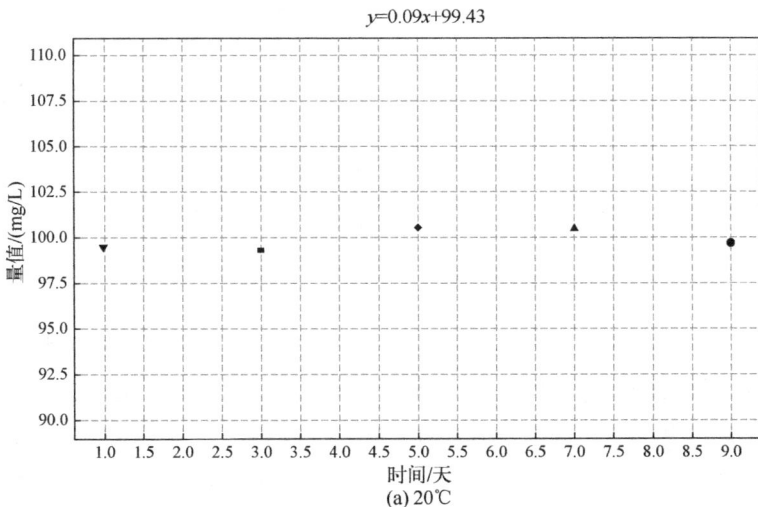

$y=0.09x+99.43$

时间/天
(a) 20℃

图 3-17

$y=-0.41x+99.41$

(b) 40℃

$y=-4.2x+94.96$

(c) 60℃

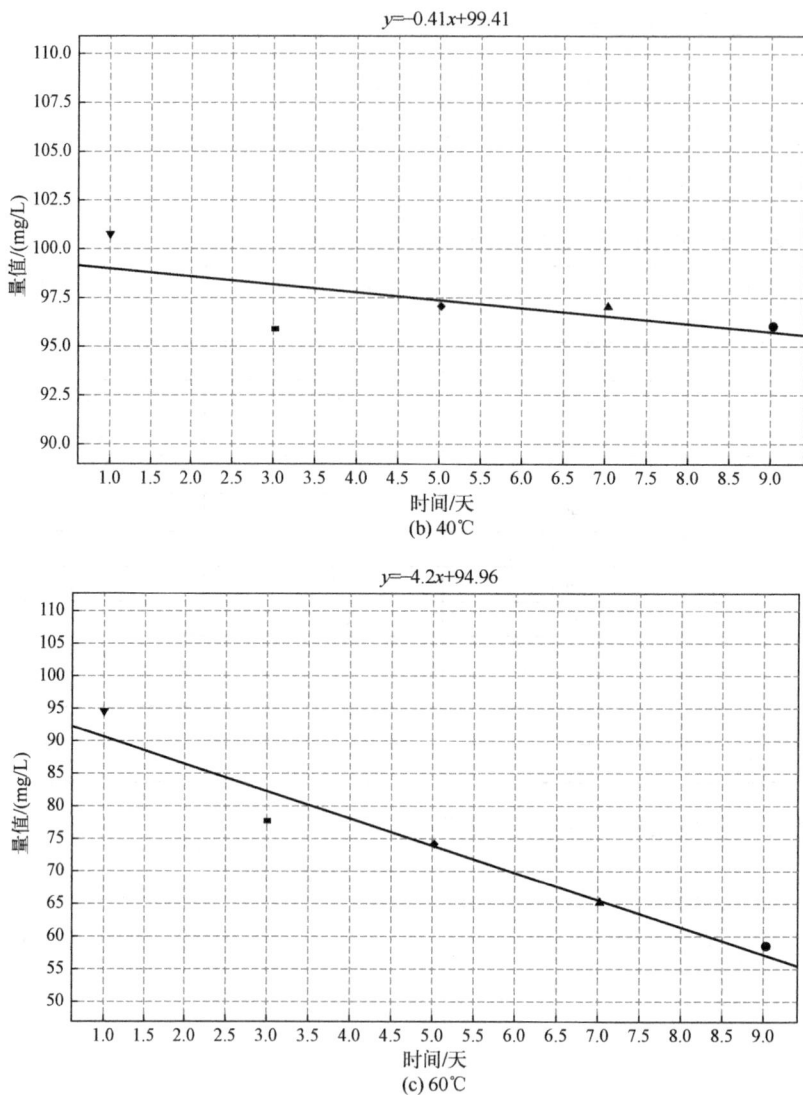

图 3-17 甲醇中氟苯尼考胺溶液标准物质不同温度下短期稳定性监测趋势图

综上所述，甲醇中氟苯尼考胺溶液标准物质 6 个月长期稳定性良好，在 20℃、9 天的运输时间条件下特性量值均稳定。但是，40℃、60℃的模拟运输温度条件下，特性量值具有明显的下降趋势，尤其 60℃时未通过稳定性检验，因此，该标准物质在运输过程中需要通过加冰袋或干冰等低温措施保证温度不超过 20℃。

六、定值

研制的甲醇中氟苯尼考胺溶液标准物质，采用液相色谱面积归一化法和定量核磁共振法进行纯品定值，建立了纯品的计量溯源性。采用色谱级甲醇为溶剂，以重量-容量法配制，配制值为标准值，研制过程所使用的天平、容量瓶和高效液相色谱均经过权威部门检定或校准。

七、不确定度评估

甲醇中氟苯尼考胺溶液标准物质的不确定度包括标准物质的均匀性引入的不确定度、标准物质的稳定性引入的不确定度、溶液的配制过程引入的不确定度等。甲醇中氟苯尼考胺溶液标准物质不确定度来源分析及评定流程如图 3-18 所示。

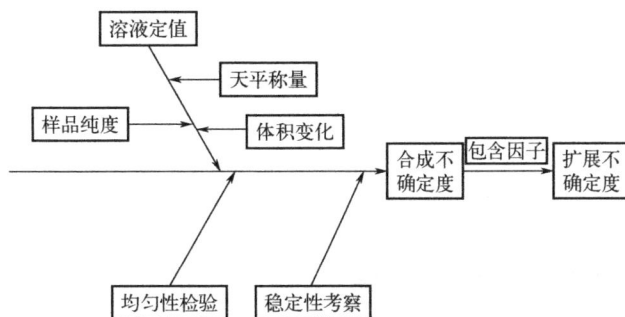

图 3-18　甲醇中氟苯尼考胺溶液标准物质不确定度来源分析及评定流程图

1. 均匀性引入的不确定度

根据技术规范要求，采用单因素方差分析法进行均匀性评估。则均匀性的标准偏差可以用以下公式计算：

$$s_H^2 = \frac{s_1^2 - s_2^2}{n}$$

式中，s_H 为均匀性标准偏差；s_1^2 为组间方差；s_2^2 为组内方差；n 为组内测量次数。

在这种情况下，s_H 等同于瓶间不均匀性导致的不确定度分量 u_{bb}，即

$$u_{bb} = s_H = 0.6114$$

所以均匀性引入的相对不确定度为

$$u_{bb,\ rel} = \frac{u_{bb}}{\overline{X}_{bb}} = 0.0061$$

2. 稳定性引入的不确定度

根据表 3-11 的数据,有效期为 6 个月的长期稳定性引入的不确定度 u_{lts} 计算如下:

$$u_{lts} = s(b_1) \cdot t = 0.237$$

$$u_{lts,\ rel} = \frac{u_{lts}}{\overline{X}_{lts}} = 0.0024$$

根据表 3-12 的数据,由于 40℃、60℃特性量值不稳定,短期稳定性引入的不确定度 u_{sts} 计算只考虑 20℃条件,因此计算如下:

在 20℃下:

$$u_{sts1} = s(b_1) \cdot t = 0.8397$$

短期稳定性的不确定度为:

$$u_{sts,\ rel} = u_{sts1,\ rel} = \frac{u_{sts1}}{\overline{X}_{sts}} = 0.0084$$

3. 溶液配制引入的不确定度

以两种方法确定纯度的氟苯尼考胺纯品为原料,采用重量-容量法制备浓度约为 100mg/L 的甲醇中氟苯尼考胺溶液标准物质,浓度计算公式如下:

$$c = \frac{1000mP}{V}$$

式中　c——配制的甲醇中氟苯尼考胺的浓度,mg/L;

　　　m——称取氟苯尼考胺的质量,mg;

　　　P——氟苯尼考胺的纯度,%;

　　　V——配制溶液的体积,mL。

式中各量彼此独立,考虑到其他不确定性因素的影响,溶液制备引入的不确定度计算公式如下:

$$\frac{u(c)}{c} = \sqrt{\left[\frac{u(P)}{P}\right]^2 + \left[\frac{u(m)}{m}\right]^2 + \left[\frac{u(V)}{V}\right]^2}$$

（1）氟苯尼考胺纯度引入的不确定度 氟苯尼考胺纯度引入的标准不确定度为 0.31%。

（2）质量 m 的不确定度 称量质量 m=50.55mg 的不确定度来自两个方面：一是称量的变动性，根据相同条件称量历史记录，变动性的标准偏差为 0.04mg；二是天平校正产生的不确定度，按照检定证书给出的为±0.05mg，假设正态分布，则换算成标准偏差为 0.05mg/1.96=0.026mg。

$$u(m) = \sqrt{0.04^2 + 0.026^2} = 0.048\text{mg}$$

$$\frac{u(m)}{m} = \frac{0.048}{50.55} = 0.0009$$

（3）体积 V 的不确定度 使用 500mL 的容量瓶配制 500mL 的溶液。容量瓶中的溶液体积主要有三个不确定度来源。

① 容量瓶误差产生的不确定度：所用容量瓶的检定结果显示，最大容量允许误差为±0.25mL，假设容量瓶的体积误差产生的不确定度为三角形分布，则转化成标准偏差 0.25mL/ $\sqrt{6}$ =0.10mL。

② 充满容量瓶至刻度的随机变化产生的不确定度：通过反复充满容量瓶进行称量，反复充满 10 次得出的标准偏差为 0.09mL。

③ 溶剂体积随温度变化产生的不确定度：由于本方法中氟苯尼考胺浓度由所加入甲醇体积计算，所以需要考虑温度对甲醇体积的影响引入的不确定度。实验温度控制在 20℃±2℃，甲醇膨胀系数 0.00119℃$^{-1}$，产生的体积变化为 500mL×2℃×0.00119℃$^{-1}$=1.19mL，温度变化按照均匀分布转化为标准偏差 1.19mL/ $\sqrt{3}$ =0.69mL。

将上述三部分合成得到体积的标准不确定度：

$$u(V) = \sqrt{0.10^2 + 0.09^2 + 0.69^2} = 0.70\text{mL}$$

$$\frac{u(V)}{V} = \frac{0.70}{500} = 0.0014$$

（4）溶液配制引入的合成不确定度

$$u_{\text{char,rel}} = \frac{u(c)}{c} = \sqrt{\left[\frac{u(P)}{P}\right]^2 + \left[\frac{u(m)}{m}\right]^2 + \left[\frac{u(V)}{V}\right]^2}$$

$$= \sqrt{0.0031^2 + 0.0009^2 + 0.0014^2}$$

$$= 0.0035$$

4. 标准物质的合成及扩展不确定度

标准物质的合成不确定度计算公式如下：

$$u_{\text{c,rel}} = \sqrt{u_{\text{char,rel}}^2 + u_{\text{bb,rel}}^2 + u_{\text{lts,rel}}^2 + u_{\text{sts,rel}}^2}$$

$$= \sqrt{0.0035^2 + 0.0061^2 + 0.0024^2 + 0.0084^2}$$

$$= 0.0112$$

$$u_{\text{c}} = cu_{\text{c,rel}} = 1.12\text{mg} / \text{L}$$

扩展不确定度为：$U_{\text{CRM}} = k \times u_{\text{c}} = 2.24\text{mg} / \text{L} \approx 3\text{mg} / \text{L}$（$k$=2）。

5. 结果表达

综上所述，甲醇中氟苯尼考胺溶液标准物质的特性量值及其不确定度如表 3-13 所示。

表 3-13　甲醇中氟苯尼考胺溶液标准物质特性量值及其不确定度

名称	质量浓度/(mg/L)	不确定度/(mg/L)（k=2）
甲醇中氟苯尼考胺	100	3

目前，针对本项目研制的甲醇中氟苯尼考胺溶液标准物质，已完成 6 个月长期稳定性监测，样品性质稳定、特性量值准确可靠。为充分保证标准物质量值的准确可靠，需跟踪监测甲醇中氟苯尼考胺溶液标准物质的稳定性。

第二节
氟喹诺酮混合溶液标准物质研制实例

禁限用药物在水产、畜牧等养殖过程中存在滥用情况，其具有较强的毒副作用，且在动物组织中的残留会通过食物链传递给人类，长期微量摄入会引起多种疾病，对人类的健康造成危害。为切实保障水产品、畜禽产品质量安全，严厉打击养殖生产违法违规行为，氟喹诺酮类、硝基咪唑类药物残留量已持续多年成为农业农村部农产品质量安全风险监测的重要参数，为保证测量结果的一致性、可比性、可溯源性以及量值的准确可靠，急需配套相应的标准物质。为尽快满足监测工作的需要，受农业农村部2019年财政专项项目、中国农业科学院创新工程项目以及NQI重点领域急需标准物质研制重点研发计划项目课题经费的支持，开展了甲醇中7种氟喹诺酮类药物混合溶液、甲醇中3种硝基咪唑药物及2种代谢物混合溶液等2种溶液标准物质研制。此标准物质研制项目的实施，将进一步为国家农产品质量安全风险评估与监测溯源体系的建立提供技术支持与物质保证。

以国家纯度有证标准物质或者经过纯度核验的纯品为原料，采用重量-容量法进行溶液的配制；在此基础上利用高效液相色谱法对其特性量值进行均匀性检验及半年的稳定性监测，并系统分析与评估标准物质研制过程中引入的不确定度。

一、概述

恩诺沙星，又名恩氟喹啉羧酸，属于氟喹诺酮类抑菌剂。英文名称为enrofloxacin；CAS：93106-60-6；分子式为$C_{19}H_{22}FN_3O_3$；分子量为359.40；熔点218.9～221.1℃；微黄色或淡黄色结晶粉末，味苦；易溶于氢氧化钠、二氯甲烷，不溶于水，微溶于甲醇；为广谱杀菌药。恩诺沙星结构式如图3-19所示。

环丙沙星，英文名称 ciprofloxacin；CAS 号 85721-33-1；分子式$C_{17}H_{18}FN_3O_3$；分子量为331.35；熔点255～257℃；储存条件0～5℃；白色至微黄色结晶性粉末；在乙酸中溶解，在乙醇、三氯甲烷中极微溶解，在水中几乎不溶；具有广谱抗菌活性，结构式如图3-20所示。

诺氟沙星，别名氟哌酸、淋克星等，英文名称norfloxacin，CAS 号70458-96-7，分子式为$C_{16}H_{18}FN_3O_3$，分子量为319.33，白色至淡黄色结晶性粉末，无臭，味微苦，暴露在空气中易吸潮。是第三代氟喹诺酮类抗菌药，具有广谱高效的抗菌作用。诺氟沙星结构式如图 3-21 所示。

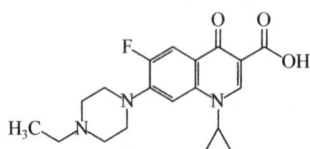

图 3-19　恩诺沙星结构式

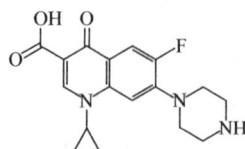

图 3-20　环丙沙星结构式

氟罗沙星，英文名称 fleroxacin；CAS 号 79660-72-3；分子式 $C_{17}H_{18}F_3N_3O_3$；分子量为 369.34；熔点 264～266℃；储存条件 2～8℃；在冰乙酸中易溶，在氢氧化钠试液中略溶，在二氯甲烷中微溶，在水或甲醇中极微溶解，在乙酸乙酯中几乎不溶，是第三代喹诺酮类药物，结构式如图 3-22 所示。

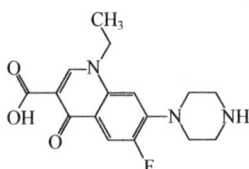

图 3-21　诺氟沙星结构式

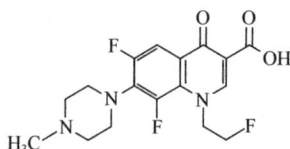

图 3-22　氟罗沙星结构式

洛美沙星，英文名称 lomefloxacin；CAS 号 98079-51-7；分子式 $C_{17}H_{19}F_2N_3O_3$；分子量为 351.34；熔点 290～300℃；白色或类白色结晶性粉末；在氢氧化钠中易溶，在水中微溶，在稀盐酸中极微溶解，在甲醇和乙醇中几乎不溶；其结构式如图 3-23 所示。

氧氟沙星，别名氟洛沙星、氧洛沙星等，英文名称 ofloxacin，CAS 号 82419-36-1，分子式为 $C_{18}H_{20}FN_3O_4$，分子量为 361.37。本品为微黄色结晶，无臭、味苦，见光慢慢变色，易溶于冰乙酸，难溶于氯仿、水、乙醇、甲醇和丙酮，不溶于乙酸乙酯。氧氟沙星为第三代喹诺酮类抗菌药，结构式如图 3-24 所示。

培氟沙星，别名氟哌喹酸、甲氟哌酸、甲磺酸培氟沙星、培氟根、培氟哌酸、哌氟沙星，英文名称 pefloxacin，CAS 号 70458-92-3，分子式为 $C_{17}H_{20}FN_3O_3$，分子量为 333.36，结构式如图 3-25 所示。

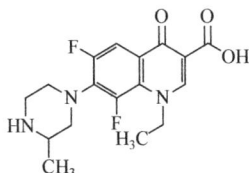

图 3-23　洛美沙星结构式　　　　图 3-24　氧氟沙星结构式

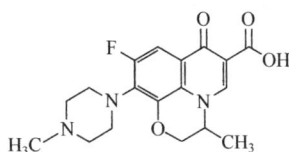

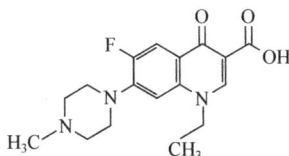

图 3-25　培氟沙星结构式

二、甲醇中 7 种氟喹诺酮类药物混合溶液标准物质样品制备

甲醇中 7 种氟喹诺酮类药物混合溶液标准物质以国家有证纯度标准物质恩诺沙星、环丙沙星、诺氟沙星、氟罗沙星、盐酸洛美沙星、氧氟沙星、甲磺酸培氟沙星为原料（纯度信息见表 3-14），色谱级 2%甲酸化甲醇为溶剂，在保证环境温度在 20℃±2℃的条件下，利用重量-容量法配制，甲酸化甲醇溶解并定容于 500mL 容量瓶中，7 种氟喹诺酮类药物的特性量值均为 100mg/L。溶液充分混合后，低温冷却分装于洁净棕色安瓿瓶中，每个包装大于 1mL，熔封 450 个包装。置于-18℃冰箱保存。

表 3-14　7 种氟喹诺酮类药物纯度信息

名称	编号	纯度/%	不确定度/%
恩诺沙星	GBW(E)090817	99.7	0.4
环丙沙星	GBW(E)090818	99.7	0.4
诺氟沙星	GBW(E)090821	99.6	0.4
氟罗沙星	GBW(E)090815	99.8	0.4
盐酸洛美沙星	GBW(E)090816	99.2	0.6
甲磺酸培氟沙星	GBW09256	92.1	0.3
氧氟沙星	GBW(E)090822	99.9	0.4

三、均匀性检验

根据 JJF 1006—1994《一级标准物质技术规范》和 JJF 1343—2012《标准物质定值的通用原则及统计学原理》的技术要求，记总体单元 N，当 $200<N \leqslant 500$ 时，抽取单元数不少于 15 个。因此，本研究按照整个封装过程的前、中、后时间阶段，从已分装的甲醇中 7 种氟喹诺酮药物混合溶液标准物质中随机抽取 15 个包装单元，采用液相色谱面积归一化法对其均匀性进行检验。色谱条件如下：

色谱柱：Agilent Eclipse SB-C$_{18}$（250mm×4.6mm，5μm）。

流动相：水相（20mmol/L 醋酸铵，0.1%甲酸水溶液）+甲醇+乙腈。

梯度洗脱程序见表 3-15。

表 3-15　梯度洗脱程序

时间	A：水相	B：甲醇	C：乙腈
0min	88	10	2
6min	85	5	10
12min	82	8	10
16min	75	10	15
26min	75	10	15
26.1min	88	10	2
45min	88	10	2

流速：1.0mL/min。

进样量：10μL。

UV 波长：290nm。

HPLC：Waters2695 系统。

针对随机抽取的样品单元从 1 到 15 编号，每个单元重复测定 3 次，测定顺序为 1，2，3，…，15；15，14，13，…，1；1，2，3，…，15。采用现配制溶液进行校准，均匀性检验结果如表 3-16～表 3-22 所示。

表 3-16　混合溶液中恩诺沙星均匀性检测结果　　单位：mg/L

瓶号	1	2	3	平均值
1	100.1	100.3	100.9	100.4
2	100.0	100.5	100.7	100.4

续表

瓶号	1	2	3	平均值
3	100.5	100.8	100.6	100.6
4	101.4	101.3	101.9	101.5
5	101.9	100.3	101.1	101.1
6	101.0	100.6	102.0	101.2
7	101.1	100.4	100.3	100.6
8	100.7	100.4	100.4	100.5
9	100.6	101.1	100.6	100.8
10	100.7	100.3	100.4	100.5
11	100.7	101.0	101.1	100.9
12	101.9	101.1	101.2	101.4
13	100.9	100.0	101.1	100.8
14	100.0	100.3	102.4	100.9
15	100.8	100.9	100.9	100.9
总平均值	100.8			
总标准偏差	0.56			
组间方差	0.3807			
组内方差	0.2746			
F	1.39			
$F_{0.05}$（14,30）	2.04			
结论	$F < F_{0.05(14,30)}$，样品均匀			

表 3-17 混合溶液中环丙沙星均匀性检测结果 　　单位：mg/L

瓶号	1	2	3	平均值
1	99.1	99.4	100.1	99.5
2	99.3	99.1	99.8	99.4
3	99.9	99.5	99.8	99.7
4	101.1	100.1	100.8	100.7
5	101.4	99.4	99.6	100.1
6	100.1	99.7	100.7	100.2
7	100.0	99.9	99.5	99.8
8	99.5	99.5	99.4	99.5
9	99.7	100.1	99.4	99.7
10	99.6	99.4	99.7	99.6
11	99.9	99.9	100.1	100.0

瓶号	1	2	3	平均值
12	100.8	101.1	99.4	100.4
13	99.8	99.0	99.4	99.4
14	99.0	99.2	100.6	99.6
15	100.4	100.5	99.8	100.2
总平均值	99.9			
总标准偏差	0.59			
组间方差	0.4569			
组内方差	0.2888			
F	1.58			
$F_{0.05}$（14,30）	2.04			
结论	$F < F_{0.05(14,30)}$，样品均匀			

表 3-18　混合溶液中诺氟沙星均匀性检测结果　　单位：mg/L

瓶号	1	2	3	平均值
1	99.3	99.5	100.0	99.6
2	99.6	99.5	99.9	99.7
3	100.3	99.9	99.7	100.0
4	101.0	100.7	101.0	100.9
5	100.2	99.5	100.3	100.0
6	100.1	99.7	100.9	100.2
7	100.2	99.6	99.8	99.9
8	99.5	99.2	99.5	99.4
9	99.7	99.8	99.6	99.7
10	99.6	99.9	99.5	99.7
11	99.9	99.8	100.0	99.9
12	100.6	98.5	99.7	99.6
13	100.1	98.9	99.8	99.6
14	99.9	99.0	100.7	99.9
15	99.9	99.9	99.9	99.9
总平均值	99.9			
总标准偏差	0.52			
组间方差	0.3834			
组内方差	0.2109			
F	1.81			
$F_{0.05}$（14,30）	2.04			
结论	$F < F_{0.05(14,30)}$，样品均匀			

表 3-19　混合溶液中氟罗沙星均匀性检测结果　　　　单位：mg/L

瓶号	1	2	3	平均值
1	101.1	99.5	100.2	100.3
2	98.6	98.8	99.3	98.9
3	98.9	99.7	99.4	99.3
4	101.8	99.5	100.2	100.5
5	98.8	98.7	99.1	98.9
6	99.7	99.2	100.6	99.8
7	99.8	100.0	99.2	99.7
8	99.4	99.4	99.0	99.3
9	99.5	100.2	99.2	99.6
10	99.5	99.5	99.1	99.4
11	99.6	99.8	99.6	99.7
12	99.4	99.8	99.2	99.5
13	100.2	98.9	99.3	99.5
14	99.1	99.4	98.6	99.0
15	100.1	99.7	99.5	99.8
总平均值	99.5			
总标准偏差	0.72			
组间方差	0.7884			
组内方差	0.3886			
F	2.03			
$F_{0.05}$（14,30）	2.04			
结论	$F<F_{0.05(14,30)}$，样品均匀			

表 3-20　混合溶液中洛美沙星均匀性检测结果　　　　单位：mg/L

瓶号	1	2	3	平均值
1	100.2	100.5	101.1	100.6
2	100.0	100.4	100.8	100.4
3	100.7	100.4	100.9	100.7
4	100.4	100.9	101.8	101.0
5	99.6	99.9	100.5	100.0
6	101.2	100.8	102.0	101.3
7	101.2	100.7	100.5	100.8
8	101.9	101.1	100.1	101.0
9	100.9	101.6	100.5	101.0
10	101.0	100.9	101.1	101.0
11	101.0	101.2	101.0	101.1

续表

瓶号	1	2	3	平均值
12	99.4	100.9	100.4	100.2
13	100.6	100.6	100.5	100.6
14	100.6	101.0	99.8	100.5
15	101.1	101.4	100.8	101.1
总平均值	100.7			
总标准偏差	0.56			
组间方差	0.4135			
组内方差	0.2635			
F	1.57			
$F_{0.05}$（14,30）	2.04			
结论	$F < F_{0.05(14,30)}$，样品均匀			

表 3-21　混合溶液中培氟沙星均匀性检测结果　　　单位：mg/L

瓶号	1	2	3	平均值
1	99.7	99.7	100.4	99.9
2	99.7	99.7	100.3	99.9
3	100.1	100.2	100.7	100.3
4	100.9	100.9	101.4	101.1
5	98.4	100.1	100.2	99.6
6	101.0	100.5	101.6	101.0
7	101.0	100.6	100.5	100.7
8	100.4	100.4	100.1	100.3
9	100.5	101.1	100.2	100.6
10	100.5	100.4	100.7	100.5
11	100.8	101.1	99.7	100.5
12	101.2	98.5	100.3	100.0
13	100.7	100.3	100.4	100.5
14	100.6	100.2	99.3	100.0
15	101.3	100.9	100.7	101.0
总平均值	100.4			
总标准偏差	0.65			
组间方差	0.6014			
组内方差	0.3418			
F	1.76			
$F_{0.05}$（14,30）	2.04			
结论	$F < F_{0.05(14,30)}$，样品均匀			

表 3-22 混合溶液中氧氟沙星均匀性检测结果 单位：mg/L

瓶号	1	2	3	平均值
1	99.3	99.0	99.9	99.4
2	99.2	99.1	99.6	99.3
3	99.3	99.5	100.0	99.6
4	99.7	99.9	100.5	100.0
5	100.6	100.1	99.4	100.0
6	100.4	99.7	100.8	100.3
7	100.4	100.0	99.6	100.0
8	100.2	100.1	99.4	99.9
9	100.1	101.0	99.5	100.2
10	100.1	100.0	99.6	99.9
11	100.2	100.5	99.9	100.2
12	101.0	99.7	99.6	100.1
13	100.1	99.6	99.7	99.8
14	100.0	100.1	99.0	99.7
15	100.6	100.4	100.0	100.3
总平均值	99.9			
总标准偏差	0.51			
组间方差	0.2977			
组内方差	0.2450			
F	1.22			
$F_{0.05}$（14,30）	2.04			
结论	$F<F_{0.05(14,30)}$，样品均匀			

采用单因素方差分析法进行统计检验，均匀性检验结果表明甲醇中 7种氟喹诺酮类药物混合溶液标准物质中各特性量的均匀性良好。

四、稳定性考察

为考察甲醇中 7 种氟喹诺酮类药物混合溶液标准物质在长期储存条件以及外部环境变化条件下，物理化学性质和特性量值保持不变的能力，参考《标准物质定值的通用原则及统计学原理》，采用直线拟合法对甲醇中 7种氟喹诺酮类药物混合溶液标准物质开展了长期和短期的稳定性考察。

1. 长期稳定性考察

根据 JJF 1006—1994《一级标准物质技术规范》中的要求，标准物质稳定性考察按照先密后疏的原则。本研究采用液相色谱法分别在第 0、1、3、6 个月进行稳定性考察。每次抽取 2 个包装，每个包装平行测定 3 次，并采用现配制溶液标准物质进行质量浓度校准测定，色谱条件与均匀性相同，长期稳定性检验结果如表 3-23～表 3-29 所示，趋势图如图 3-26～图 3-32 所示。

表 3-23　混合溶液中恩诺沙星长期稳定性监测结果　单位：mg/L

项目	2019 年 4 月	2019 年 5 月	2019 年 7 月	2019 年 10 月
#1	100.5	100.6	100.1	100.8
	100.8	101.1	100.0	102.4
	100.6	100.6	100.0	104.4
#2	101.0	100.7	100.0	100.6
	100.6	101.0	100.3	101.6
	102.0	101.1	101.1	101.4
平均值	100.9	100.8	100.2	101.9
b_1	0.1571			
b_0	100.56			
s^2	0.4857			
$s(b_1)$	0.1521			
$t_{0.95,n-2}$	4.3			
$t_{0.95,n-2} \cdot s(b_1)$	0.6540			
结论	$\|b_1\| < t_{0.95,n-2} \cdot s(b_1)$，稳定			

$$y=0.1571x+100.557$$

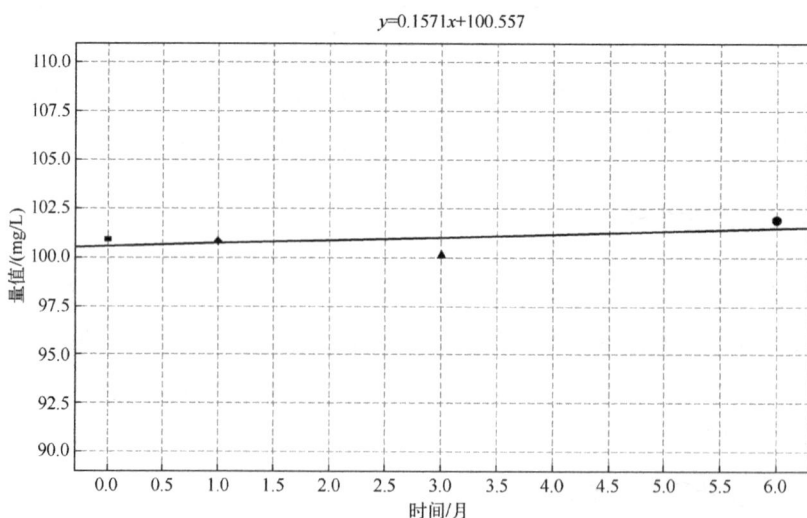

图 3-26　混合溶液中恩诺沙星 6 个月稳定性监测趋势图

表 3-24　混合溶液中环丙沙星长期稳定性监测结果　单位：mg/L

项目	2019 年 4 月	2019 年 5 月	2019 年 7 月	2019 年 10 月
#1	99.3	99.6	99.3	99.1
	99.1	99.6	99.4	100.0
	99.8	99.7	100.9	100.5
#2	100.1	99.8	99.2	100.1
	99.7	99.0	99.4	99.5
	100.3	99.4	100.0	99.3
平均值	99.7	99.5	99.7	99.7
b_1	0.0143			
b_0	99.61			
s^2	0.0129			
$s(b_1)$	0.0247			
$t_{0.95,n-2}$	4.3			
$t_{0.95,n-2} \cdot s(b_1)$	0.1062			
结论	$\|b_1\| < t_{0.95,n-2} \cdot s(b_1)$，稳定			

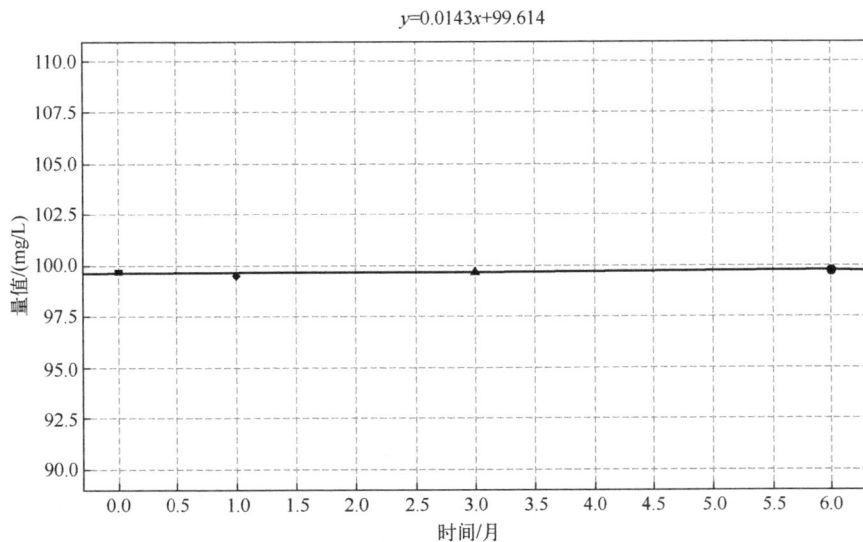

$y=0.0143x+99.614$

图 3-27　混合溶液中环丙沙星 6 个月稳定性监测趋势图

表 3-25　混合溶液中诺氟沙星长期稳定性监测结果　单位：mg/L

项目	2019 年 4 月	2019 年 5 月	2019 年 7 月	2019 年 10 月
#1	99.6	99.5	100.9	100.1
	99.5	99.2	100.0	99.9
	99.9	99.6	100.7	100.8
#2	101.4	100.6	100.0	99.0
	99.5	98.5	99.7	100.0
	100.3	99.7	99.9	99.8
平均值	100.0	99.5	100.2	99.9
b_1	0.0119			
b_0	99.895			
s^2	0.1423			
$s(b_1)$	0.0823			
$t_{0.95,n-2}$	4.3			
$t_{0.95,n-2} \cdot s(b_1)$	0.3539			
结论	$\lvert b_1 \rvert < t_{0.95,n-2} \cdot s(b_1)$，稳定			

$$y = 0.0119x + 99.895$$

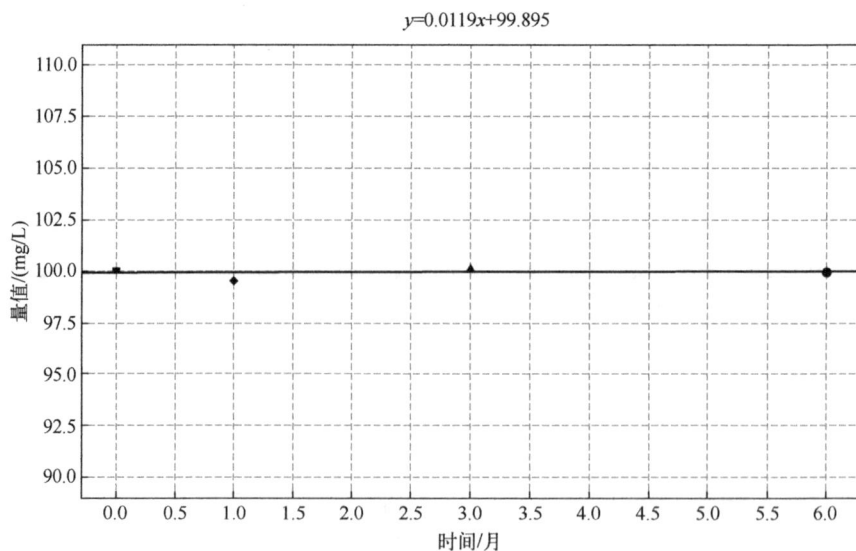

图 3-28　混合溶液中诺氟沙星 6 个月稳定性监测趋势图

表 3-26　混合溶液中氟罗沙星长期稳定性监测结果　单位：mg/L

项目	2019 年 4 月	2019 年 5 月	2019 年 7 月	2019 年 10 月
	98.7	99.5	99.5	99.5
#1	98.7	99.3	99.9	100.3
	99.3	99.1	99.0	101.4
	99.6	99.1	99.3	100.9
#2	99.2	99.0	99.3	101.0
	100.4	98.6	99.2	99.3
平均值	99.3	99.1	99.4	100.4
b_1	0.2000			
b_0	99.05			
s^2	0.0850			
$s(b_1)$	0.0636			
$t_{0.95,n-2}$	4.3			
$t_{0.95,n-2} \cdot s(b_1)$	0.2735			
结论	$|b_1| < t_{0.95,n-2} \cdot s(b_1)$，稳定			

$$y=0.2x+99.05$$

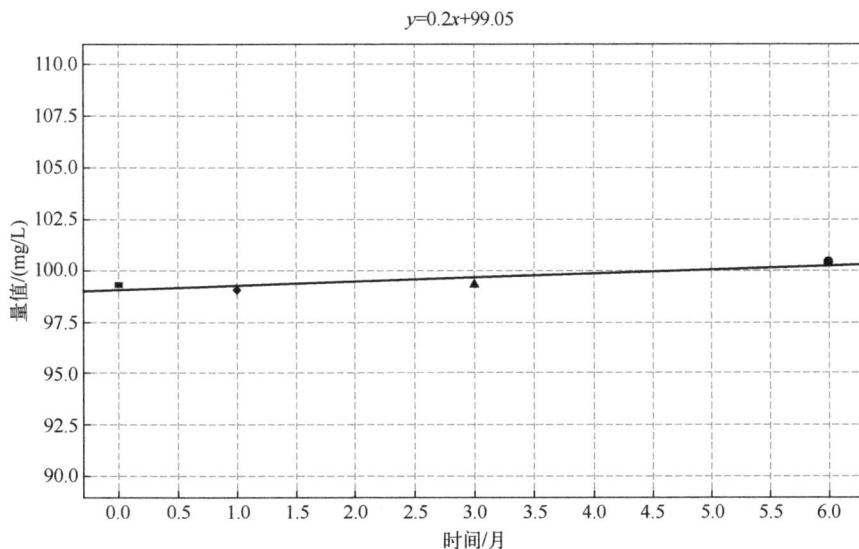

图 3-29　混合溶液中氟罗沙星 6 个月稳定性监测趋势图

表 3-27　混合溶液中洛美沙星长期稳定性监测结果　　单位：mg/L

项目	2019 年 4 月	2019 年 5 月	2019 年 7 月	2019 年 10 月
	100.6	100.6	99.3	100.7
#1	100.4	100.7	99.7	100.2
	100.9	100.5	99.8	99.9
	100.3	100.4	100.1	100.2
#2	100.7	100.6	99.6	99.8
	100.5	100.0	99.6	100.3
平均值	100.6	100.5	99.7	100.2
b_1	−0.0738			
b_0	100.41			
s^2	0.1665			
$s(b_1)$	0.0891			
$t_{0.95,n-2}$	4.3			
$t_{0.95,n-2} \cdot s(b_1)$	0.3831			
结论	$|b_1|<t_{0.95,n-2} \cdot s(b_1)$，稳定			

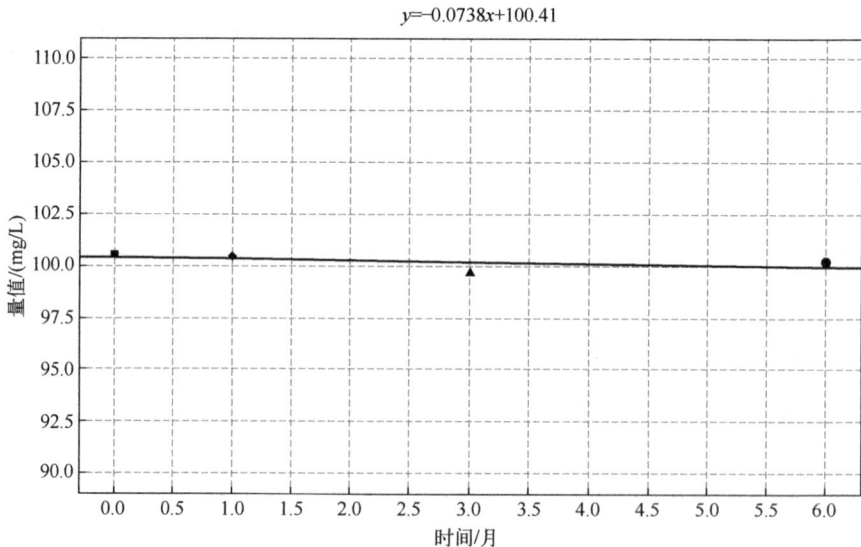

图 3-30　混合溶液中洛美沙星 6 个月稳定性监测趋势图

表 3-28 混合溶液中培氟沙星长期稳定性监测结果 单位：mg/L

项目	2019 年 4 月	2019 年 5 月	2019 年 7 月	2019 年 10 月
	100.2	100.6	100.4	99.2
#1	100.2	100.9	99.6	99.9
	100.7	101.1	99.9	100.1
	98.4	100.7	100.0	101.0
#2	100.1	100.3	101.0	100.6
	100.2	100.4	98.7	99.5
平均值	100.0	100.5	99.9	100.0
b_1	−0.0381			
b_0	100.195			
s^2	0.0948			
$s(b_1)$	0.0672			
$t_{0.95,n-2}$	4.3			
$t_{0.95,n-2} \cdot s(b_1)$	0.2890			
结论	$\|b_1\| < t_{0.95,n-2} \cdot s(b_1)$，稳定			

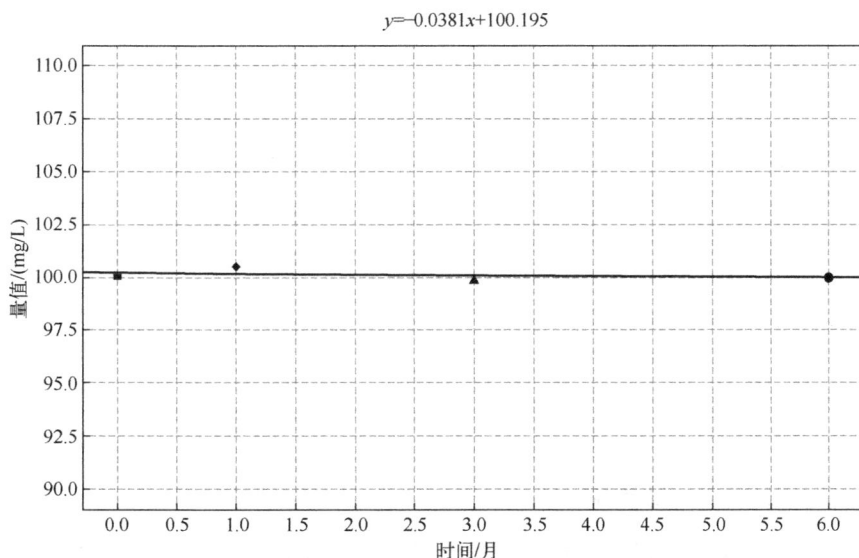

图 3-31 混合溶液中培氟沙星 6 个月稳定性监测趋势图

表 3-29　混合溶液中氧氟沙星长期稳定性监测结果　单位：mg/L

项目	2019 年 4 月	2019 年 5 月	2019 年 7 月	2019 年 10 月
#1	99.7	100.2	100.8	100.6
	99.9	100.5	99.4	100.2
	100.4	99.9	100.0	99.2
#2	100.2	99.7	100.0	100.6
	100.0	100.1	99.7	99.9
	99.6	99.0	100.6	100.3
平均值	100.0	99.9	100.1	100.1
b_1	0.0262			
b_0	99.96			
s^2	0.0065			
$s(b_1)$	0.0177			
$t_{0.95,n-2}$	4.3			
$t_{0.95,n-2} \cdot s(b_1)$	0.0761			
结论	$|b_1| < t_{0.95,n-2} \cdot s(b_1)$，稳定			

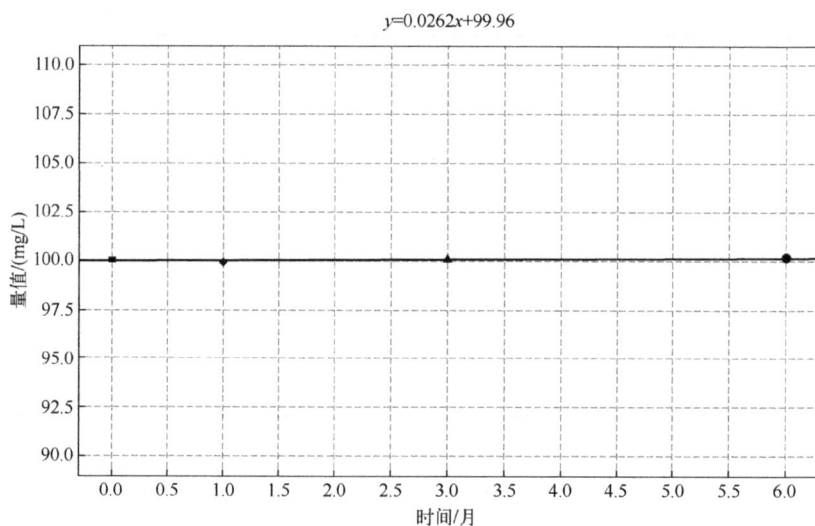

图 3-32　混合溶液中氧氟沙星 6 个月稳定性监测趋势图

2. 短期稳定性考察

将待测溶液标准物质样品置于 20℃、40℃恒温箱中（模拟运输条件）保存，分别在第 1、3、5、7、9 天进行稳定性监测，测定方法与长期稳定性监测相同，结果如表 3-30～表 3-36 所示，不同温度条件下拟合直线如图 3-33～图 3-39 所示。

表 3-30　混合溶液中恩诺沙星短期稳定性考察结果　单位：mg/L

项目	温度条件（20℃）	温度条件（40℃）
1 天	100.0	99.7
3 天	99.7	99.4
5 天	99.9	99.7
7 天	99.2	99.2
9 天	99.5	99.2
平均值	99.7	99.4
b_1	−0.075	−0.06
b_0	100.035	99.74
s^2	0.0623	0.036
$s(b_1)$	0.0395	0.03
$t_{0.95,n-2}$	3.18	3.18
$t_{0.95,n-2} \cdot s(b_1)$	0.1256	0.0954
结论	$|b_1|<t_{0.95,n-2} \cdot s(b_1)$，稳定	$|b_1|<t_{0.95,n-2} \cdot s(b_1)$，稳定

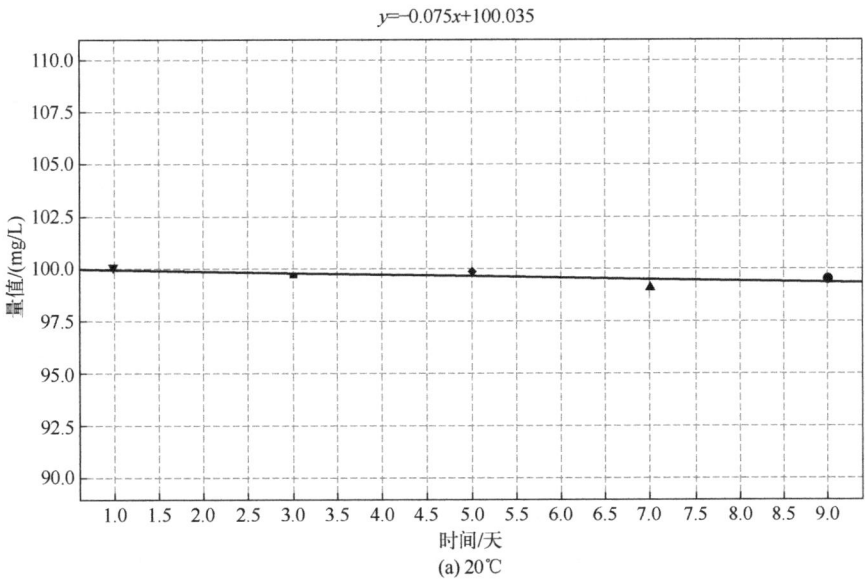

$y=-0.075x+100.035$

(a) 20℃

图 3-33

$$y=-0.06x+99.74$$

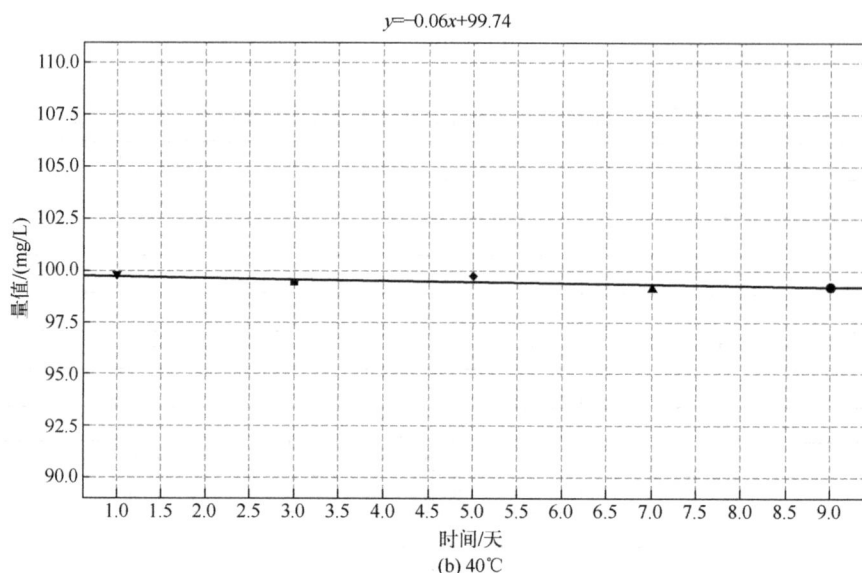

(b) 40℃

图 3-33　混合溶液中恩诺沙星在不同温度条件下短期稳定性监测趋势图

表 3-31　混合溶液中环丙沙星短期稳定性考察结果　单位：mg/L

项目	温度条件（20℃）	温度条件（40℃）
1 天	100.9	100.7
3 天	99.3	99.2
5 天	99.8	99.4
7 天	99.4	94.6
9 天	98.3	92.6
平均值	99.5	97.3
b_1	−0.255	−1.04
b_0	100.815	102.5
s^2	0.3103	1.8987
$s(b_1)$	0.0881	0.2179
$t_{0.95,n-2}$	3.18	3.18
$t_{0.95,n-2} \cdot s(b_1)$	0.2801	0.6929
结论	$|b_1|<t_{0.95,n-2} \cdot s(b_1)$，稳定	$|b_1|>t_{0.95,n-2} \cdot s(b_1)$，不稳定

$y=-0.255x+100.815$

(a) 20℃

$y=-1.04x+102.5$

(b) 40℃

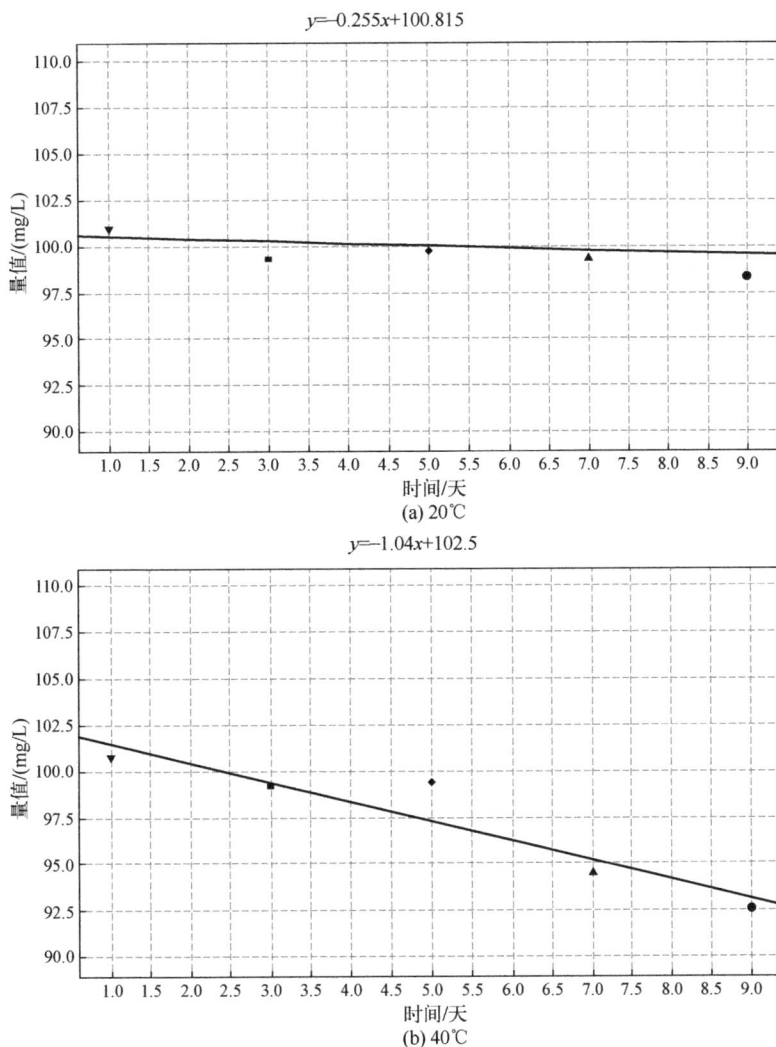

图 3-34　混合溶液中环丙沙星在不同温度条件下短期稳定性监测趋势图

表 3-32　混合溶液中诺氟沙星短期稳定性考察结果　单位：mg/L

项目	温度条件（20℃）	温度条件（40℃）
1 天	100.9	100.7
3 天	101.8	97.9
5 天	100.9	98.7
7 天	100.0	98.6
9 天	100.0	96.7

续表

项目	温度条件（20℃）	温度条件（40℃）
平均值	100.7	98.5
b_1	−0.18	−0.365
b_0	101.62	100.345
s^2	0.324	1.053
$s(b_1)$	0.09	0.1622
$t_{0.95,n-2}$	3.18	3.18
$t_{0.95,n-2} \cdot s(b_1)$	0.2862	0.516
结论	$\|b_1\|<t_{0.95,n-2} \cdot s(b_1)$，稳定	$\|b_1\|<t_{0.95,n-2} \cdot s(b_1)$，稳定

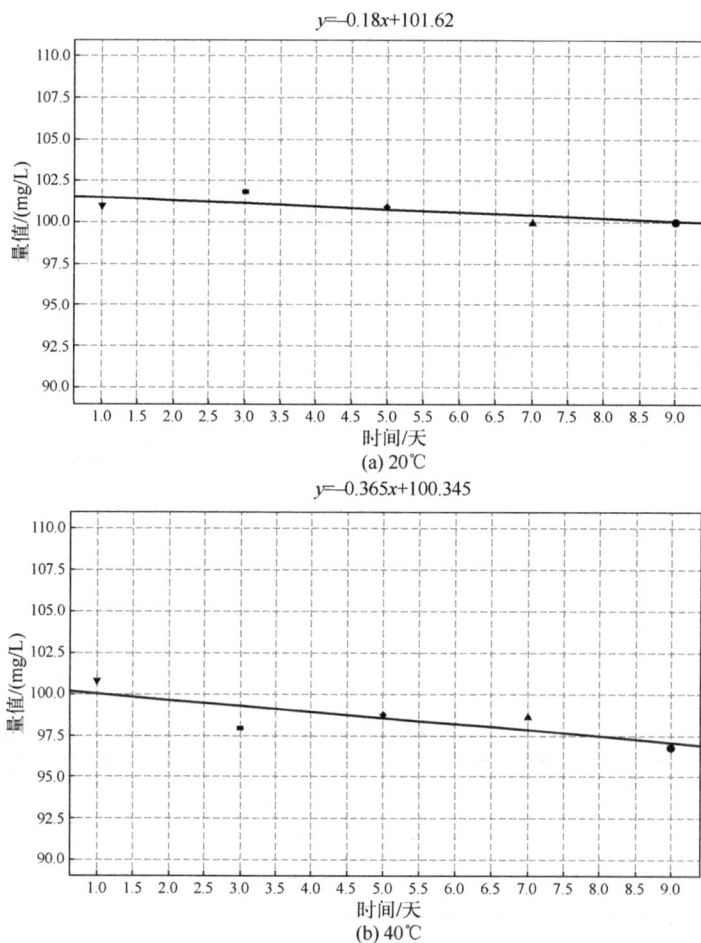

图 3-35　混合溶液中诺氟沙星在不同温度条件下短期稳定性监测趋势图

表 3-33 混合溶液中氟罗沙星短期稳定性考察结果 单位：mg/L

项目	温度条件（20℃）	温度条件（40℃）
1 天	99.4	99.8
3 天	99.5	99.0
5 天	99.3	100.3
7 天	99.9	99.5
9 天	98.8	99.9
平均值	99.4	99.7
b_1	−0.04	0.035
b_0	99.58	99.53
s^2	0.188	0.297
$s(b_1)$	0.0686	0.0862
$t_{0.95,n-2}$	3.18	3.18
$t_{0.95,n-2} \cdot s(b_1)$	0.218	0.274
结论	$\lvert b_1 \rvert < t_{0.95,n-2} \cdot s(b_1)$，稳定	$\lvert b_1 \rvert < t_{0.95,n-2} \cdot s(b_1)$，稳定

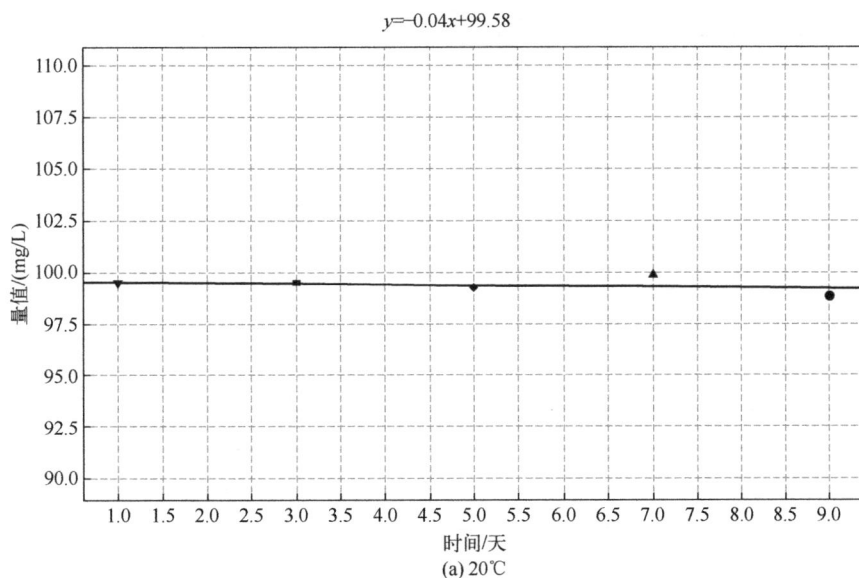

$y=-0.04x+99.58$

(a) 20℃

图 3-36

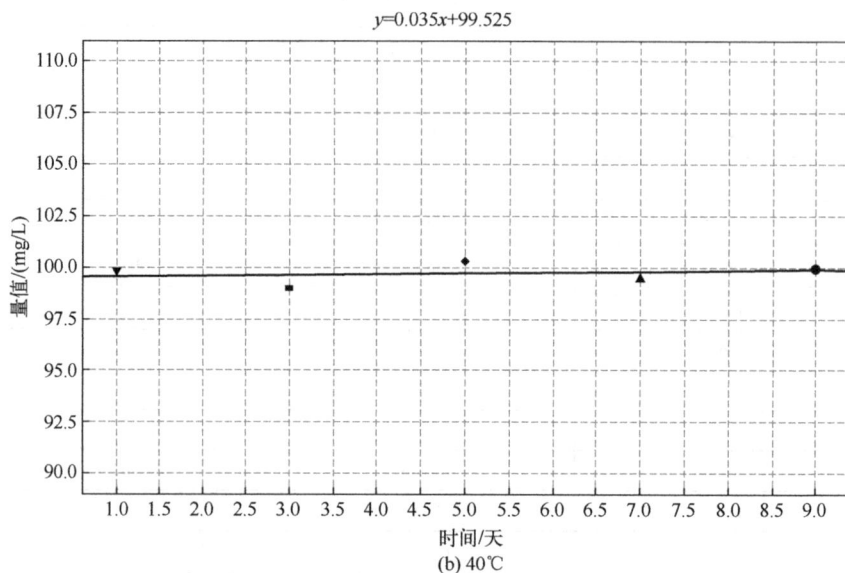

图 3-36 混合溶液中氟罗沙星在不同温度条件下短期稳定性监测趋势图

表 3-34 混合溶液中洛美沙星短期稳定性考察结果 单位：mg/L

项目	温度条件（20℃）	温度条件（40℃）
1 天	99.2	99.7
3 天	99.1	99.0
5 天	98.8	99.1
7 天	99.7	99.9
9 天	98.8	98.6
平均值	99.1	99.3
b_1	−0.01	−0.065
b_0	99.17	99.59
s^2	0.1813	0.321
$s(b_1)$	0.0673	0.0896
$t_{0.95,n-2}$	3.18	3.18
$t_{0.95,n-2} \cdot s(b_1)$	0.2140	0.2849
结论	$|b_1| < t_{0.95,n-2} \cdot s(b_1)$，稳定	$|b_1| < t_{0.95,n-2} \cdot s(b_1)$，稳定

$$y=-0.01x+99.17$$

(a) 20℃

$$y=-0.065x+99.585$$

(b) 40℃

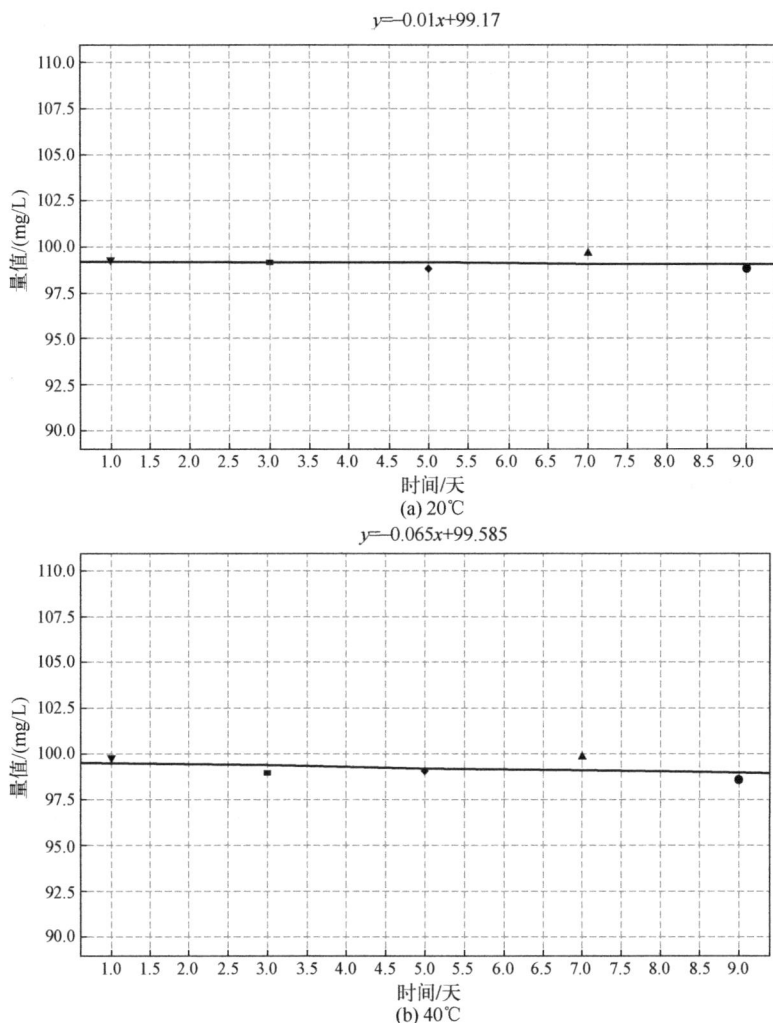

图 3-37　混合溶液中洛美沙星在不同温度条件下短期稳定性监测趋势图

表 3-35　混合溶液中培氟沙星短期稳定性考察结果　单位：mg/L

项目	温度条件（20℃）	温度条件（40℃）
1 天	100.0	101.4
3 天	100.4	100.0
5 天	99.4	100.2
7 天	101.0	101.6
9 天	99.2	98.3
平均值	100.0	100.3

续表

项目	温度条件（20℃）	温度条件（40℃）
b_1	−0.05	−0.23
b_0	100.25	101.45
s^2	0.6867	1.628
$s(b_1)$	0.1310	0.2017
$t_{0.95, n-2}$	3.18	3.18
$t_{0.95, n-2} \cdot s(b_1)$	0.4166	0.6414
结论	$\|b_1\| < t_{0.95, n-2} \cdot s(b_1)$，稳定	$\|b_1\| < t_{0.95, n-2} \cdot s(b_1)$，稳定

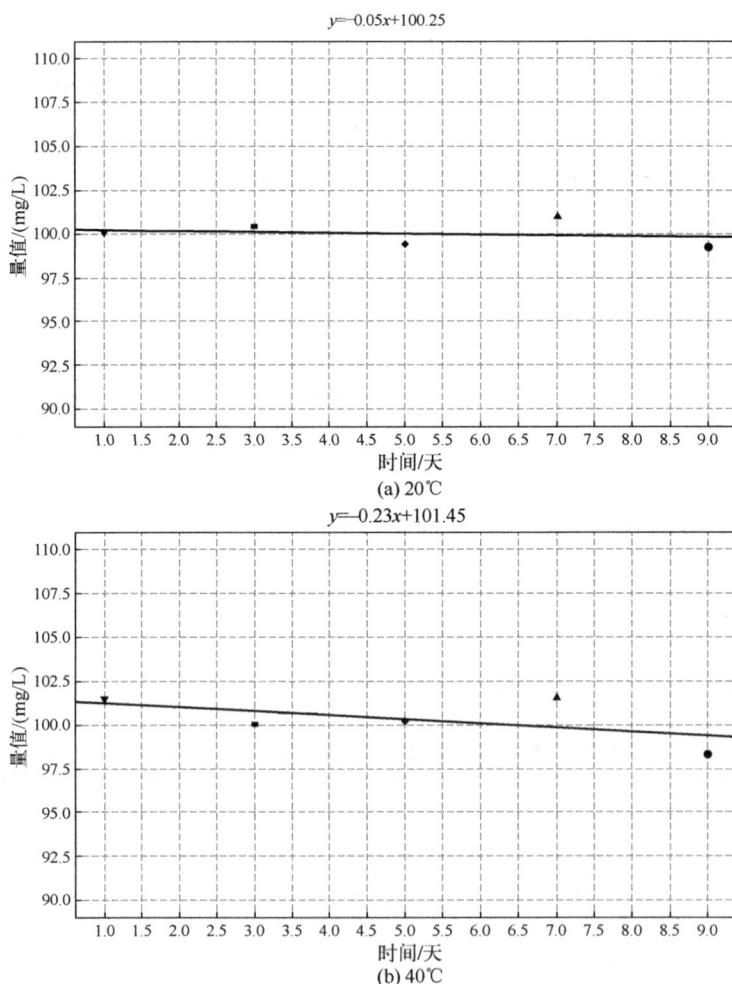

图 3-38　混合溶液中培氟沙星在不同温度条件下短期稳定性监测趋势图

表 3-36　混合溶液中氧氟沙星短期稳定性考察结果　单位：mg/L

项目	温度条件（20℃）	温度条件（40℃）
1 天	100.4	102.3
3 天	100.8	99.4
5 天	99.6	100.6
7 天	100.0	100.0
9 天	99.6	100.6
平均值	100.1	100.6
b_1	−0.12	−0.14
b_0	100.68	101.28
s^2	0.1707	1.3013
$s(b_1)$	0.0653	0.1804
$t_{0.95,n-2}$	3.18	3.18
$t_{0.95,n-2} \cdot s(b_1)$	0.2077	0.5737
结论	$|b_1|<t_{0.95,n-2} \cdot s(b_1)$，稳定	$|b_1|<t_{0.95,n-2} \cdot s(b_1)$，稳定

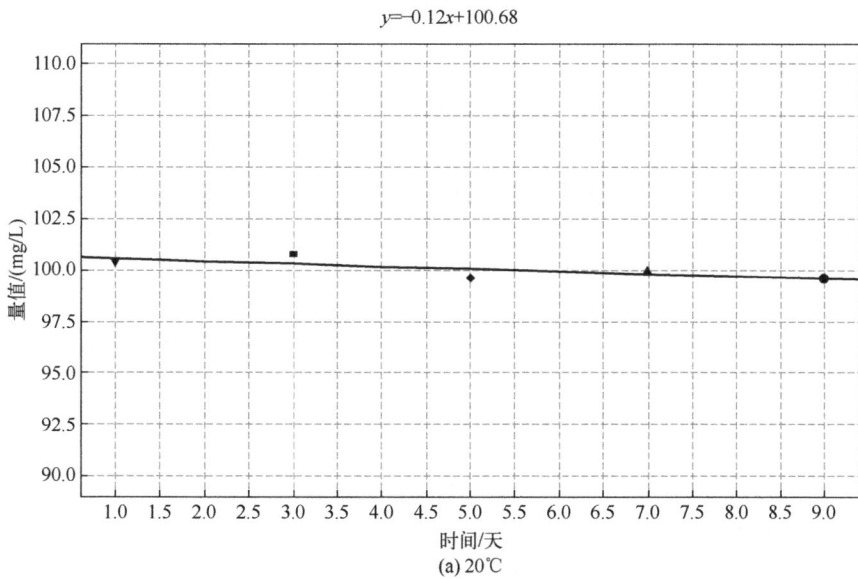

$y=-0.12x+100.68$

(a) 20℃

图 3-39

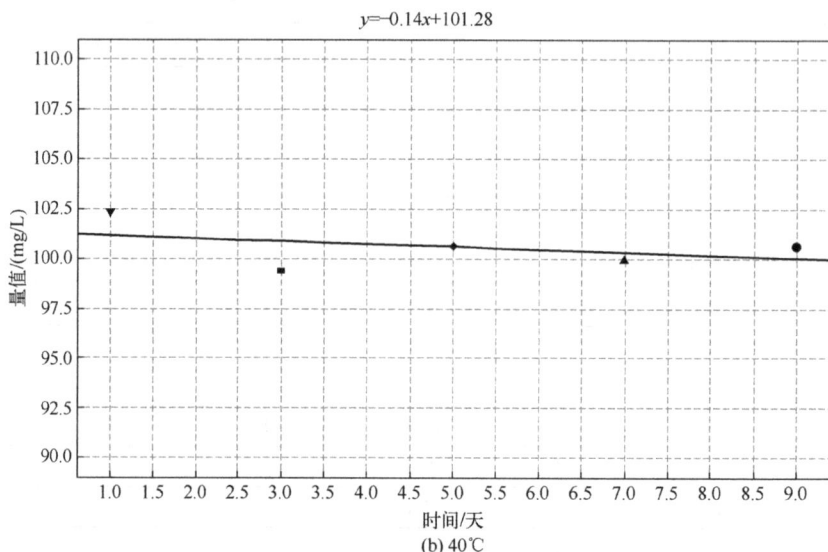

图 3-39　混合溶液中氧氟沙星在不同温度条件下短期稳定性监测趋势图

综上所述，甲醇中 7 种氟喹诺酮类药物混合溶液标准物质 6 个月长期稳定性良好，在 20℃、9 天的运输条件下特性量值均稳定。运输温度超过 40℃，混合溶液中环丙沙星与诺氟沙星会出现量值不稳定现象，因此运输温度需要通过冰袋等方式控制在 20℃以内。

五、甲醇中 7 种氟喹诺酮类药物混合溶液标准物质定值

1. 互为杂质分析

甲醇中 7 种氟喹诺酮类药物混合溶液标准物质候选物制备前，针对互为干扰杂质开展了验证实验。在同一色谱条件下，分别对单标溶液进行分析。采集的色谱图如图 3-40 所示。

结果显示，氟喹诺酮类混合溶液中存在互为杂质的组分，互为杂质组分如表 3-37 所示。

结果表明，恩诺沙星纯度标准物质中有杂质环丙沙星，洛美沙星中有杂质氟罗沙星，存在互为杂质干扰情况。经过计算分析，本实验称量配制时互为杂质对于环丙沙星和氟罗沙星特性量值的贡献分别为 0.055mg 和 0.15mg。

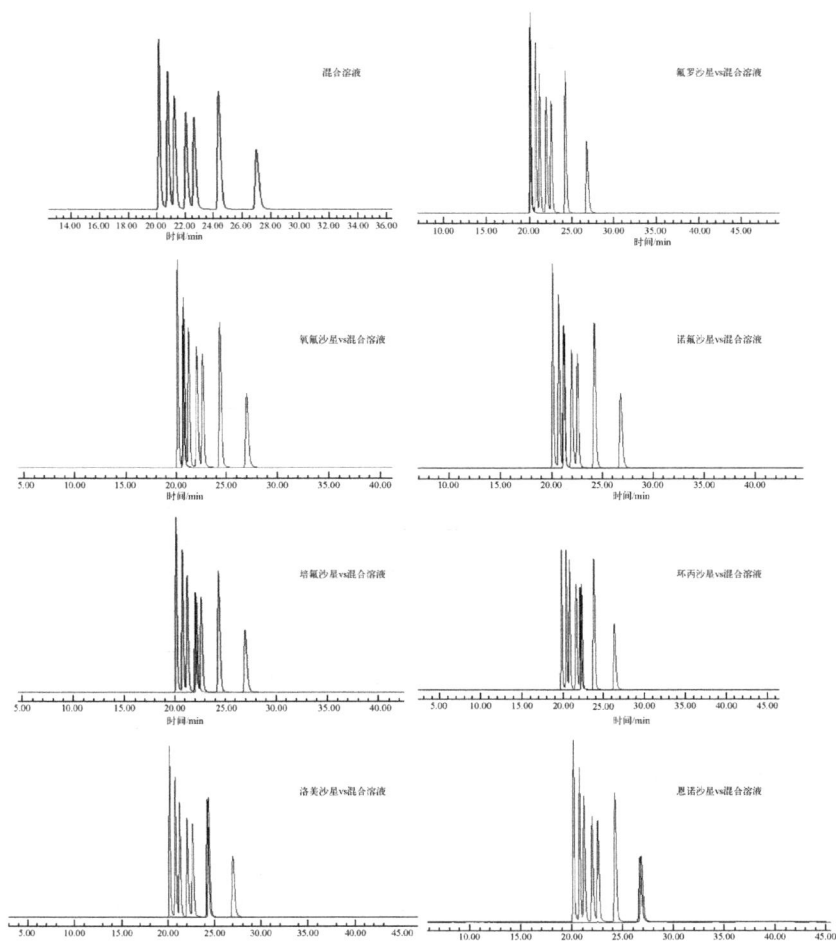

图 3-40　甲醇中 7 种氟喹诺酮类混合溶液互为杂质验证色谱图

表 3-37　互为杂质情况分析

杂质	主成分						
	恩诺沙星	环丙沙星	诺氟沙星	氟罗沙星	洛美沙星	培氟沙星	氧氟沙星
恩诺沙星	—	—	—	—	—	—	—
环丙沙星	√	—	—	—	—	—	—
诺氟沙星	—	—	—	—	—	—	—
氟罗沙星	—	—	—	—	√	—	—
洛美沙星	—	—	—	—	—	—	—
培氟沙星	—	—	—	—	—	—	—
氧氟沙星	—	—	—	—	—	—	—

2. 混合溶液中特性量值结果

甲醇中 7 种氟喹诺酮类药物混合溶液标准物质特性量值采用配制溶液的标准值，配制过程中充分保证涉及的天平、容量瓶等仪器均经过国家计量部门的检定并取得合格证书，同时考虑杂质对配制值的实际影响。具体配制结果见表 3-38。

表 3-38　甲醇中 7 种氟喹诺酮类药物混合溶液配制结果

药物	编号	称量/mg	杂质贡献/mg	定容/mL	证书纯度/%	标准值/(mg/L)
恩诺沙星	GBW(E)090817	50.15	—	500	99.7%±0.4%	100
环丙沙星	GBW(E)090818	50.15	0.055	500	99.7%±0.4%	100
诺氟沙星	GBW(E)090821	50.20	—	500	99.6%±0.4%	100
氟罗沙星	GBW(E)090815	50.10	0.15	500	99.8%±0.4%	100
盐酸洛美沙星	GBW(E)090816	55.55	—	500	99.2%±0.6%	100
甲磺酸培氟沙星	GBW09256	70.05	—	500	92.1%±0.3%	100
氧氟沙星	GBW(E)090822	50.05	—	500	99.9%±0.4%	100

六、不确定度评估

甲醇中 7 种氟喹诺酮类药物混合溶液标准物质的每个特性量值的不确定度包括标准物质的均匀性引入的不确定度、标准物质的稳定性引入的不确定度、溶液的配制过程引入的不确定度等。甲醇中 7 种氟喹诺酮类药物混合溶液标准物质不确定度来源与甲醇中氟苯尼考胺溶液标准物质相同，可参见图 3-18。

以甲醇中 7 种氟喹诺酮类药物混合溶液标准物质中恩诺沙星为例，其不确定度评估过程及结果如下：

1. 均匀性引入的不确定度

根据技术规范要求，采用单因素方差分析法进行均匀性评估。则均匀性的标准偏差可以用以下公式计算：

$$s_H^2 = \frac{s_1^2 - s_2^2}{n}$$

式中，s_H 为均匀性标准偏差；s_1^2 为组间方差；s_2^2 为组内方差；n 为组内测量次数。

在这种情况下，s_H 等同于瓶间不均匀性导致的不确定度分量 u_{bb}，即

$$u_{bb} = s_H = 0.06126$$

所以均匀性引入的相对不确定度为

$$u_{bb,\ rel} = \frac{u_{bb}}{\bar{X}_{bb}} = 0.00061$$

2. 稳定性引入的不确定度

根据表 3-23 的数据，有效期为 6 个月的长期稳定性引入的不确定度 u_{lts} 计算如下：

$$u_{lts} = s(b_1) \cdot t = 0.9126$$

$$u_{lts,\ rel} = \frac{u_{lts}}{\bar{X}_{lts}} = 0.0091$$

环丙沙星与诺氟沙星在 40℃时存在运输不稳定现象，短期稳定性引入的不确定度 u_{sts} 计算只考虑 20℃条件下的不确定度作为短期稳定性的不确定度，根据表 3-30 的数据，因此：

$$u_{sts,\ rel} = u_{sts1,\ rel} = \frac{u_{sts1}}{\bar{X}_{sts}} = 0.0056$$

3. 溶液配制引入的不确定度

以恩诺沙星国家二级纯度标准物质为原料，采用重量-容量法制备浓度约为 100mg/L 的甲醇中恩诺沙星溶液标准物质，浓度计算公式如下：

$$c = \frac{1000mP}{V}$$

式中　c——配制的甲醇中恩诺沙星的浓度，mg/L；

　　　m——称取恩诺沙星的质量，mg；

　　　P——恩诺沙星的纯度，%；

　　　V——配制溶液的体积，mL。

式中各量彼此独立，考虑到其他不确定性因素的影响，溶液制备引入的不确定度计算公式如下：

$$\frac{u(c)}{c} = \sqrt{\left[\frac{u(P)}{P}\right]^2 + \left[\frac{u(m)}{m}\right]^2 + \left[\frac{u(V)}{V}\right]^2}$$

（1）恩诺沙星纯度引入的不确定度　恩诺沙星国家二级标准物质的纯度及其不确定度为 99.7% ± 0.4%（$k=2$），因此纯度引入的标准不确定度为 0.2%。

（2）质量 m 的不确定度　称量质量 $m=50.15$mg 的不确定度来自两个方面：一是称量的变动性，根据相同条件称量历史记载，变动性的标准偏差为 0.04mg；二是天平校正产生的不确定度，按照检定证书给出的为 ±0.05mg，假设正态分布，则换算成标准偏差为 0.05mg/1.96=0.026mg。

$$u(m) = \sqrt{0.04^2 + 0.026^2} = 0.048\text{mg}$$

$$\frac{u_c(m)}{m} = \frac{0.047}{50.15} = 0.00095$$

（3）体积 V 的不确定度　使用 500mL 的容量瓶配制 500mL 的溶液。容量瓶中的溶液体积主要有三个不确定度来源。

① 容量瓶误差产生的不确定度：所用容量瓶的检定结果显示，最大容量允许误差为±0.25mL，容量瓶的体积误差产生的不确定度假设为三角形分布，则转化成标准偏差 0.25mL/$\sqrt{6}$ =0.10mL。

② 充满容量瓶至刻度的随机变化产生的不确定度：通过反复充满容量瓶进行称量，反复充满 10 次得出的标准偏差为 0.09mL。

③ 溶剂体积随温度变化产生的不确定度：由于本方法中恩诺沙星浓度由所加入甲醇体积计算，所以需要考虑温度对甲醇体积的影响引入的不确定度。实验温度控制在 20℃±2℃，甲醇膨胀系数 0.00119℃$^{-1}$，产生的体积变化 500mL×2℃×0.00119℃$^{-1}$=1.19mL，温度变化按照均匀分布转化为标准偏差 1.19mL/$\sqrt{3}$ =0.69mL。

将上述三部分合成得到体积的标准不确定度：

$$u(V) = \sqrt{0.10^2 + 0.09^2 + 0.69^2} = 0.70\text{mL}$$

$$\frac{u(V)}{V} = \frac{0.70}{500} = 0.0014$$

（4）溶液配制引入的合成不确定度

$$u_{\text{char,rel}} = \frac{u(c)}{c} = \sqrt{\left[\frac{u(P)}{P}\right]^2 + \left[\frac{u(m)}{m}\right]^2 + \left[\frac{u(V)}{V}\right]^2}$$
$$= \sqrt{0.002^2 + 0.00095^2 + 0.0014^2}$$
$$= 0.0026$$

4. 标准物质的合成及扩展不确定度

标准物质的合成不确定度计算公式如下：

$$u_{\text{c,rel}} = \sqrt{u_{\text{char,rel}}^2 + u_{\text{bb,rel}}^2 + u_{\text{lts,rel}}^2 + u_{\text{sts,rel}}^2}$$
$$= \sqrt{0.0026^2 + 0.00061^2 + 0.0091^2 + 0.0056^2}$$
$$= 0.0110$$

$$u_{\text{c}} = c \cdot u_{\text{c,rel}} = 1.10\text{mg}/\text{L}$$

扩展不确定度为：$U_{\text{CRM}} = k \times u_{\text{c}} = 2.2\text{mg}/\text{L} \approx 3\text{mg}/\text{L}$（$k=2$）。

同理可得，甲醇中 7 种氟喹诺酮类药物混合溶液中各特性量值不确定度评估结果如表 3-39 所示。

表 3-39　甲醇中 7 种氟喹诺酮类药物混合溶液不确定评估结果

药物	$u_{\text{bb,rel}}$	$u_{\text{lts,rel}}$	$u_{\text{sts,rel}}$	$u_{\text{char,rel}}$	$u_{\text{c,rel}}$	U_{CRM}
恩诺沙星	0.00061	0.0091	0.0056	0.0026	0.0110	3mg/L
环丙沙星	0.0010	0.0015	0.0080	0.0026	0.0086	2mg/L
诺氟沙星	0.0010	0.0049	0.0081	0.0026	0.0099	2mg/L
氟罗沙星	0.0023	0.0038	0.0062	0.0026	0.0081	2mg/L
洛美沙星	0.0009	0.0053	0.0061	0.0034	0.0088	2mg/L
培氟沙星	0.0015	0.0041	0.0119	0.0056	0.0138	3mg/L
氧氟沙星	0.0003	0.0011	0.0059	0.0026	0.0066	2mg/L

5. 结果表达

综上所述，甲醇中 7 种氟喹诺酮类药物混合溶液标准物质的特性量值及其不确定度如表 3-40 所示。

表 3-40　甲醇中 7 种氟喹诺酮类药物混合溶液标准物质特性量值及其不确定度

药物	质量浓度/(mg/L)	不确定度/(mg/L)（k=2）
恩诺沙星	100	3
环丙沙星	100	2
诺氟沙星	100	2
氟罗沙星	100	2
洛美沙星	100	2
培氟沙星	100	3
氧氟沙星	100	2

目前，本节所述甲醇中 7 种氟喹诺酮类药物混合溶液标准物质，已完成 6 个月长期稳定性监测，样品性质稳定、特性量值准确可靠。为充分保证标准物质量值的准确可靠，需继续跟踪监测甲醇中 7 种氟喹诺酮类药物混合溶液标准物质的稳定性。

第四章

有机基体标准物质研制实例

▲▲▲▲▲▲▲

有机基体标准物质（organic matrix certified reference material）是指以天然或人工合成的有机物质（如食品、生物组织、环境样品等）为基质，其中含有一种或多种目标分析物，且其含量经过准确定值的标准物质。这类标准物质的基质组成接近实际检测样品，能够模拟真实分析条件，主要用于复杂基体样品中目标物的定量分析和质量控制。其物理、化学性质与实际样品高度相似，可反映真实分析环境。特性成分（如农药残留、重金属、毒素等）的浓度经过严格定值，并附带不确定度。定值结果可追溯至SI单位或国际/国家计量标准。复杂基体标准物质一般难以满足两种不同原理方法同时定值，通常采用一种绝对测量方法——同位素稀释质谱法（IDMS），多家实验室联合定值的方式。

本章重点以鸡蛋液中恩诺沙星、环丙沙星药物残留分析，对虾肉粉中氟苯尼考药物残留分析基体标准物质为例，从基体标准物质原料获得、候选物制备、定值、均匀性和稳定性评估，以及不确定度评定等方面，对基体国家有证标准物质的研制过程进行介绍。

第一节
鸡蛋液中恩诺沙星、环丙沙星药物
残留分析标准物质研制实例

恩诺沙星、环丙沙星属于氟喹诺酮类广谱抗菌药物，其在畜禽等养殖中不规范使用会增加耐药性、危害人体健康以及给公共卫生安全带来威胁。因此，2002年农业部颁布的235号公告中，特别强调产蛋鸡禁用和肉鸡限用，并配套了相关的检测标准，恩诺沙星、环丙沙星作为兽药残留监控计划中重要的监控参数，已列入全国及地方范围内水产、畜禽等例行监测、专项监测计划中。但近年来畜禽产品监测结果显示，鸡、鸭等我国大宗禽产品中恩诺沙星、环丙沙星等仍持续有一定程度检出。因此，恩诺沙星、环丙沙星也成为当前我国禽产品质量安全药物残留监控的重点。为确保监测结果的准确可靠，有效支撑政府监管工作，启动了鸡蛋液、鸡肉粉中恩诺沙星、环丙沙星残留分析基体标准物质研制工作。

本标准物质样品制备方法是：对蛋鸡通过口服连续给药 5 天，采集从给药的第 1 天至给药结束后的第 9 天，即 14 天内的鸡蛋，分析其残留消除规律。针对符合浓度水平要求的鸡蛋样品原料，通过蛋液混合、均质、封装、辐照灭菌、超低温保存等制备工艺，进而获得鸡蛋液基体标准物质候选物。同时，建立了基于分散固相萃取结合高灵敏度液相色谱-三重四极杆质谱联用，以同位素标记恩诺沙星、环丙沙星为内标的鸡蛋液中恩诺沙星、环丙沙星残留分析高准确度定值方法。标准物质定值采用了 8 家实验室联合定值方法，获得定值结果如下：鸡蛋液中恩诺沙星残留分析标准物质的特性量值及其扩展不确定度（$k=2$）为 30.6μg/kg±3.1μg/kg；鸡蛋液中环丙沙星残留分析标准物质的特性量值及其扩展不确定度（$k=2$）为 39.7μg/kg±5.2μg/kg。

一、概述

1. 研究目的

近年来，畜禽产品中氟喹诺酮类药物的监测，在农业农村部畜禽产品例行监测、专项监测中均是重点。恩诺沙星、环丙沙星系列标准物质的研制对于确保该类参数检测结果的准确可靠和可溯源性，支撑国家和各地有关畜禽产品中恩诺沙星、环丙沙星等药物残留监测计划的有效实施，以便有力打击畜禽产品中恩诺沙星、环丙沙星违规使用行为具有重要意义。

2. 国内外现状

经国家标准物质信息服务平台和国外相关检测机构查询，未查询到鸡蛋液中恩诺沙星、环丙沙星基体标准物质。国内未查询到鸡肉冻干粉中恩诺沙星、环丙沙星基体标准物质。韩国有 Chicken meat powder for the analysis of enrofloxacin（No.108-03-003，19.06±0.86mg/kg）；Chicken meat powder for the analysis of ciprofloxacin（No.108-03-004，1.095±0.038mg/kg）。研制单位于 2015 年陆续启动了用于恩诺沙星、环丙沙星分析的纯度、溶液和基体（鸡肉粉、鸡蛋液）的系列标准物质研制工作，其中恩诺沙星纯度标准物质［GBW(E)090817］、环丙沙星纯度标准物质［GBW(E)090818］、甲醇中恩诺沙星溶液标准物质［GBW(E)082560］，以及甲醇中环丙沙星溶液标准物质［GBW(E)083126］均已成功研制并获得了国家有证标准物质证书。

经过文献及信息检索，鸡蛋基体相关标准物质主要有苏丹红Ⅰ、苏丹红Ⅱ、苏丹红Ⅲ、苏丹红Ⅳ残留蛋粉基体标准物质。美国国家标准与技术研究院（NIST）研制的鸡蛋基体标准物质（SRM 1845、SRM 8415、SRM 8445），分别为鸡蛋中胆固醇、组成成分和过敏蛋白标准物质。西班牙的Jiménez等通过空白添加、冻干、磨粉、过筛等原料制备方式，研制了鸡蛋粉中喹诺酮类（诺氟沙星、环丙沙星、单诺沙星、恩诺沙星、沙拉沙星、双氟沙星、噁喹酸和氟甲喹）药物残留分析质量控制标准物质，但不属于有证标准物质。上述基体标准物质或质控品均为冻干粉，鸡蛋液形态的基体标准物质尚未见报道。

3. 预期目标与应用前景

预期制备一批鸡蛋液中恩诺沙星、环丙沙星药物残留分析基体标准物质，恩诺沙星、环丙沙星的浓度范围控制在 30～50μg/kg，不少于 500 个包装单元，每个包装单元不少于 15g；制备一批鸡肉粉中恩诺沙星、环丙沙星残留分析基体标准物质，恩诺沙星、环丙沙星的浓度范围控制在 0.3～0.5mg/kg，不少于 500 个包装单元，每个包装单元不少于 4g。

上述标准物质可用于食品、农业、商检等领域中恩诺沙星、环丙沙星残留检测，以及测量质量控制、分析仪器校准、分析方法确认与评估等，为国家和各地畜禽产品质量安全和风险监管提供有效技术支撑，保障畜禽产品中恩诺沙星、环丙沙星监测工作的有效实施及对禁用药物违规使用行为进行依法打击。

二、候选物选择与制备

1. 候选物选择

（1）选择原则　基体标准物质作为方法评价和质量控制的有效手段，具有与实际样品基质组成、结构、性质等一样或相近的特性。同时，还要保证基体标准物质候选物具有代表性，特性成分含量满足实际检测的需求。

　　我国是禽蛋生产大国，禽蛋产量自 1985 年至今常年连续位居世界第一。由于长期的饮食和消费习惯，禽蛋作为蛋白质重要来源也是我国消费的重要畜产品。目前禽类产品大多采用集约化规模养殖模式，养殖密度大，但标准化管理水平较差，导致禽病情况相对比较严重。养殖企业和养殖户为了防病和治病需要，常常有意或无意添加使用一些禁用药物，其中禁用抗病毒和抗菌药物是两类常见违法添加的药物。农业农村部农产品质量安全监测结果表明，禽产品中氟喹诺酮类药物检出问题突出，尤其是禽蛋产品检出严重。

　　恩诺沙星、环丙沙星等药物是农业部 235 号公告中明令禁止在蛋鸡生产中使用的抗菌类药物。然而，此药物在我国畜禽养殖中长期"禁而不止"。因此，其作为重要监测参数，已列入我国农业农村部例行监测、专项监测等监测计划中。鸡蛋中氟喹诺酮类药物残留量的测定方法，相关研究报道较多，同时我国也出台了相关行业标准。原农业部 781 号公告-6-2006《鸡蛋中氟喹诺酮类药物残留量的测定　高效液相色谱法》，以及农业农村部农产品质量标准研究中心负责制定的例行监测 SOP《鸡蛋中氟喹诺酮类药物残留量的测定　液相色谱-串联质谱法》（未发布），其中规定在鸡蛋中恩诺沙星、环丙沙星药物残留的检出限分别为 2μg/kg（高效液相色谱-串联质谱法）和 10μg/kg（高效液相色谱法）。根据 2011—2016 年的全国禽产品中药物残留监测计划的数据显示，在被检出的鸡蛋阳性样品中，恩诺沙星、环丙沙星药物残留浓度主要集中在 15～100μg/kg 范围内（极少超过 100μg/kg）。为保证所研制的基体标准物质具有较好适用性，能够很好地满足实际检测过程中方法确认与质量控制的需要，蛋液基体原料制备过程中目标成分恩诺沙星、环丙沙星的含量应控制在 30～50μg/kg 范围内。

　　（2）制备方案　为获得满足成分量值要求的鸡蛋液中恩诺沙星、环丙沙星残留分析基体标准物质原料，首先通过检索恩诺沙星、环丙沙星在鸡蛋中的代谢规律相关文献，确定给药饲喂的方案，其次分别开展恩诺沙星和环丙沙星在鸡蛋中的代谢消除规律，进而为原料蛋样采集提供参考依据，最后采集蛋样经过混合、均质、封装、辐照、超低温冷冻等技术工艺，获得该基体标准物质候选物。具体制备技术路线如图 4-1 所示。

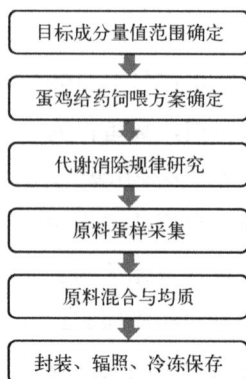

图 4-1 鸡蛋液中恩诺沙星、环丙沙星残留分析基体标准物质原料制备流程

2. 候选物制备

（1）代谢消除规律实验

由于药物在动物体内代谢具有一定的规律性和复杂性，为保证蛋液基体标准物质原料能够最大程度地与实际样品一致或相近，鸡蛋液中恩诺沙星、环丙沙星药物残留基体标准物质原料的获得将采用蛋鸡饲喂给药的方式，进而获得药物阳性鸡蛋蛋液原料。为保证所获得原料满足目标浓度的要求，根据相关文献报道，开展了鸡蛋液中恩诺沙星、环丙沙星药物残留规律代谢消除研究。实验中，选取 200 只蛋鸡，分为 A、B 两组（A 组饲喂恩诺沙星，B 组饲喂环丙沙星），为了尽量减少个体之间代谢差异，采用口服给药的方式，连续给药 5 天，每天一次，通过胶囊喂服恩诺沙星或环丙沙星粉末，5mg/天，采集从给药的第一天至给药结束后的第 9 天，共计 14 天内的产蛋，并对每天获得的鸡蛋分别从 A、B 两组中各随机抽取 3 个样，分别测定其中的恩诺沙星和环丙沙星的含量，结果如表 4-1 所示。

表 4-1 不同天数鸡蛋液中恩诺沙星（A 组）、环丙沙星（B 组）含量

代谢时间/天	恩诺沙星		环丙沙星	
	含量/(μg/kg)	SD/(μg/kg)	含量/(μg/kg)	SD/(μg/kg)
1	0.58	0.06	0.00	0.00
2	467.46	12.45	31.92	1.65
3	530.90	72.17	39.61	1.97
4	504.26	65.14	35.88	0.66
5	494.33	12.78	44.04	3.41

续表

代谢时间/天	恩诺沙星		环丙沙星	
	含量/(μg/kg)	SD/(μg/kg)	含量/(μg/kg)	SD/(μg/kg)
6	170.01	6.49	26.96	0.81
7	120.07	12.11	35.36	4.64
8	72.99	2.14	17.12	0.13
9	48.25	1.67	14.17	0.98
10	16.25	1.15	5.23	1.39
11	9.20	1.41	1.47	1.20
12	0.96	0.28	0.85	1.51
13	1.22	0.48	0.71	0.01
14	0.59	0.16	1.55	1.72

根据测定结果作药物代谢消除规律图，如图 4-2 所示。分别连续给药 5 天，鸡蛋液中恩诺沙星峰值出现在第 3 天，而环丙沙星峰值出现在第 5 天，两种药物在第 12 天基本代谢完全。

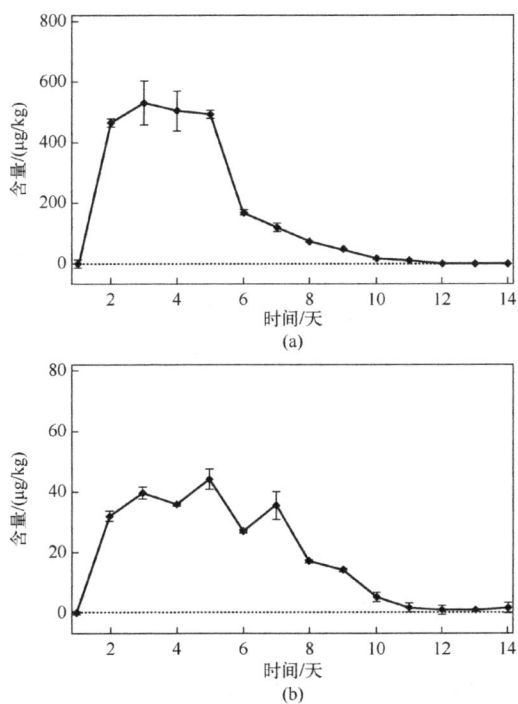

图 4-2 鸡蛋液中恩诺沙星（a）和环丙沙星（b）残留代谢规律图

（2）制备方法

基体标准物质原料中恩诺沙星、环丙沙星药物残留的目标含量应控制在 30～50μg/kg 范围内。因此，根据代谢规律研究的结果，针对鸡蛋液中恩诺沙星药物残留基体标准物质原料，采集给药饲喂第 8、9、10 天的恩诺沙星鸡蛋阳性样品；鸡蛋液中环丙沙星药物残留基体标准物质原料，采集给药饲喂第 5、6、7 天的环丙沙星鸡蛋阳性样品。最终，获得符合浓度要求的鸡蛋各约 200 枚，作为两种药物成分基体标准物质的候选物。

（3）样品制备

① 原料制备　采集符合浓度水平要求的鸡蛋分为 A 组恩诺沙星、B 组环丙沙星。去除蛋壳后将蛋清与蛋黄倒入 200mL 容器中，采用市售电动打蛋器高速搅拌 5 秒，初步将蛋液打散后转移至 10L 不锈钢容器中，待蛋液全部打散收集完全后加盖密封于冷藏条件下短暂保存后，开展下一步原料的加工与制备实验。最终，获得两种基体标准物质鸡蛋液原料各约 10kg。

② 原料混匀　鸡蛋是较为复杂的基体，由蛋黄与蛋清组成，富含磷脂、蛋白等，因此在基体标准物质原料制备过程中，保证鸡蛋液原料的均匀性非常关键。为了考察蛋液基体标准物质的制备工艺，以及不同均质时间对蛋液中恩诺沙星、环丙沙星空间分布均匀性的影响。实验考察了 120 分钟的均质时间内对于鸡蛋液标准物质原料中恩诺沙星量值均匀性的影响。模拟过程如下：取鲜鸡蛋约 1kg（空白样品），用电动打蛋器初步混匀后，加入适量恩诺沙星标准溶液，得到浓度约为 20μg/kg 的恩诺沙星鸡蛋阳性样品。样品的均质采用较为温和的磁力搅拌方式，并在混匀起始过程的第 5min、15min、30min、60min、90min、120min 6 个时间点平行取样 3 次测定结果，环丙沙星均质时间的考察方法与恩诺沙星相同。结果如图 4-3 所示，搅拌混匀时间小于 60min 时，鸡蛋液中恩诺沙星、环丙沙星测定结果波动较大，而当混匀时间超过 60min，测定结果趋于稳定。因此，在鸡蛋液基体标准物质原料制备时，搅拌混匀时间至少需要 60min，进而保证样品原料的均匀性。

参考上述混匀制备工艺，分别对 10kg 给药饲喂方式获得的鸡蛋中恩诺沙星、环丙沙星阳性样品进行了均质时间考察放大实验，分别在混匀过

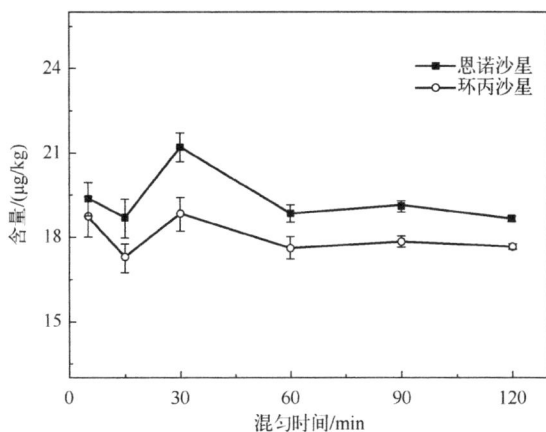

图 4-3 混匀时间考察预实验（空白添加）结果图

程的第 10min、20min、30min、40min、50min、60min 随机平行取样，平行测定 3 次，测定结果如表 4-2 所示。

表 4-2 鸡蛋液基本标准物质原料混匀时间考察结果

时间 /min	恩诺沙星	含量 /(μg/kg)	平均值 /(μg/kg)	标准偏差 /(μg/kg)	环丙沙星	含量 /(μg/kg)	平均值 /(μg/kg)	标准偏差 /(μg/kg)
10	E10-1	34.79	35.17	4.96	C10-1	46.00	44.35	2.64
	E10-2	40.32			C10-2	45.76		
	E10-3	30.41			C10-3	41.30		
20	E20-1	32.17	31.83	2.18	C20-1	41.59	42.98	3.25
	E20-2	33.82			C20-2	46.70		
	E20-3	29.49			C20-3	40.66		
30	E30-1	31.49	33.63	2.29	C30-1	43.30	40.39	2.55
	E30-2	36.04			C30-2	38.54		
	E30-3	33.35			C30-3	39.33		
40	E40-1	31.96	32.52	1.06	C40-1	41.93	41.20	1.39
	E40-2	33.75			C40-2	42.08		
	E40-3	31.86			C40-3	39.60		
50	E50-1	32.69	32.12	0.59	C50-1	40.21	40.72	0.65
	E50-2	31.52			C50-2	40.49		
	E50-3	32.15			C50-3	41.45		
60	E60-1	31.68	31.93	0.40	C60-1	41.39	41.02	0.47
	E60-2	31.71			C60-2	41.17		
	E60-3	32.40			C60-3	40.49		

　　如图 4-4 所示，对于给药饲喂获得的标准物质原料，搅拌均质前半小时取样测定的结果波动性较大，而且平行测定的标准偏差也较大，说明均质不够充分造成了药物成分的空间分布不均匀。搅拌均质 40min 后，测定结果基本趋于平稳，而且平行测定结果的标准偏差逐渐减小，恩诺沙星与环丙沙星基体原料呈现相同的规律。

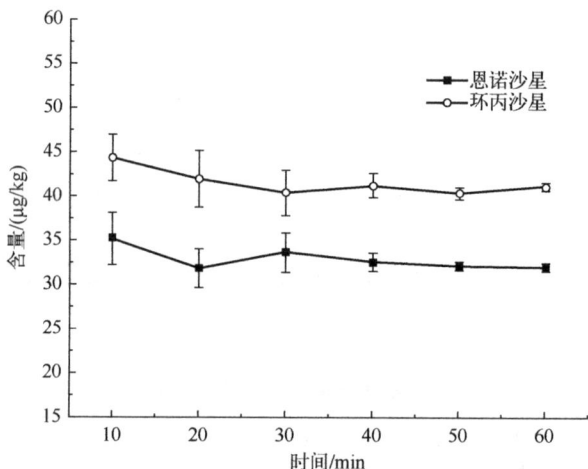

图 4-4　鸡蛋液混匀时间考察结果图

　　综上结果显示，给药饲喂鸡蛋液中恩诺沙星、环丙沙星残留分析基体标准物质原料均质时间保证在 40min 以上，能够满足均质要求。模拟预实验（空白添加）中混匀时间 60min 以上才能够达到均质要求，分析其原因可能是给药饲喂方式获得的蛋液原料更容易均质。因此，本研究中为了保证蛋液充分均质混匀，均质时间确定为 60min。

3. 封装与保存

　　蛋液静置时间过久，沉降作用会造成上下不均匀性。因为蛋液封装存在一定的时间周期，为防止沉降作用造成原料不均匀，采用搅拌封装的方式。同时，封装在室温条件下进行，为充分保证蛋液新鲜，采取冰浴控温。为了保证标准物质的长期稳定，防止变质及目标物质的分解、氧化等，采用 20mL 棕色安瓿瓶熔封分装。封装前，每个安瓿瓶均经过酸泡、二次水冲洗、高纯水淋洗等清洗步骤，并在 65℃下烘干，冷却到常温备用。封装时，安瓿瓶充氮气后迅速加入混匀好的蛋液并立刻熔封，每个包装单元按照每瓶 15g 蛋液封装，两种标准物质候选物分别封装了 500 瓶，如图 4-5 所示。

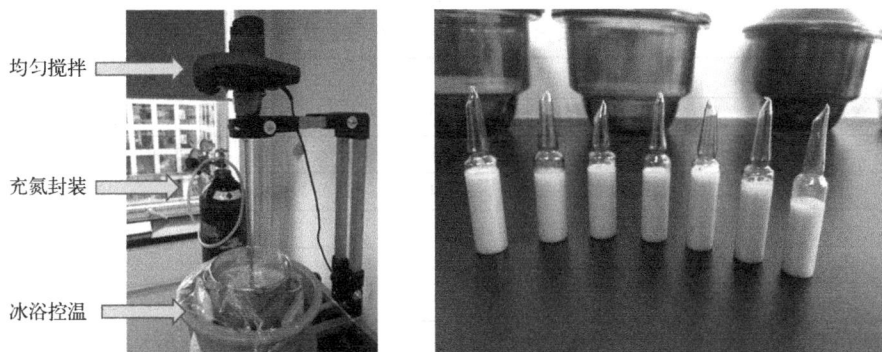

图 4-5 鸡蛋液标准物质封装与保存

针对分装好的标准物质候选物，为防止细菌对标准物质原料的破坏，实验采用辐照灭菌处理，即利用放射性 γ 射线杀灭样品中的病原微生物和其他腐败微生物，从而达到长期保存的目的。辐照实验由北京鸿仪四方辐射技术股份公司实验室提供，产品吸收剂量约为 5.87kGy。辐照后-80℃低温冷冻保存。

三、均匀性检验

1. 检验方案

根据《一级标准物质技术规范》（JJF 1006—1994）的要求对标准物质进行均匀性检验。记总体单元数为 N，当 $200 < N \leqslant 500$ 时，抽样单元数不少于 15 个。因此，本研究按照整个封装过程的前、中、后随机抽取 15 个包装单元，随机抽取的样品从 1 到 15 编号，每个随机抽取的单元再平行取 3 个子样，记录编号为 1-1、1-2、1-3，2-1、2-2、2-3，…，15-1、15-2、15-3。均匀性检验采用液相色谱-同位素稀释质谱法（具体方法参数见标准物质定值部分），结果采用方差分析法进行统计分析，通过比较 F 检验值与 F 临界值的大小来判定。

2. 检验结果与统计分析

鸡蛋液中恩诺沙星残留成分特性量值均匀性检验测定结果及数据统计分析结果见表 4-3。

表 4-3　鸡蛋液中恩诺沙星残留成分基体标准物质的均匀性检验结果　单位：μg/kg

项目	1	2	3	平均值
1	32.17	32.04	32.23	32.15
2	30.60	32.18	31.94	31.57
3	30.78	31.47	29.83	30.69
4	31.96	32.66	29.52	31.38
5	31.07	31.78	31.46	31.44
6	29.82	29.69	30.89	30.13
7	30.30	32.31	30.84	31.15
8	32.91	31.19	29.43	31.18
9	30.63	32.34	31.76	31.58
10	29.48	31.11	31.21	30.60
11	30.19	30.02	30.83	30.35
12	31.25	31.09	31.13	31.16
13	33.73	32.58	32.38	32.90
14	31.93	30.74	30.67	31.11
15	31.21	31.08	30.99	31.09
总平均值	31.23			
总标准偏差	0.99			
s_1^2	1.4220			
s_2^2	0.7822			
F	1.82			
$F_{0.05}$ (14,30)	2.04			
结论	$F<F_{0.05}$ (14,30)，原料样品均匀			

鸡蛋液中环丙沙星残留成分特性量值均匀性检验测定结果及数据统计分析结果见表 4-4。

上述实验数据表明，鸡蛋液中恩诺沙星、环丙沙星特性量值均通过 F 检验，表明基体标准物质均匀性良好，满足技术规范要求。此外，均匀性检验时的取样量为 1g，而农业部 781 号公告以及监测 SOP 方法中规定的取样量最少为 2g，因此两个基体标准物质均采用 1g 作为最小取样量。

表 4-4 鸡蛋液中环丙沙星残留成分基体标准物质的均匀性检验结果　单位：μg/kg

项目	1	2	3	平均值
1	39.42	40.89	43.02	41.11
2	42.89	41.07	41.47	41.81
3	42.30	42.85	42.26	42.47
4	41.98	40.82	41.21	41.34
5	40.98	41.26	41.04	41.09
6	41.62	42.93	43.00	42.52
7	42.34	42.73	40.43	41.83
8	42.34	39.73	40.43	40.83
9	41.62	39.53	41.35	40.83
10	39.45	38.77	40.01	39.41
11	42.80	41.75	41.95	42.17
12	42.53	42.80	40.15	41.83
13	40.72	42.31	42.99	42.01
14	41.48	39.49	39.64	40.20
15	40.52	42.45	42.72	41.90
总平均	41.42			
总标准偏差	1.21			
s_1^2	2.2153			
s_2^2	1.1171			
F	1.98			
$F_{0.05}$ (14,30)	2.04			
结论	$F<F_{0.05}$ (14,30)，原料样品均匀			

3. 基质均匀性检验

基体标准物质为鸡蛋液，原料制备过程中混匀均质，是否能够同时保证基质组成的充分均质，需要进一步考察。由于蛋白质是鸡蛋液基质的主要基体组成之一，为了考察标准物质基质均匀性，本实验随机抽取了 4 支鸡蛋液基体标准物质，每个样品平行分取 3 个子样，以鸡蛋液中蛋白质总含量为测定目标，采用凯氏定氮法测量。实验过程如下：称取 1g 鸡蛋液样品，记录质量，向蛋液中加 2mL 乙腈，混匀后 5000r/min 下离心 5min。弃去上清液，称量固体试样并转移至消化管中，再加入 0.4g 硫酸铜、6g 硫酸钾及 20mL 硫酸于消化炉中进行消化。当消化炉温度达到 380℃后，继续消化 1h，此时消化管中的液体呈绿色透明状，取出冷却后加 50mL 水，于自动凯氏定氮仪上实现自动加液、蒸馏、滴定和记录滴定数据的过程，结果如表 4-5 所示。经过 F 检验可知，F 计算值小于 F 临界值，说明以蛋白质表征基质均匀性通过了 F 检验。基体标准物质均质混匀过程，既保证了特性量值的均匀性，同时也能保证基质组成的均匀性。

表 4-5 鸡蛋液中基质均匀性检验结果

项目	1	2	3	平均值
1	34.07%	35.71%	32.69%	34.16%
2	35.20%	32.75%	34.50%	34.15%
3	36.24%	34.99%	29.79%	33.67%
4	34.21%	31.25%	30.22%	31.89%
总平均	33.47%			
总标准偏差	0.02			
F	4.06			
组间方差	0.002017			
组内方差	0.000497			
$F_{0.05}$ (3,8)	4.07			
结论	$F<F_{0.05}$ (3,8)，原料样品均匀			

四、稳定性考察

1. 长期稳定性

（1）考察方案　根据 JJF 1006—1994《一级标准物质技术规范》和 JJF 1343—2012《标准物质定值的通用原则及统计学原理》的要求，标准物质稳定性考察按先密后疏原则进行。因此，本项目分别在第 0、1、3、6、9、12 个月开展长期稳定性监测研究。每次随机取 3 个包装单元，每个单元平行测定三次，测量方法与均匀性检验采用的方法相同，均为液相色谱-同位素稀释色谱质谱法。取三个包装单元测量结果的平均值作为该次长期稳定性监测结果，结果分析采用趋势分析法，以监测时间和结果拟合直线，并对结果进行统计分析。

（2）结果与统计分析　鸡蛋液中恩诺沙星基体标准物质长期稳定性监测结果如表 4-6 所示，以检测时间和结果拟合直线（见图 4-6），采用趋势分析法，对稳定性检验结果进行统计分析。

表 4-6　鸡蛋液中恩诺沙星基体标准物质的长期稳定性监测结果　单位：μg/kg

项目	2017 年 8 月	2017 年 9 月	2017 年 11 月	2018 年 2 月	2018 年 5 月	2018 年 8 月
1#	31.34	32.06	30.97	32.08	31.83	30.78
2#	32.53	31.55	31.17	31.15	32.14	31.30
3#	30.89	31.19	31.63	31.65	31.43	32.13
平均值	31.59	31.60	31.26	31.63	31.80	31.40
β_1	0.0023					
β_0	31.537					
s^2	0.04668267					
$s(\beta_1)$	0.05636393					
$t_{0.95,4}$	2.78					
$t_{0.95,4} \cdot s(\beta_1)$	0.1567					
结论	$|\beta_1| < t_{0.95,4} \cdot s(\beta_1)$，稳定					

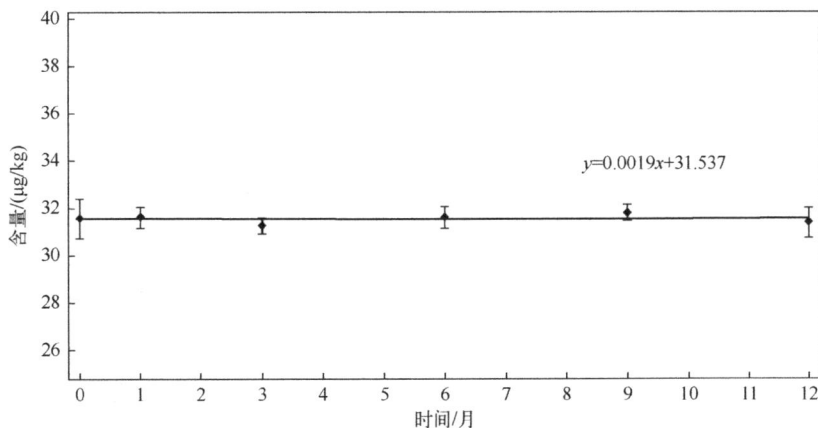

图 4-6　鸡蛋液中恩诺沙星基体标准物质的长期稳定性监测趋势图

鸡蛋液中环丙沙星基体标准物质长期稳定性监测结果如表 4-7 所示，以检测时间和结果拟合直线（见图 4-7），采用趋势分析法，对稳定性检验结果进行统计分析。

表 4-7　鸡蛋液中环丙沙星基体标准物质的长期稳定性监测结果　单位：µg/kg

项目	2017 年 8 月	2017 年 9 月	2017 年 11 月	2018 年 2 月	2018 年 5 月	2018 年 8 月
1#	39.56	39.45	39.95	41.02	38.22	37.82
2#	40.53	39.77	40.63	40.26	39.61	39.53
3#	40.38	40.01	40.41	40.11	39.82	39.04
平均值	40.16	39.74	40.33	40.46	39.22	38.80
β_1	−0.1016					
β_0	40.31					
s^2	0.46219288					
$s(\beta_1)$	0.17735157					
$t_{0.95,4}$	2.78					
$t_{0.95,4} \cdot s(\beta_1)$	0.4930					
结论	$\|\beta_1\| < t_{0.95,4} \cdot s(\beta_1)$，稳定					

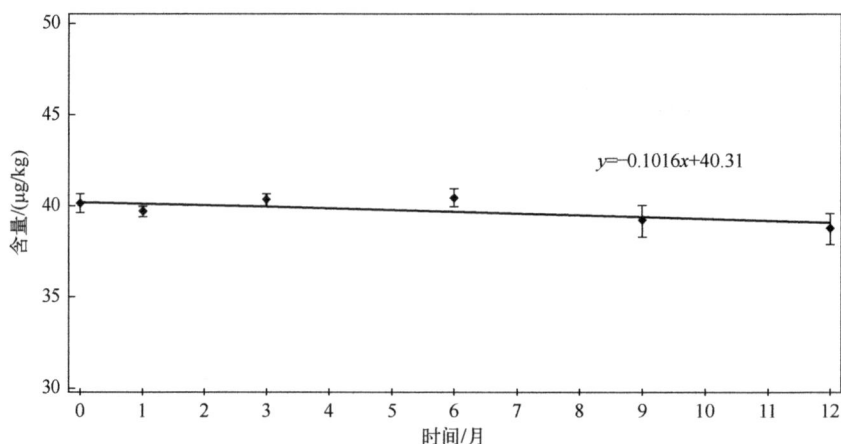

图 4-7　鸡蛋液中环丙沙星基体标准物质的长期稳定性监测趋势图

　　综上所述，鸡蛋液中恩诺沙星残留分析基体标准物质、鸡蛋液中环丙沙星残留分析基体标准物质，在−80℃保存条件下，均已完成了 12 个月的长期稳定性考察。长期稳定性结果表明：上述两种标准物质在 12 个月内特性量值稳定可靠，满足国家一级标准物质稳定性技术要求。研制单位需持续监测标准物质特性量值稳定性以延长有效期。

2. 短期稳定性

（1）考察方案

根据 JJF 1006—1994《一级标准物质技术规范》和 JJF 1343—2012《标准物质定值的通用原则及统计学原理》的要求，标准物质短期稳定性考察主要评价标准物质在运输过程中特性量值受环境温度变化而产生的变化或影响。本研究将随机抽取的样品置于−18℃、4℃和20℃（常温）恒温箱中（模拟运输条件）保存，分别在第 0、1、3、5、7、9 天进行稳定性监测，测定方法与长期稳定性监测相同，同样采用趋势分析对监测数据进行统计分析。

（2）结果与统计分析

鸡蛋液中恩诺沙星残留分析基体标准物质短期稳定性监测结果见表 4-8，趋势图见图 4-8。

鸡蛋液中环丙沙星残留分析基体标准物质短期稳定性监测结果见表 4-9，趋势图见图 4-9。

表 4-8　鸡蛋液中恩诺沙星残留分析基体标准物质短期稳定性监测结果

单位：μg/kg

项目	温度条件（−18℃）	温度条件（4℃）	温度条件（20℃）
0 天	31.68	31.74	31.43
1 天	30.34	30.99	30.06
3 天	30.62	31.24	28.86
5 天	31.91	31.29	28.82
7 天	31.04	29.98	29.82
9 天	31.15	30.31	28.54
平均值	31.12	30.92	29.59
β_1	0.0213	−0.1511	−0.2198
β_0	31.035	31.549	30.504
s^2	0.4532236	0.2365872	0.6974902
$s(\beta_1)$	0.0863148	0.0623627	0.1070775
$t_{0.95,4}$	2.78	2.78	2.78
$t_{0.95,4} \cdot s(\beta_1)$	0.239955	0.1733683	0.2976755
结论	$|\beta_1|<t_{0.95,4} \cdot s(\beta_1)$，稳定	$|\beta_1|<t_{0.95,4} \cdot s(\beta_1)$，稳定	$|\beta_1|<t_{0.95,4} \cdot s(\beta_1)$，稳定

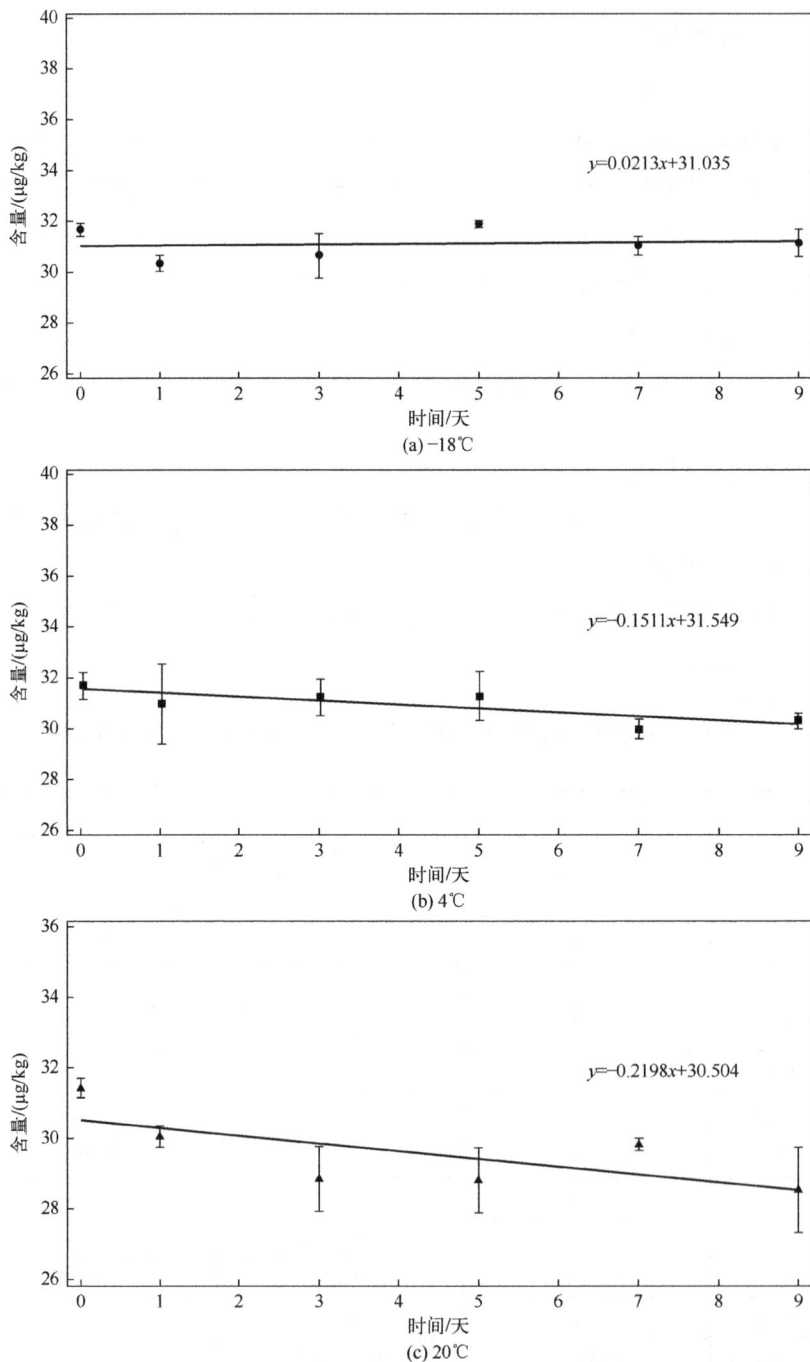

图 4-8　鸡蛋液中恩诺沙星残留分析基体标准物质短期稳定性监测趋势图

表 4-9 鸡蛋液中环丙沙星残留分析基体标准物质短期稳定性监测结果

单位：μg/kg

项目	温度条件（−18℃）	温度条件（4℃）	温度条件（20℃）
0 天	41.39	41.17	40.49
1 天	40.63	40.77	37.48
3 天	41.10	39.51	36.60
5 天	40.80	39.79	37.49
7 天	39.76	40.11	36.13
9 天	40.88	40.19	36.57
平均值	40.76	40.26	37.46
β_1	−0.0794	−0.0935	−0.3243
β_0	41.091	40.646	38.811
s^2	0.3575035	0.3642571	1.0882510
$s(\beta_1)$	0.0766601	0.0773808	0.1337500
$t_{0.95,4}$	2.78	2.78	2.78
$t_{0.95,4} \cdot s(\beta_1)$	0.2131150	0.2151186	0.371825
结论	$\|\beta_1\|<t_{0.95,4} \cdot s(\beta_1)$，稳定	$\|\beta_1\|<t_{0.95,4} \cdot s(\beta_1)$，稳定	$\|\beta_1\|<t_{0.95,4} \cdot s(\beta_1)$，稳定

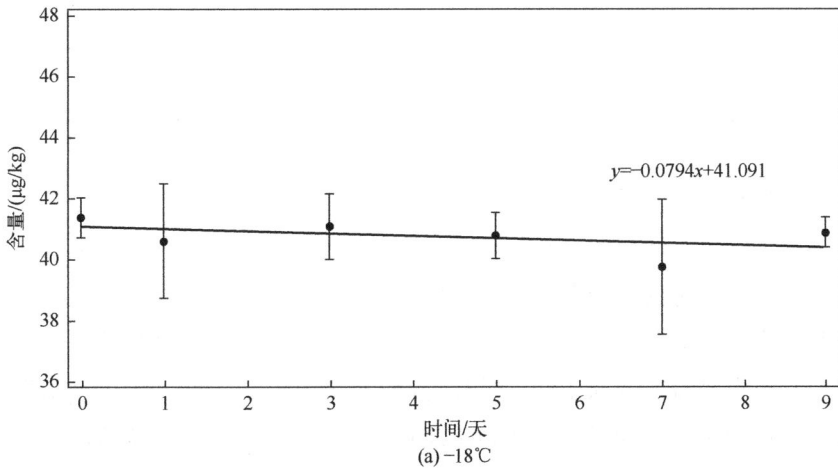

$y=-0.0794x+41.091$

(a) −18℃

图 4-9

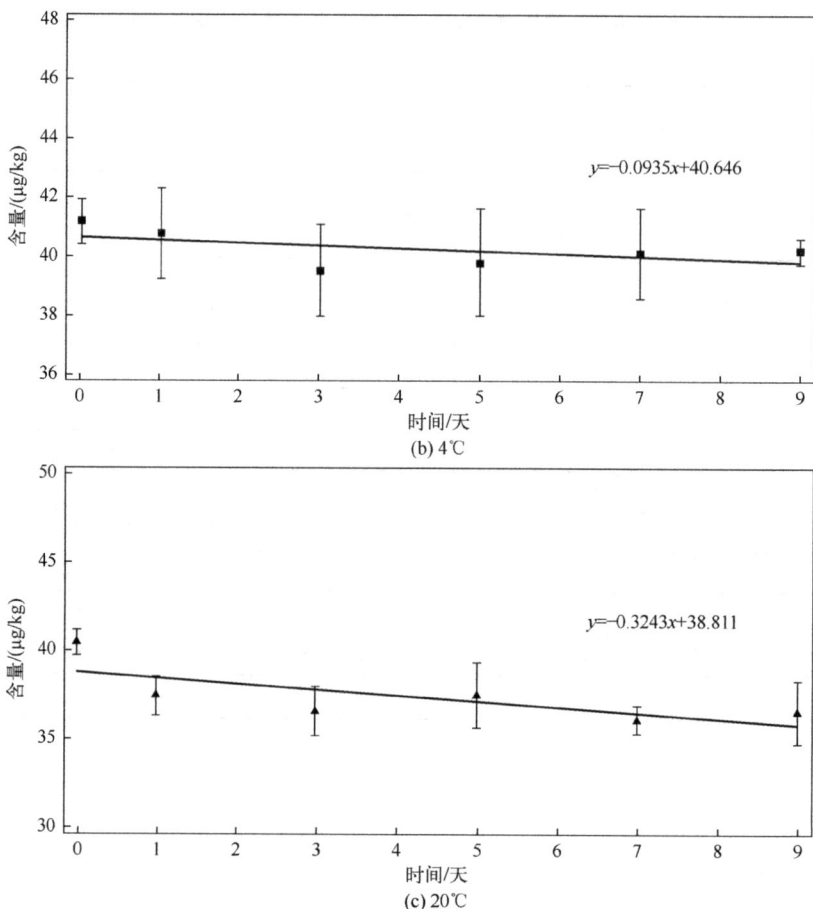

图 4-9　鸡蛋液中环丙沙星残留分析基体标准物质短期稳定性监测趋势图

　　短期稳定性结果表明：在环境温度为-18℃、4℃和20℃条件下，鸡蛋液中恩诺沙星、环丙沙星基体标准物质特性量值无显著变化，但从外观变化上，冷藏状态的5天左右会有分层现象，在充分混匀之后，特性量值没有显著变化，但是考虑到基体标准物质应该尽量接近实际样品的基体，所以应尽量在冷藏或冷冻条件下进行运输。而在常温下，2～3天后会出现蛋液的分层现象，开封后从气味和质地判断，会产生明显变质现象，所以建议蛋液基体标准物质在常温下保存时间不超过1天。此外，为了保证蛋液基体更接近实际新鲜蛋液样品，建议不要反复解冻使用。因此，建议本标准物质采用冰袋或其他低温措施，在环境温度低于4℃的条件下运输。

五、定值

1. 测量方法选择

根据 JJF 1006—1994《一级标准物质技术规范》要求，针对一级标准物质可采用两种不同原理的方法同时定值，或者采用一种方法多家实验室联合定值。然而，复杂基体标准物质一般难以满足两种不同原理方法同时定值，通常采用一种绝对测量方法——同位素稀释质谱法（IDMS），多家实验室联合定值的方式。本项目根据前期文献调研，拟采用基于稳定同位素内标的方式，对样品前处理以及仪器方法进行优化，采用高效液相色谱-质谱联用定值。

2. 实验仪器与试剂

① 液相色谱-质谱联用仪（Waters Acquity UPLC 串联 AB TripleQuad 3500，美国）；高速冷冻离心机（美国 Thermo 公司）；水浴氮吹仪（DSY-Ⅲ，北京东方精华苑科技有限公司）；色谱柱 Waters X-bridge C_{18}（150mm×2.1mm，3.5μm）；涡旋混合器 VORTEX-5（美国 Scientific industries 公司）；分析天平 METTLER XS105 和 METTLER AL104（瑞士 METTER TOLEDO 公司）。

② 恩诺沙星纯度标准物质为国家二级有证标准物质，编号 GBW(E) 090817，纯度为 99.7%，不确定度为 0.4%；环丙沙星纯度标准物质为国家二级有证标准物质，编号 GBW(E)090818，纯度为 99.7%，不确定度为 0.4%；恩诺沙星-D_5 盐酸盐同位素内标物（同位素丰度 98.5%，美国 sigma）；环丙沙星-D_8 盐酸盐同位素内标物（同位素丰度 99.7%，美国 sigma）；固相分散萃取剂 PSA、石墨化炭黑 GCB、C_{18}；乙腈、甲醇、正己烷、甲酸（HPLC 级，德国 Merck 公司）。

3. 测量方法

（1）标准溶液制备

① 标准储备液

a. 准确称取 3.01mg（精确到 0.01mg）恩诺沙星纯度标准物质和色谱

级甲醇溶剂 100g（精确到 0.01mg）于棕色玻璃瓶中，配制浓度为 30mg/kg 的恩诺沙星标准储备液，涡旋，充分溶解后于 4℃条件下保存，有效期 3 个月。

b. 准确称取 4.01mg（精确到 0.01mg）环丙沙星纯度标准物质和色谱级甲醇溶剂 100g（精确到 0.01mg）于棕色玻璃瓶中，配制浓度为 40mg/kg 的环丙沙星标准储备液，涡旋，充分溶解后于 4℃条件下保存，有效期 3 个月。

② 同位素标记储备液

a. 准确称取 1.67mg（精确到 0.01mg）恩诺沙星-D_5 盐酸盐同位素固体纯品和色谱级甲醇溶剂 100g（精确到 0.01mg）于棕色玻璃瓶中，配制浓度为 15mg/kg 的恩诺沙星-D_5 盐酸盐同位素内标储备液，涡旋，充分溶解后于 4℃条件下保存，有效期 3 个月。

b. 准确称取 2.22mg（精确到 0.01mg）环丙沙星-D_8 盐酸盐同位素固体纯品和色谱级甲醇溶剂 100g（精确到 0.01mg）于棕色玻璃瓶中，配制浓度为 20mg/kg 的环丙沙星-D_8 盐酸盐同位素内标储备液，涡旋，充分溶解后于 4℃条件下保存，有效期 3 个月。

③ 同位素标记工作溶液

a. 采用重量法将恩诺沙星-D_5 盐酸盐同位素内标储备液稀释至 190μg/kg，作为内标标准工作溶液，并在 4℃保存，有效期为 1 个月。

b. 采用重量法将环丙沙星-D_8 盐酸盐同位素内标储备液稀释至 250μg/kg，作为内标标准工作溶液，并在 4℃保存，有效期为 1 个月。

④ 混合工作溶液

a. 采用重量法配制，称取 100mg 恩诺沙星标准储备液和 200mg 恩诺沙星-D_5 盐酸盐同位素标记储备液，用 50%的甲醇水稀释至 100g，混合溶液中恩诺沙星与恩诺沙星-D_5 盐酸盐接近 1∶1，均为 30μg/kg，现用现配。

b. 采用重量法配制，称取 100mg 环丙沙星标准储备液和 200mg 环丙沙星-D_8 盐酸盐同位素标记储备液，用 50%的甲醇水稀释至 100g，混合溶液中环丙沙星与环丙沙星-D_8 盐酸盐接近 1∶1，均为 40μg/kg，现用现配。

（2）测量前准备

测量前，将样品从冰箱取出置于天平室解冻，温度控制在（20±2）℃，同时将工作溶液、内标液等置于称量环境，待环境温度、湿度等条件充分平衡，减少称量误差。

（3）样品前处理

① 称量 蛋液基体标准物质解冻后涡旋均匀，准确称取 1g 于 15mL 塑料离心管中，按照鸡蛋中恩诺沙星及标记物含量接近 1∶1 原则，准确取 1.9μg/kg 的恩诺沙星-D5 盐酸盐溶液 158.4mg（约 200μL，准确记录质量），涡旋 30s 后 4℃平衡 1 小时，平衡时间内，间隔 15 分钟涡旋 1 次，每次 30s。

② 提取 在离心管中加入 1%甲酸乙腈提取液 8mL，涡旋混匀 2min，10000r/min 离心 8min，上清液转移到 10mL 离心管中，氮气吹干，待净化。

③ 净化 氮气吹干后称取 50%甲醇水溶液 1g，充分溶解，加入 4mL 水饱和正己烷，10000r/min 离心 5min，取下层清液，加入 30mg PSA 以及 30mg C_{18}，10000r/min 离心 5min，上层清液过 0.22μm 滤膜，上机分析。

按照鸡蛋中环丙沙星及标记物含量接近 1∶1 原则，准确量取 100μg/L 的环丙沙星-D8 盐酸盐 158.4mg（约 200μL，准确记录质量），其他前处理步骤与恩诺沙星前处理相同。

（4）LC-MS/MS 测定方法

本标准物质研制采用液相色谱-串联质谱法（LC-MS/MS）作为定值方法，具体色谱、质谱实验条件优化过程见本章附件，最终确定色谱、质谱条件如下：

① 液相色谱条件 Waters X-bridge C_{18} 色谱柱（150mm×2.1mm，3.5μm）；流动相 A 为 0.1%甲酸水溶液，流动相 B 为甲醇。优化洗脱程序，确定梯度洗脱程序如表 4-10 所示。进样量：5μL。

表 4-10 液相色谱洗脱程序

时间/min	流速/(mL/min)	流动相 A 含量/%	流动相 B 含量/%
1	0.3	95	5
2.5	0.3	5	95
3.5	0.3	5	95
5.5	0.3	95	5
7	0.3	95	5

② 质谱条件　电喷雾正离子（ESI⁺）监测模式，多重反应监测（MRM）扫描模式；离子源喷射电压 4.5kV；离子源温度 550℃；驻留时间 200ms；雾化气压力（GS1）50psi；辅助气压力（GS2）50psi；气帘气压力（CUR）35psi。定量离子对信息如表 4-11 和表 4-12 所示。

表 4-11　恩诺沙星及其内标物 MRM 离子对信息

化合物	离子对 m/z	去簇电压（DP）/V	碰撞能（CE）/V
恩诺沙星	360.3/316.1（定量）	110	30
	360.3/245.1（定性）	110	30
恩诺沙星-D_5	365.3/321.3	110	30

表 4-12　环丙沙星及其内标物 MRM 离子对信息

化合物	离子对 m/z	去簇电压（DP）/V	碰撞能（CE）/V
环丙沙星	332.1/288.1（定量）	110	30
	332.1/314.1（定性）	110	30
环丙沙星-D_8	340.4/296.3	110	30

（5）测量结果计算

LC-MS/MS 上机顺序为：空白样品→校准溶液→标准物质样品→校准溶液→标准物质样品……最后鸡蛋液中恩诺沙星、环丙沙星质量浓度采用单点计算法进行计算。计算公式如下：

$$C_1 = \frac{R_1}{R_2} \times \frac{M_1'}{M_2'} \times \frac{M_2}{M_s} \times P_{CRM}$$

式中　C_1——鸡蛋液中被测物的质量浓度，μg/kg；

　　　R_1——仪器测得的鸡蛋液样品溶液中被测物与同位素标记物的峰面积比；

　　　R_2——仪器测得的标准工作溶液中被测物与同位素标记物的峰面积比；

　　　M_1'——加入鸡蛋液样品中的同位素标记物的质量，mg；

　　　M_2'——加入标准工作溶液中的同位素标记物的质量，mg；

　　　M_2——加入标准工作溶液中的标准物质质量，mg；

　　　M_s——鸡蛋液样品的质量，mg；

P_{CRM} ——标准物质的纯度。

4. 多家实验室联合定值

鸡蛋液中恩诺沙星、环丙沙星残留分析基体标准物质的研制，采用液相色谱-同位素稀释-串联质谱法（LC-ID-MS/MS），8 家实验室联合定值。由标准物质研制单位农业农村部农产品质量标准研究中心统一组织与实施联合定值，筛选我国具有相关检测资质的、专业的、权威的实验室参加，并对参加单位的定值能力进行充分调研与考察。参加联合定值实验室单位有农业农村部农产品质量标准研究中心、国家水产品质量监督检验中心、农业农村部动物及动物产品质量卫生监督检验测试中心、山东省农业科学院农业质量标准与检测技术研究所、浙江省兽药饲料监察所、浙江省农业科学院农业质量标准与检测技术研究所、江苏省农业科学院农产品质量安全与营养研究所、江苏省畜产品质量检验测试中心。

参加联合定值 8 家实验室均为国家级或省部级权威实验室，为鸡蛋液基体标准物质准确定值提供了可靠保证。联合定值的实施方案主要包括：组织召开联合定值研讨会；由标准物质研制单位开展定值方法的研究，为其他联合定值单位提供 SOP 方法参考，并统一分发定值所需要的恩诺沙星和环丙沙星纯度标准物质溶液、氘代同位素内标物溶液以及随机抽取的冰冻鸡蛋液标准物质候选物（A、B 两组鸡蛋液样品，每个实验室各三份）；各参加实验室根据 SOP 方法结合各自仪器型号进一步优化定值方法，并完成标准物质候选物样品定值，提交定值结果数据，提供实验设备、仪器型号以及具体操作过程等文件材料。

各参加实验室统一参考与采用研制单位提供的作业指导书进行鸡蛋液中恩诺沙星、环丙沙星基体标准物质的定值研究。鸡蛋液中恩诺沙星、环丙沙星联合定值 8 家实验室的定值数据结果分别见表 4-13 和表 4-14。

表 4-13 鸡蛋液中恩诺沙星基体标准物质多家合作定值结果 单位：μg/kg

编号	实验室 1	实验室 2	实验室 3	实验室 4	实验室 5	实验室 6	实验室 7	实验室 8
1-1	32.2	29.8	29.8	31.2	31.1	29.1	30.1	28.4
1-2	32.0	29.9	29.5	32.2	28.7	29.1	29.6	30.9
1-3	31.3	30.0	31.0	31.1	29.6	30.5	31.3	32.2
2-1	32.0	30.9	30.4	32.4	29.5	28.7	28.7	31.3

续表

编号	实验室1	实验室2	实验室3	实验室4	实验室5	实验室6	实验室7	实验室8
2-2	32.7	32.7	30.8	30.9	29.2	29.3	30.3	30.4
2-3	31.5	31.8	29.6	32.2	30.2	30.4	31.7	31.4
3-1	30.8	31.0	29.5	31.0	29.5	29.3	30.3	31.7
3-2	31.5	30.7	27.6	30.5	29.7	29.3	32.1	33.5
3-3	31.8	31.4	29.3	31.2	29.7	28.7	29.3	31.3
平均值	31.8	30.9	29.7	31.4	29.7	29.4	30.4	31.2
标准偏差	0.55	0.95	1.01	0.68	0.66	0.65	1.13	1.36
总平均值	30.6							
标准偏差	0.90							

表 4-14　鸡蛋液中环丙沙星基体标准物质多家合作定值结果　单位：μg/kg

编号	实验室1	实验室2	实验室3	实验室4	实验室5	实验室6	实验室7	实验室8
1-1	39.4	38.9	38.5	42.4	41.2	39.9	39.8	38.3
1-2	40.8	38.1	38.8	40.9	40.0	39.1	40.3	39.9
1-3	40.1	37.6	39.9	40.0	41.6	39.7	37.7	39.4
2-1	41.0	39.4	37.7	37.1	40.2	38.5	41.2	43.5
2-2	40.8	39.8	39.2	38.1	39.8	40.1	37.6	40.5
2-3	39.5	39.7	38.7	39.3	39.9	39.2	39.6	39.6
3-1	40.0	39.0	42.5	43.1	40.0	40.6	40.1	39.3
3-2	40.7	39.1	38.0	41.0	40.4	40.2	38.2	38.0
3-3	41.4	41.3	37.9	40.9	41.0	39.5	37.9	38.8
平均值	40.4	39.2	39.0	40.3	40.5	39.6	39.2	39.7
标准偏差	0.69	1.06	1.47	1.92	0.66	0.65	1.32	1.61
总平均值	39.7							
标准偏差	0.61							

　　根据 JJF 1343—2012《标准物质定值的通用原则及统计学原理》，首先采用狄克逊准则对各实验室定值数据进行统计检验，将鸡蛋液中恩诺沙星药物残留成分定值结果按照由小到大的顺序排列：

$$x_{(1)} = 27.6;\ x_{(2)} = 28.4;\ x_{(3)} = 28.7;\ x_{(4)} = 28.7$$

$$\cdots$$

$$x_{(n-3)} = 32.4;\ x_{(n-2)} = 32.7;\ x_{(n-1)} = 32.7;\ x_{(n)} = 33.5$$

$n = 72$，由狄克逊检验表查 $f(0.05, 72) = 0.309$

又因为

$$r_1 = \frac{x_{(3)} - x_{(1)}}{x_{(n-2)} - x_{(1)}} = \frac{28.7 - 27.6}{32.7 - 27.6} = \frac{1.1}{5.1} = 0.2157$$

$$r_2 = \frac{x_{(n)} - x_{(n-2)}}{x_{(n)} - x_{(3)}} = \frac{33.5 - 32.7}{33.5 - 28.7} = \frac{0.8}{4.8} = 0.1667$$

r_1 和 $r_2 < f(0.05, 72)$，故全部数据均应保留。

同时，8 家实验室均采用液相色谱-同位素稀释-串联质谱方法作为定值方法，属于同等精度方法；进而采用科克伦（Cochran）准则判断这 8 组数据有无可疑数据，按照标准，这里 n 取多数实验室的测量次数 9。

根据科克伦准则，计算统计量

$$C = \frac{s_{\max}^2}{\sum\limits_{i=1}^{m} s_i^2} = \frac{1.36^2}{6.68} = 0.2769$$

查表得 $C(0.05, 8, 8) = 0.3043$，则 $C < C(0.05, 8, 8)$，判断无可疑数据。

经过狄克逊和科克伦检验，数据等精度、无界外值，均符合定值要求。

同理，将鸡蛋液中环丙沙星药物残留成分定值结果按照由小到大的顺序排列：

$$x_{(1)} = 37.1;\ x_{(2)} = 37.6;\ x_{(3)} = 37.6;\ x_{(4)} = 38.1$$

$$\cdots$$

$$x_{(n-3)} = 42.4;\ x_{(n-2)} = 42.5;\ x_{(n-1)} = 43.1;\ x_{(n)} = 43.5$$

$n = 72$，由狄克逊检验表查 $f(0.05, 72) = 0.309$

又因为

$$r_1 = \frac{x_{(3)} - x_{(1)}}{x_{(n-2)} - x_{(1)}} = \frac{37.6 - 37.1}{42.5 - 37.1} = \frac{0.5}{5.4} = 0.0926$$

$$r_2 = \frac{x_{(n)} - x_{(n-2)}}{x_{(n)} - x_{(3)}} = \frac{43.5 - 42.5}{43.5 - 37.6} = \frac{1.0}{5.9} = 0.1695$$

r_1 和 $r_2 < f(0.05, 72)$，故全部数据均应保留。

同时，8 家实验室均采用的是液相色谱-同位素稀释-串联质谱方法作为定值方法，属于同等精度方法；进而采用科克伦准则判断这 8 组数据有无哪一组是可疑数据，按照标准，这里 n 取多数实验室的测量次数 9。

根据科克伦准则，计算统计量

$$C = \frac{s_{max}^2}{\sum_{i=1}^{m} s_i^2} = \frac{1.92^2}{12.63} = 0.2919$$

查表得 $C(0.05, 8, 8) = 0.3043$，则 $C < C(0.05, 8, 8)$，判断无可疑数据。

经过狄克逊和科克伦检验，数据等精度、无界外值，均符合定值要求。

综上所述，鸡蛋液中恩诺沙星残留分析标准物质特性量为 30.6μg/kg；鸡蛋液中环丙沙星残留分析标准物质特性量为 39.7μg/kg。

六、不确定度评估

鸡蛋液中恩诺沙星、环丙沙星残留分析标准物质研制过程中引入的不确定度来源主要有标准物质定值引入的不确定度 u_{char}、标准物质的均匀性引入的不确定度 u_{bb}、标准物质长期稳定性和短期稳定性引入的不确定度 u_{lts} 和 u_{sts} 等。各不确定度分量及具体计算结果如下。

1. 鸡蛋液中恩诺沙星残留分析标准物质不确定度评估

（1）标准物质定值引入的不确定度　标准物质定值引入的不确定度 u_{char} 由多家联合定值引入的 A 类不确定度和校准溶液配制、样品称量等引入的 B 类不确定度两部分组成。

① A 类不确定度。由于本案例研究工作采用了液相色谱-同位素稀释-串联质谱法，其他合作定值单位也采用了同种方法独立测量，经科克伦检验和狄克逊检验无异常值，最终标准物质的值为多家单位合作定值结果的平均值，按照 JJF 1343—2012《标准物质定值的通用原则及统计学原理》，将这 8 组数据视为等精度数据，则 8 个平均值构成一组新的数据，联合定

值引入的 A 类标准不确定度为：

$$u_{\mathrm{A}} = \sqrt{\frac{\sum_{i=1}^{n}(\bar{x}_i - \bar{\bar{x}})^2}{n \times (n-1)}} = \frac{0.90}{\sqrt{8}} = 0.32 \mu\mathrm{g/kg}$$

因此，联合定值引入的 A 类相对标准不确定度为

$$u_{\mathrm{A,rel}} = \frac{u_{\mathrm{A}}}{\bar{x}} = \frac{0.32}{30.6} = 1.05\%$$

② B 类不确定度。依照单点法结果计算公式，B 类不确定度主要由以下几部分引入：恩诺沙星标准溶液配制；工作溶液中恩诺沙星质量；工作溶液中同位素标记恩诺沙星-D$_5$ 质量；样品中添加同位素标记恩诺沙星-D$_5$ 质量；样品称量。

a. 恩诺沙星标准溶液配制引入的不确定度 $u_{\text{标准溶液,rel}}$。恩诺沙星标准溶液配制过程中引入的不确定度主要来源于标准物质纯度不确定度、称量纯度标准物质引入的不确定度、称量溶剂引入的不确定度。

恩诺沙星标准物质纯度不确定度：由不确定证书得到扩展不确定度为 0.4%（k=2），除以扩展因子得到纯度引入的标准不确定度，记为

$$u_{\mathrm{p}} = \frac{0.4\%}{2} = 0.2\%$$

因此，纯度引入的相对不确定度为：

$$u_{\mathrm{p,rel}} = \frac{0.2\%}{99.7\%} = 0.2\%$$

纯度标准物质称量选择 METTLER XS105 十万分之一天平。称量是在空气中进行，且样品为固体结晶粉末，受空气浮力影响非常小，浮力影响引入的不确定度可以忽略不计。因此称量的不确定度来自两个方面：一是称量的变动性，根据天平检定证书可知，变动性的检定结果为 0.08mg，假设均匀分布，则变动性引入的不确定度为 $u_{1\text{变动性}} = 0.08/\sqrt{3} = 0.0462\mathrm{mg}$；二是天平的最大允许误差，按照检定证书给出的为 0.03mg，假设均匀分布，则换算成标准偏差为 $u_{1\text{允差}} = 0.03/\sqrt{3} = 0.0173\mathrm{mg}$。因此，METTLER XS105 天平称量引入的合成不确定度为：

$$u_{1\text{称量合成}} = \sqrt{u_{1\text{变动性}}^2 + u_{1\text{允差}}^2} = \sqrt{0.0462^2 + 0.0173^2} = 0.049\text{mg}$$

恩诺沙星纯度标准物质称量质量约为 3mg，因此，称量引入的相对不确定度为：

$$u_{1\text{恩诺沙星纯品称量,rel}} = \frac{0.049}{3} = 0.0163 = 1.63\%$$

溶剂称量选择 METTLER AL104 万分之一天平。称量的不确定度主要来自两个方面：一是称量的变动性，根据天平检定证书，变动性的标准偏差为 0.1mg，假设均匀分布，则变动性引入的不确定度为 $u_{2\text{变动性}} = 0.1/\sqrt{3} = 0.0578\text{mg}$；二是天平最大允许误差，检定证书给出的为 0.1mg，假设均匀分布，则换算成标准偏差为 $u_{2\text{允差}} = 0.1/\sqrt{3} = 0.0578\text{mg}$。

$$u_{2\text{称量合成}} = \sqrt{u_{2\text{变动性}}^2 + u_{2\text{允差}}^2} = \sqrt{0.0578^2 + 0.0578^2} = 0.082\text{mg}$$

溶剂称量质量约为 100g，因此，称量引入的相对不确定度为：

$$u_{2\text{溶剂称量,rel}} = \frac{0.082}{100000} \approx 0.0001\%$$

因此，恩诺沙星标准溶液配制引入的合成相对不确定度为：

$$\begin{aligned} u_{\text{标准溶液,rel}} &= \sqrt{u_{\text{p,rel}}^2 + u_{1\text{恩诺沙星纯品称量,rel}}^2 + u_{2\text{溶剂称量,rel}}^2} \\ &= \sqrt{0.2\%^2 + 1.63\%^2 + 0.0001\%^2} \\ &= 1.64\% \end{aligned}$$

b. 工作溶液中恩诺沙星和恩诺沙星-D_5 称量引入的不确定度 $u_{\text{工作溶液,rel}}$。同上可知，METTLER AL104 万分之一天平称量引入的合成称量不确定度为 0.082mg。配制混合工作溶液时，恩诺沙星储备液称量引入的相对标准不确定度 $u_{1,\text{rel}} = 0.082\text{mg}/100\text{mg} = 0.082\%$；恩诺沙星-$D_5$ 储备液称量引入的相对标准不确定度 $u_{2,\text{rel}} = 0.082\text{mg}/200\text{mg} = 0.041\%$。称量溶剂约为 100g，引入的相对标准不确定度 $u_{3,\text{rel}} = 0.082\text{mg}/100000\text{mg} \approx 0.0001\%$。

$$\begin{aligned} u_{\text{工作溶液,rel}} &= \sqrt{u_{1,\text{rel}}^2 + u_{2,\text{rel}}^2 + u_{3,\text{rel}}^2} \\ &= \sqrt{0.082\%^2 + 0.041\%^2 + 0.0001\%^2} \\ &= 0.09\% \end{aligned}$$

c. 样品中添加恩诺沙星-D_5 称量引入的不确定度 $u_{添加称量,rel}$。鸡蛋液样品中恩诺沙星-D_5 同位素标记物采用称重法添加，采用 METTLER AL104 万分之一天平添加相应浓度的内标物溶液 0.158g。由于合成称量不确定为 0.082mg，因此，相对标准不确定度 $u_{添加称量,rel} = 0.082mg / 158mg = 0.052\%$。

d. 样品称量引入的不确定度 $u_{样品称量,rel}$。鸡蛋液样品称取量为 1.0g，实验中所使用的天平为 METTLER AL104 万分之一天平，因此合成称量不确定度为 0.082mg，样品称量引入相对标准不确定度 $u_{样品称量,rel} = 0.082mg / 1000mg = 0.0082\%$。

$$合成不确定度 u_{B,rel} = \sqrt{u_{标准溶液,rel}^2 + u_{工作溶液,rel}^2 + u_{添加称量,rel}^2 + u_{样品称量,rel}^2}$$
$$= \sqrt{1.64\%^2 + 0.09\%^2 + 0.052\%^2 + 0.0082\%^2}$$
$$= 1.64\%$$

$$定值引入的不确定度 u_{char,rel} = \sqrt{u_{A,rel}^2 + u_{B,rel}^2} = \sqrt{1.05\%^2 + 1.64\%^2} = 1.95\%$$

（2）均匀性引入的不确定度　均匀性引入的不确定度 u_{bb} 包括样品加工过程不均匀性、分装不均匀性以及平行实验分析间的偏差，标准物质的不均匀性以独立测量的平行实验来表示，即以瓶间与瓶内均匀性检验结果的相对标准偏差来表示。由均匀性检验结果可知，该标准物质均匀性良好。

$$s_H^2 = \frac{s_1^2 - s_2^2}{n} = \frac{1.4220 - 0.7822}{3} = 0.213$$

均匀引入的相对不确定为

$$u_{bb,rel} = \frac{S_H}{\overline{X}} = \frac{0.462}{30.6} = 1.51\%$$

（3）稳定性引入的不确定度

① 长期稳定性引入的不确定度 u_{lts} 为：

$$u_{lts} = s(\beta_1) \cdot t = 0.056 \times 12 = 0.672$$

因此，由表 4-6 结果计算可得，鸡蛋液中恩诺沙星残留成分基体标准物质长期稳定性引入的相对不确定度为：

$$u_{lts,rel} = \frac{0.672}{30.6} = 2.20\%$$

② 短期稳定性引入的不确定度 u_{sts} 为：

$$u_{sts} = s(\beta_1) \cdot t = 0.107 \times 9 = 0.963$$

因此，由表 4-8 结果计算可得 20℃时标准偏差较大，冰冻鸡蛋液中恩诺沙星残留成分基体标准物质短期稳定性引入的相对不确定度为：$u_{sts,rel} = \dfrac{0.963}{30.6} = 3.15\%$。

（4）标准物质的合成不确定度 鸡蛋液中恩诺沙星残留分析标准物质的合成相对不确定度计算结果如下：

$$
\begin{aligned}
u_{CRM,rel} &= \sqrt{u_{char,rel}^2 + u_{bb,rel}^2 + u_{lts,rel}^2 + u_{sts,rel}^2} \\
&= \sqrt{1.95\%^2 + 1.51\%^2 + 2.20\%^2 + 3.15\%^2} \\
&\approx 4.57\%
\end{aligned}
$$

$k = 2$ 时的相对扩展不确定度为：

$$U_{rel} = u_{CRM,rel} \times k = 9.14\% \approx 10.0\%$$

因此，鸡蛋液中恩诺沙星残留分析标准物质的扩展不确定度为：

$$U_{CRM} = U_{rel} \times 30.6\mu g / kg \approx 3.1\mu g / kg$$

2. 鸡蛋液中环丙沙星残留分析标准物质不确定度评估

（1）标准物质定值引入的不确定度 标准物质定值引入的不确定度 u_{char} 由多家联合定值引入的 A 类不确定度和校准溶液配制、样品称量等引入的 B 类不确定度两部分组成。

① A 类不确定度。将 8 组数据视为等精度数据，则 8 个平均值构成一组新的数据，联合定值引入的 A 类标准不确定度为：

$$u_A = \sqrt{\dfrac{\sum_{i=1}^{n}(\overline{x}_i - \overline{\overline{x}})^2}{n \times (n-1)}} = \dfrac{0.61}{\sqrt{8}} = 0.22\mu g / kg$$

因此，联合定值引入的 A 类相对标准不确定度为

$$u_{A,rel} = \dfrac{u_A}{\overline{x}} = \dfrac{0.22}{39.7} = 0.55\%$$

② B 类不确定度。依照单点法结果计算公式，B 类不确定度主要由以下几部分引入：环丙沙星校准溶液浓度；校准溶液中环丙沙星质量；校准溶液中同位素标记环丙沙星-D_8 质量；样品中添加同位素标记环丙沙星-D_8 质量；样品称量。

a. 环丙沙星标准溶液配制引入的不确定度 $u_{标准溶液,rel}$。环丙沙星标准溶液配制过程中引入的不确定度主要来源于标准物质纯度不确定度、称量纯度标准物质引入的不确定度、称量溶剂引入的不确定度。

环丙沙星标准物质纯度不确定度：由不确定证书得到扩展不确定度为 0.4%（$k=2$），除以扩展因子得到纯度引入的标准不确定度，记为

$$u_p = \frac{0.4\%}{2} = 0.2\%$$

因此，纯度引入的相对不确定度为：

$$u_{p,rel} = \frac{0.2\%}{99.7\%} = 0.2\%$$

纯度标准物质称量选择 METTLER XS105 十万分之一天平。由于称量是在空气中进行，且样品为固体结晶粉末，受空气浮力影响非常小，浮力影响引入的不确定度可以忽略不计。因此称量的不确定度来自两个方面：一是称量的变动性，根据天平检定证书可知，变动性的检定结果为 0.08mg，假设均匀分布，则变动性引入的不确定度为 $u_{1变动性} = 0.08/\sqrt{3} = 0.0462\text{mg}$；二是天平的最大允许误差，按照检定证书给出的为 0.03mg，假设均匀分布，则换算成标准偏差为 $u_{1允差} = 0.03/\sqrt{3} = 0.0173\text{mg}$。因此，METTLER XS105 天平称量引入的合成不确定度为：

$$u_{1称量合成} = \sqrt{u_{1变动性}^2 + u_{1允差}^2} = \sqrt{0.0462^2 + 0.0173^2} = 0.049\text{mg}$$

环丙沙星纯度标准物质称量质量约为 4mg，因此，称量引入的相对不确定度为：

$$u_{1环丙沙星纯品称量,rel} = \frac{0.049}{4} = 0.0123 = 1.23\%$$

溶剂称量选择 METTLER AL104 万分之一天平。称量的不确定度主要来自两个方面：一是称量的变动性，根据天平检定证书，变动性的标准偏

差为 0.3mg，假设均匀分布，则变动性引入的不确定度为 $u_{2变动性} = 0.1/\sqrt{3} = 0.0577\text{mg}$；二是天平最大允许误差，检定证书给出的为 0.1mg，假设均匀分布，则换算成标准偏差为 $u_{2允差} = 0.1/\sqrt{3} = 0.0577\text{mg}$。

$$u_{2称量合成} = \sqrt{u_{2变动性}^2 + u_{2允差}^2} = \sqrt{0.0577^2 + 0.0577^2} = 0.082\text{mg}$$

溶剂称量质量约为 100g，因此，称量引入的相对不确定度为：

$$u_{2溶剂称量,\text{rel}} = \frac{0.082}{100000} \approx 0.0001\%$$

因此，环丙沙星标准溶液配制引入的合成相对不确定度为：

$$\begin{aligned} u_{标准溶液,\text{rel}} &= \sqrt{u_{\text{p,rel}}^2 + u_{1环丙沙星纯品称量,\text{rel}}^2 + u_{2溶剂称量,\text{rel}}^2} \\ &= \sqrt{0.2\%^2 + 1.23\%^2 + 0.0001\%^2} \\ &= 1.25\% \end{aligned}$$

b. 工作溶液中环丙沙星和环丙沙星-D_8 称量引入的不确定度 $u_{工作溶液,\text{rel}}$。同上可知，METTLER AL104 万分之一天平称量引入的合成称量不确定度为 0.082mg。配制混合工作溶液时，环丙沙星储备液称量引入的相对标准不确定度 $u_{1,\text{rel}} = 0.082\text{mg}/100\text{mg} = 0.082\%$；环丙沙星-$D_8$ 储备液称量引入的相对标准不确定度 $u_{2,\text{rel}} = 0.082\text{mg}/200\text{mg} = 0.041\%$。称量溶剂约为 100g，引入的相对标准不确定度 $u_{3,\text{rel}} = 0.082\text{mg}/100000\text{mg} \approx 0.0001\%$。

$$\begin{aligned} u_{工作溶液,\text{rel}} &= \sqrt{u_{1,\text{rel}}^2 + u_{2,\text{rel}}^2 + u_{3,\text{rel}}^2} \\ &= \sqrt{0.082\%^2 + 0.041\%^2 + 0.0001\%^2} \\ &= 0.09\% \end{aligned}$$

c. 样品中添加环丙沙星-D_8 称量引入的不确定度 $u_{添加称量,\text{rel}}$。鸡蛋液样品中环丙沙星-D_8 同位素标记物采用称重法添加，采用 METTLER AL104 万分之一天平添加相应浓度的内标物溶液 0.158g。由于合成称量不确定为 0.082mg，因此，相对标准不确定度 $u_{添加称量,\text{rel}} = 0.082\text{mg}/158\text{mg} = 0.052\%$。

d. 样品中称量引入的不确定度 $u_{样品称量,\text{rel}}$。鸡蛋液样品称取量为 1.0g，实验中所使用的天平为 METTLER AL104 万分之一天平，因此合成称量不确定度为 0.082mg，样品称量引入相对标准不确定度 $u_{样品称量,\text{rel}} = 0.082\text{mg}/$

$1000\text{mg} = 0.0082\%$ 。

$$合成不确定度u_{B,rel} = \sqrt{u_{标准溶液,rel}^2 + u_{工作溶液,rel}^2 + u_{添加称量,rel}^2 + u_{样品称量,rel}^2}$$
$$= \sqrt{1.25\%^2 + 0.09\%^2 + 0.052\%^2 + 0.0082\%^2}$$
$$= 1.25\%$$

定值引入的不确定度$u_{char,rel} = \sqrt{u_{A,rel}^2 + u_{B,rel}^2} = \sqrt{0.55\%^2 + 1.25\%^2} = 1.37\%$

（2）均匀性引入的不确定度　　均匀性引入的不确定度u_{bb}包括样品加工过程不均匀性、分装不均匀性以及平行实验分析间的偏差，标准物质的不均匀性以独立测量的平行实验来表示，即以瓶间与瓶内均匀性检验结果的相对标准偏差来表示。由均匀性检验结果可知，该标准物质均匀性良好。

$$s_H^2 = \frac{s_1^2 - s_2^2}{n} = \frac{2.2355 - 2.1348}{3} = 0.0336$$

均匀引入的相对不确定为

$$u_{bb,rel} = \frac{S_H}{\bar{X}} = \frac{0.605}{39.7} = 1.52\%$$

（3）稳定性引入的不确定度

① 长期稳定性引入的不确定度为u_{lts}：

$$u_{lts} = s(\beta_1) \cdot t = 0.1774 \times 12 = 2.13$$

因此，由表 4-7 结果计算可得，鸡蛋液中环丙沙星残留成分基体标准物质长期稳定性引入的相对不确定度为：

$$u_{lts,rel} = \frac{2.12}{39.7} = 5.37\%$$

② 短期稳定性引入的不确定度为u_{sts}：

$$u_{sts} = s(\beta_1) \cdot t = 0.1338 \times 9 = 1.204$$

因此，由表 4-9 结果计算可得 20℃时标准偏差较大，鸡蛋液中环丙沙星残留成分基体标准物质短期稳定性引入的相对不确定度为：$u_{sts,rel} = \frac{1.204}{39.7} = 3.03\%$。

（4）标准物质的合成不确定度　鸡蛋液中环丙沙星残留分析标准物质的合成相对不确定度计算结果如下：

$$
\begin{aligned}
u_{CRM,rel} &= \sqrt{u_{char,rel}^2 + u_{bb,rel}^2 + u_{lts,rel}^2 + u_{sts,rel}^2} \\
&= \sqrt{1.37\%^2 + 0.598\%^2 + 5.37\%^2 + 3.03\%^2} \\
&\approx 6.30\%
\end{aligned}
$$

$k = 2$ 时的相对扩展不确定度为：

$$
U_{rel} = u_{CRM,rel} \times k = 6.30\% \times 2 \approx 13.0\%
$$

因此，鸡蛋液中环丙沙星残留分析标准物质的扩展不确定度为：

$$
U_{CRM} = U_{rel} \times 39.7 \mu g / kg = 5.2 \mu g / kg
$$

综上所述，鸡蛋液中恩诺沙星、环丙沙星残留分析标准物质特性量值及其不确定度如表 4-15 所示。

表 4-15　鸡蛋液中恩诺沙星、环丙沙星残留分析标准物质特性量值及其扩展不确定度结果

名称	质量浓度/(μg/kg)	扩展不确定度（$k=2$）/(μg/kg)
鸡蛋液中恩诺沙星	30.6	3.1
鸡蛋液中环丙沙星	39.7	5.2

目前，本案例的鸡蛋液中恩诺沙星残留分析、鸡蛋液中环丙沙星残留分析两项基体标准物质均已完成 12 个月长期稳定性监测，样品性质稳定、特性量值准确可靠。为保证标准物质量值的准确可靠，需继续跟踪监测标准物质的稳定性。

附件　定值方法研究——鸡蛋液

根据 JJF 1006—1994《一级标准物质技术规范》要求，一级标准物质可采用两种不同原理的方法同时定值，或者采用一种方法多家实验室联合定值。然而，复杂基体标准物质一般难以满足两种不同原理方法同时定值，通常采用国际计量领域公认的、权威的绝对测量方法——同位素稀释质谱法（IDMS），结合多家实验室联合定值的方式。鸡蛋液中恩诺沙星、环丙沙星残留分析标准物质定值采用液相色谱-同位素稀释-串联质谱法（LC-ID-

MS/MS）。方法优化主要涉及：保证量值溯源性的恩诺沙星、环丙沙星纯度有证标准物质的选择与应用；用于同位素稀释质谱定量的恩诺沙星、环丙沙星稳定同位素标记物的选择与应用；标准储备液、工作溶液、校准溶液配制及其稳定性考察；鸡蛋液样品前处理方法的选择与条件优化；液相色谱-质谱测量条件的优化；测量顺序与结果计算；方法学评价等。

1. 仪器与试剂

液相色谱-质谱联用仪（Waters Acquity UPLC 串联 AB TripleQuad 3500，美国）；Waters X-bridge C_{18}（150mm×2.1mm，3.5μm）；涡旋振荡器（Touch Mixer MT-51，日本 Yamato 公司）；旋蒸仪 EYELA（日本东京理化公司）；氮吹仪 TTL-DCII（北京同泰联科技发展有限公司）；电子天平 XS105DU、电子天平 AL104（瑞士梅特勒公司）。Milli-Q 超纯水制备系统（美国 Millipore 公司）。

恩诺沙星纯度标准物质为国家二级有证标准物质，编号 GBW(E) 090817，纯度为 99.7%，不确定度为 0.4%；环丙沙星纯度标准物质为国家二级有证标准物质，编号 GBW(E)090818，纯度为 99.7%，不确定度为 0.4%；恩诺沙星-D_5 盐酸盐同位素内标物（同位素丰度 98.5%，美国 sigma）；环丙沙星-D_8 盐酸盐同位素内标物（同位素丰度 99.7%，美国 sigma）；固相分散萃取剂 PSA、石墨化炭黑 GCB、C_{18}；乙腈、甲醇、正己烷、甲酸（HPLC 级，德国 Merck 公司）。

选择 AB 3500 三重四极杆质谱仪，具有较高的灵敏度与较低的检出限，能够满足鸡蛋液中恩诺沙星、环丙沙星残留成分的测定；由于没有检索到恩诺沙星和环丙沙星纯度国家一级标准物质，因此选择了恩诺沙星、环丙沙星纯度国家二级有证标准物质，其纯度较高、不确定度较小，保证了鸡蛋液中恩诺沙星、环丙沙星量值测量的可溯源等；恩诺沙星-D_5 盐酸盐、环丙沙星-D_8 盐酸盐作为稳定同位素内标物，与目标待测物具有相似的物理化学性质，避免了样品前处理过程对定值结果的影响。为确保购买的恩诺沙星-D_5 盐酸盐、环丙沙星-D_8 盐酸盐同位素内标物的杂质中不含有原药，在测试前均对同位素标记溶液进行了原药筛查，结果均未检出，因此恩诺沙星-D_5 盐酸盐、环丙沙星-D_8 盐酸盐作为同位素内标物使用对测量结果不产生影响。

2. 标准溶液制备

（1）标准储备液

① 准确称取 3.01mg（精确到 0.01mg）恩诺沙星纯度标准物质和色谱级甲醇溶剂 100g（精确到 0.01mg）于棕色玻璃瓶中，配制浓度为 30mg/kg 的恩诺沙星标准储备液，涡旋，充分溶解后于 4℃条件下保存，有效期 3 个月。

② 准确称取 4.01mg（精确到 0.01mg）环丙沙星纯度标准物质和色谱级甲醇溶剂 100g（精确到 0.01mg）于棕色玻璃瓶中，配制浓度为 40mg/kg 的环丙沙星标准储备液，涡旋，充分溶解后于 4℃条件下保存，有效期 3 个月。

（2）同位素标记储备液

① 准确称取 1.67mg（精确到 0.01mg）恩诺沙星-D_5 盐酸盐同位素固体纯品和色谱级甲醇溶剂 100g（精确到 0.01mg）于棕色玻璃瓶中，配制浓度为 15mg/kg 的恩诺沙星-D_5 盐酸盐同位素内标储备液，涡旋，充分溶解后于 4℃条件下保存，有效期 3 个月。

② 准确称取 2.22mg（精确到 0.01mg）环丙沙星-D_8 盐酸盐同位素固体纯品和色谱级甲醇溶剂 100g（精确到 0.01mg）于棕色玻璃瓶中，配制浓度为 20mg/kg 的环丙沙星-D_8 盐酸盐同位素内标储备液，涡旋，充分溶解后于 4℃条件下保存，有效期 3 个月。

（3）同位素标记工作溶液

① 采用重量法将恩诺沙星-D_5 盐酸盐同位素内标储备液稀释至 190μg/kg，作为内标标准工作溶液，并在 4℃保存，有效期为 1 个月。

② 采用重量法将环丙沙星-D_8 盐酸盐同位素内标储备液稀释至 250μg/kg，作为内标标准工作溶液，并在 4℃保存，有效期为 1 个月。

（4）混合工作溶液

① 采用重量法配制，称取 100mg 恩诺沙星标准储备液和 200mg 恩诺沙星-D_5 盐酸盐同位素标记储备液，用 50%的甲醇水稀释至 100g，混合溶液中恩诺沙星与恩诺沙星-D_5 接近 1：1，均为 30μg/kg，现用现配。

② 采用重量法配制，称取 100mg 环丙沙星标准储备液和 200mg 环丙

沙星-D_8 盐酸盐同位素标记储备液，用 50% 的甲醇水稀释至 100g，混合溶液中环丙沙星与环丙沙星-D_8 接近 1：1，均为 40μg/kg，现用现配。

3. 样品前处理——分散固相萃取（QuEChERS 法）

检索文献发现，鸡蛋中恩诺沙星、环丙沙星的检测方法报道很多，而且方法也比较成熟可靠，方法开发与优化的难度相对较低。在开展了部分前处理预实验后，我们认为选择分散固相萃取可克服蛋液中脂类对于固相小柱富集净化效率的影响，同时能够提高样品前处理的效率，也能满足定值要求的前处理效果。因此，重点对分散固相萃取前处理方法的提取剂与净化剂做了条件优化。

（1）提取剂的优化　标准物质候选物样品中恩诺沙星或环丙沙星含量较低，目标物的提取效率及样品的净化程度对结果的影响也很大。因此，在样品前处理过程中，本研究主要考察了不同提取剂与净化剂对结果的影响。根据文献中常见的提取剂选择与比较了甲酸化甲醇（含甲酸 1%）、甲酸化乙腈（含甲酸 1%）、乙腈-水（含乙腈 90%），以及磷酸缓冲液-乙腈（1：3）（磷酸缓冲液：0.1mol/L 磷酸二氢钾溶液，5mol/L 氢氧化钠溶液调 pH 至 7）四种提取剂，四种提取剂分别对恩诺沙星、环丙沙星 20μg/kg 添加浓度的提取效率进行比较，如图 4-10 和图 4-11 所示。结果显示甲酸化乙

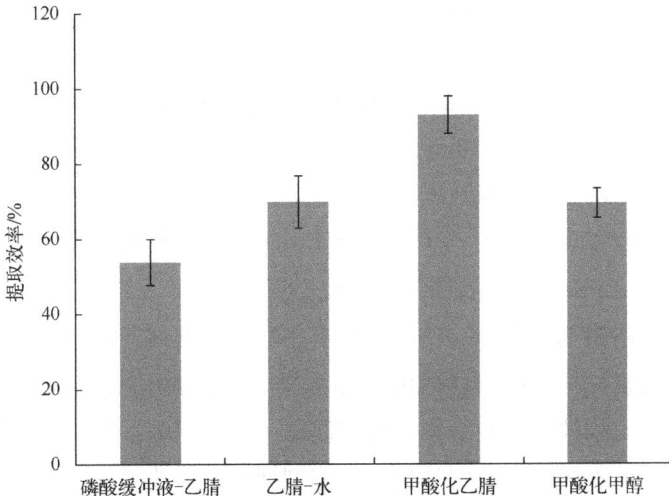

图 4-10　不同提取剂对蛋液中恩诺沙星的提取效率比较

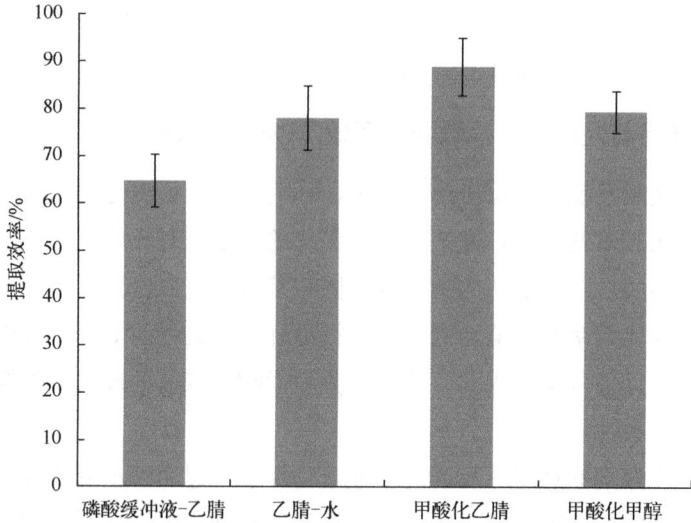

图 4-11　不同提取剂对蛋液中环丙沙星的提取效率比较

腈提取剂对于鸡蛋液中恩诺沙星的相对提取效率达到 93.2%；对于鸡蛋液中环丙沙星的相对提取效率接近 90%；甲酸化乙腈的提取效率在两个基体标准物质前处理中均比其他三种提取剂效率高。因此，最终确定 1%甲酸化乙腈为样品前处理提取剂。

（2）净化剂的优化　在 QuEChERS 净化时，分别试验了 GCB、PSA 及 C_{18} 三种常见净化剂的净化效果。发现 GCB 对于目标物有较强的吸附性，同时根据药物分子的性质，重点考察了 PSA 与 C_{18} 对于样品的净化效果。如图 4-12、图 4-13 所示，比较了 PSA（30mg，60mg）、C_{18}（30mg，60mg）以及 PSA 与 C_{18}（30mg+30mg）组合等 5 种净化方法，结果发现 PSA、C_{18} 对蛋液中恩诺沙星、环丙沙星的净化效果良好，均达到相对回收率 70%以上。通过比较发现，PSA 与 C_{18} 混合使用时具有更好的净化效果。综上所述，最终确定 PSA 与 C_{18} 组合净化剂。

（3）复溶溶剂的确定　使用纯有机相配制校准溶液以及使用纯有机相复溶样品上机，均会影响目标化合物色谱、质谱分析中谱图效果，会出现色谱峰峰形对称性差以及基线不稳等现象。分析原因：当样品溶剂和流动相的洗脱强度不同时，特别是当样品溶剂拥有较高洗脱强度时，会导致色谱峰变形和柱效率降低。用流动相作为溶剂溶解样品是解决这一问题的最

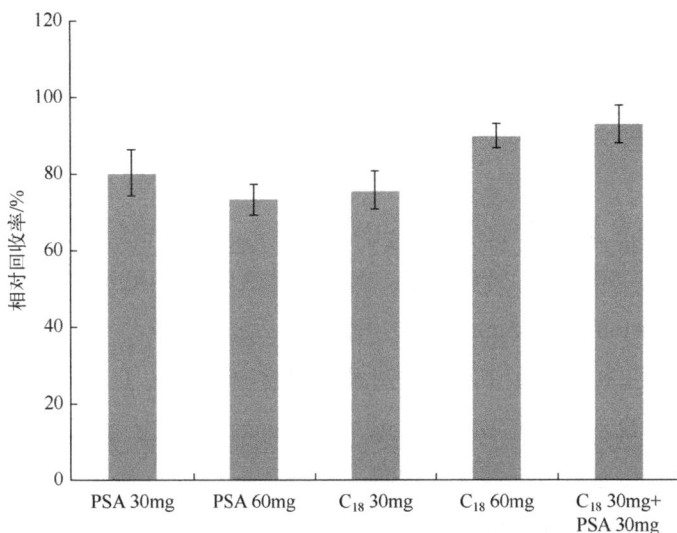

图 4-12　不同净化剂对蛋液中恩诺沙星的净化效果比较

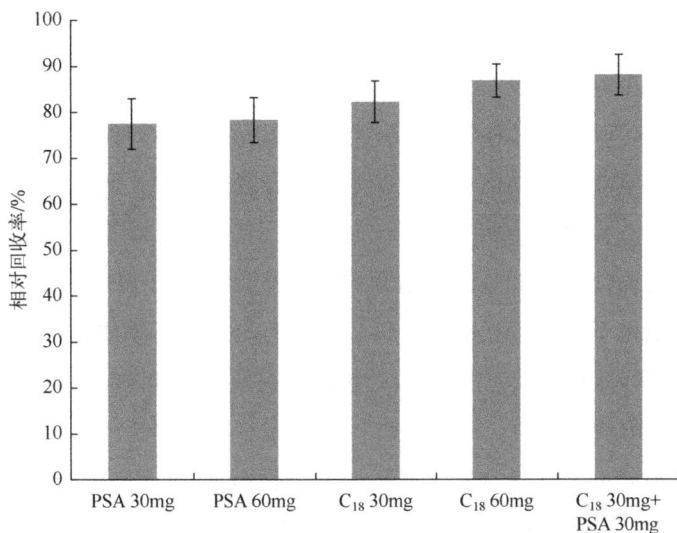

图 4-13　不同净化剂对蛋液中环丙沙星的净化效果比较

有效方法，可以避免样品溶剂和流动相之间的强度或黏度不匹配，也可以减少样品分析过程中的基线漂移。考虑到药物的溶解性，采用水相和有机相流动相 1∶1 来进行样品的复溶和标准溶液的稀释，可以有效抑制溶剂效应，获得较好的色谱表现。

（4）QuEChERS 法最终前处理条件

① 提取　在离心管中加入 1%甲酸乙腈提取液 8mL，涡旋混匀 2min，10000r/min 离心 8min，上清液转移到 10mL 离心管中，氮气吹干，待净化。

② 净化　氮气吹干后称取 50%甲醇水 1g，充分溶解，加入 4mL 水饱和正己烷，10000r/min 离心 5min，取下层清液，加入 30mg PSA 以及 30mg C_{18}，10000r/min 离心 5min，上层清液过 0.22μm 滤膜，上机分析。

环丙沙星按照鸡蛋中环丙沙星及标记物含量接近 1:1 原则，准确量取 100μg/L 的环丙沙星-D_8 158.4mg（约 200μL；准确记录称量质量），其他前处理步骤与恩诺沙星前处理相同。

4. LC-MS/MS 条件优化

（1）液相条件优化　液相色谱-串联质谱对于流动相有一定的局限性，只能采用挥发性酸或者挥发性盐，氟喹诺酮类药物是酸碱两性化合物，在质谱分析中更容易结合 H^+质子，因此可以在流动相中添加挥发性酸来提高离子化效率。pH 变化对氟喹诺酮类药物在色谱柱上的保留效果有很大影响。其一，氟喹诺酮类药物是酸碱两性化合物，其在不同流动相中的溶解性和解离状态会随流动相 pH 变化而改变。其二，氟喹诺酮类药物与色谱柱固定相表面残留硅羟基相互结合的程度与流动相的 pH 值有关。在色谱柱耐受的前提下，流动相的 pH 值较低，有利于目标物质谱检测。实验比较了 0.1%甲酸-水以及乙酸-水流动相，结果发现在 0.1%甲酸-水流动相条件下，色谱峰峰形更优。

考察不同色谱柱对鸡蛋中恩诺沙星、环丙沙星在 LC-MS/MS 分析中的影响，考察 Waters acquity C_{18}（2.1mm×150mm，3.5μm）、Angilent zobrax SB-Aq（2.1mm×150mm，3.5μm）、Waters BEH C_{18}（2.1mm×50mm 1.7μm）、Waters UPLC CSH C_{18}（2.1mm×150mm，1.7μm）等不同品牌色谱柱对恩诺沙星的分离和保留效果。结果表明恩诺沙星、环丙沙星在 C_{18} 色谱柱上均可以获得理想的峰形和较高的响应，根据定值过程中液相色谱仪器型号的不同，可以选择匹配的色谱柱进行定值实验，具体液相洗脱程序见表 4-16。

表 4-16 梯度洗脱程序

时间/min	流速/(mL/min)	流动相 A（0.1%甲酸-水）含量/%	流动相 B（甲醇）含量/%
1	0.3	95	5
2.5	0.3	5	95
3.5	0.3	5	95
5.5	0.3	95	5
7	0.3	95	5

（2）质谱条件优化 研究表明同位素内标不但可抵消质谱离子化时的基质效应，还可消除样品前处理过程中的差异，实验对 LC-MS/MS 质谱条件进行了优化。在全扫描模式下，分别进行正离子和负离子模式扫描，以确定分子离子峰和合适的电离方式。实验结果表明正离子模式下有更好的离子响应，容易得到 H^+ 而形成较为稳定的 $[M+H]^+$ 准分子离子，所以选择正离子模式。在确定分子离子峰的情况下，采用 LC-MS/MS 的多重反应监测模式（MRM）进行进一步优化，主要优化去簇电压（declustering potential）和碰撞能（collision energy，CE），以保证得到的子离子有最大的离子响应。

质谱条件如下。离子源：电喷雾正离子（ESI$^+$）监测模式，多重反应监测（MRM）扫描模式；离子源喷射电压 4.5kV；离子源温度：550℃；驻留时间：200ms；雾化气压力（GS1）：50psi；辅助气压力（GS2）：50psi；气帘气压力（CUR）：35psi。MRM 离子对信息如表 4-17 和表 4-18 所示，谱图如图 4-14 和 4-15 所示。

表 4-17 恩诺沙星及其内标物 MRM 离子对信息

化合物	离子对 *m/z*	去簇电压（DP）/V	碰撞能（CE）/V
恩诺沙星	360.3/316.1	110	30
	360.3/245.1	110	30
恩诺沙星-D$_5$	365.3/321.3	110	30

表 4-18 环丙沙星及其内标物 MRM 离子对信息

化合物	离子对 m/z	去簇电压（DP）/V	碰撞能（CE）/V
环丙沙星	332.1/288.1	110	30
	332.1/314.1	110	30
环丙沙星-D_8	340.4/296.3	110	30

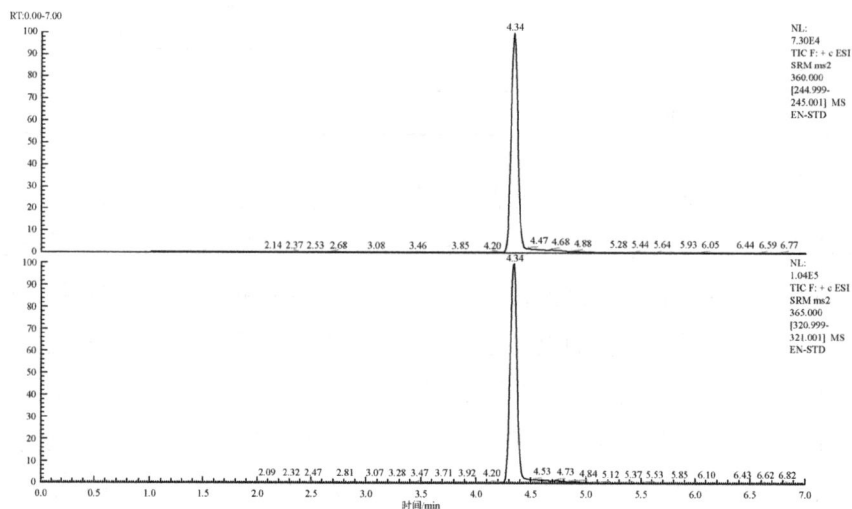

(a) 混合工作溶液

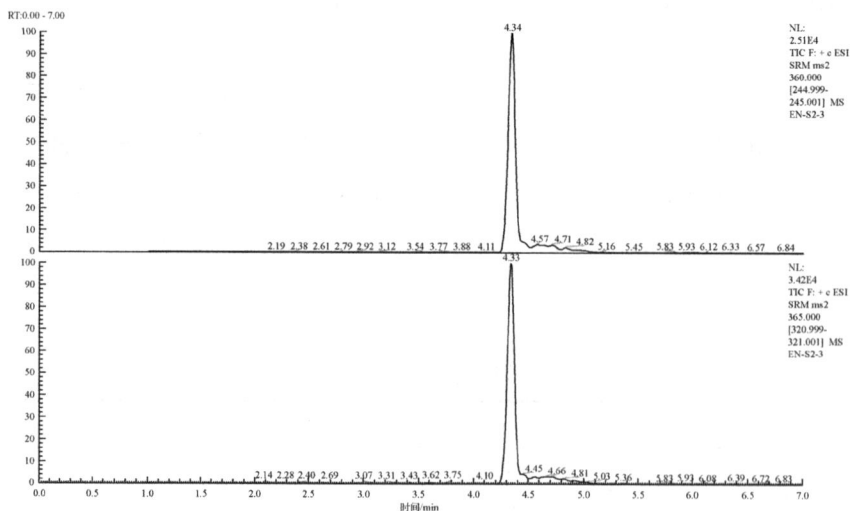

(b) 鸡蛋液样品

图 4-14 混合工作溶液（a）、鸡蛋液样品（b）中恩诺沙星
及其同位素标记物的离子色谱图

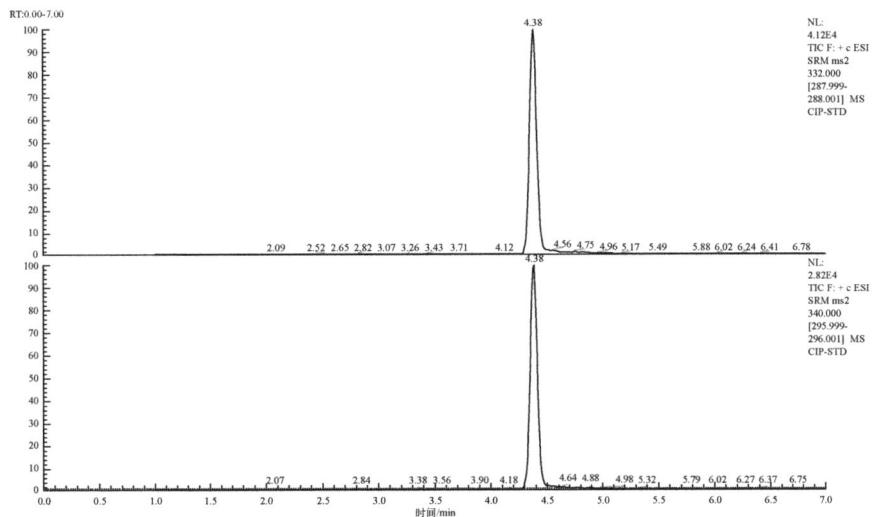

(a) 混合工作溶液

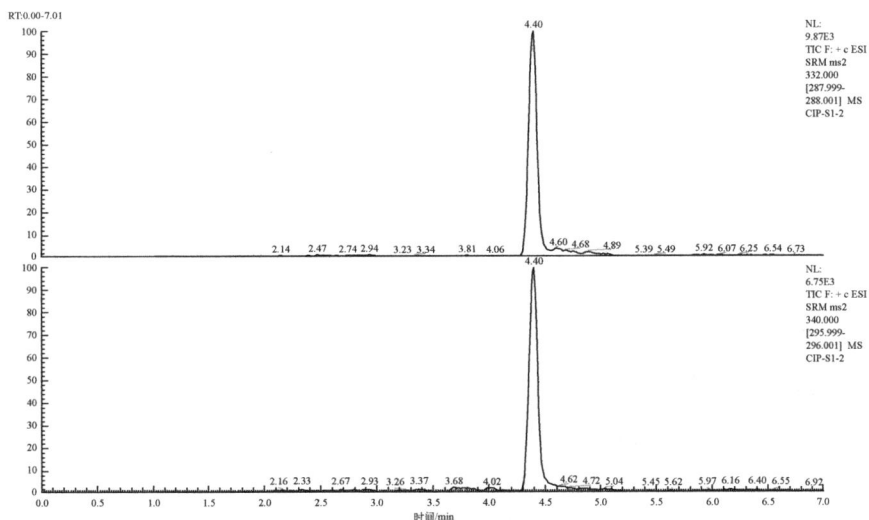

(b) 鸡蛋液样品

图 4-15 混合工作溶液（a）、鸡蛋液样品（b）中环丙沙星
及其同位素标记物的离子色谱图

5. 测量程序及结果计算

LC-MS/MS 上机顺序为：空白样品→校准溶液→标准物质样品→校准
溶液→标准物质样品……，最后鸡蛋液中恩诺沙星、环丙沙星质量浓度分

别采用单点计算法进行计算。计算公式如下：

$$C_1 = \frac{R_1}{R_2} \times \frac{M_1'}{M_2'} \times \frac{M_2}{M_s} \times P_{CRM}$$

式中　C_1——鸡蛋液中被测物的质量浓度，μg/kg；

R_1——仪器测得的鸡蛋液样品溶液中被测物与同位素标记物的峰面积比；

R_2——仪器测得的标准工作溶液中被测物与同位素标记物的峰面积比；

M_1'——加入鸡蛋液样品中的同位素标记物的质量，mg；

M_2'——加入标准工作溶液中的同位素标记物的质量，mg；

M_2——加入标准工作溶液中的标准物质质量，mg；

M_S——鸡蛋液样品的质量，mg；

P_{CRM}——标准物质的纯度。

6. 方法学评价

（1）线性范围　采用单点法作为定值计算方法，默认标准曲线是过原点的。同时考察了不同标准溶液的线性回归方程，从方程上也可得出，曲线截距很小，单点法是准确可靠的。

取恩诺沙星标准储备液，配制成 2、5、10、20、40、80、100μg/kg 的标准溶液，各标准溶液中均加入相同量的恩诺沙星-D_5 同位素内标物。以恩诺沙星与恩诺沙星-D_5 的含量比与质谱中二者的峰面积比拟合曲线，如图 4-16 所示。实验表明恩诺沙星在 2～100μg/kg 浓度范围具有良好线性，线性回归方程为：$y=0.8694x+0.0217$，$R^2=0.9997$。

环丙沙星系列标准溶液配制方法同上，在 2～100μg/kg 浓度范围具有良好线性，线性回归方程为：$y=0.9545x+0.0735$，$R^2=0.9990$（如图 4-17）。

（2）精密度及回收率实验　采用液相色谱-同位素稀释质谱法，通过单点法校准，分别考察方法准确性与精密度。随机抽取鸡蛋液中恩诺沙星残留分析标准物质候选物样品 4 支，每支分 3 个子样，测定结果见表 4-19。实验结果显示，组间及组内的相对标准偏差均在 3% 以内，测量重复性和精密度良好。

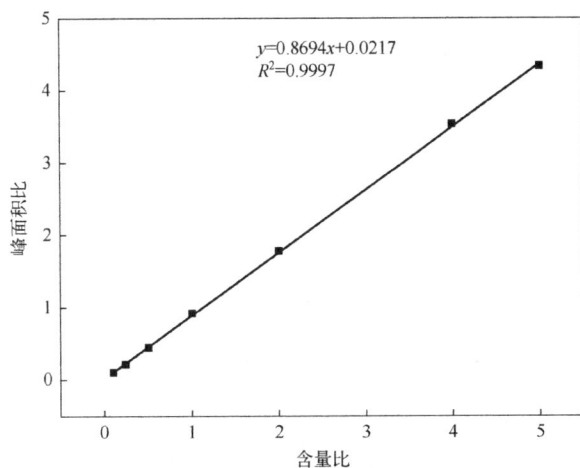

图 4-16　恩诺沙星校准曲线

$y=0.8694x+0.0217$
$R^2=0.9997$

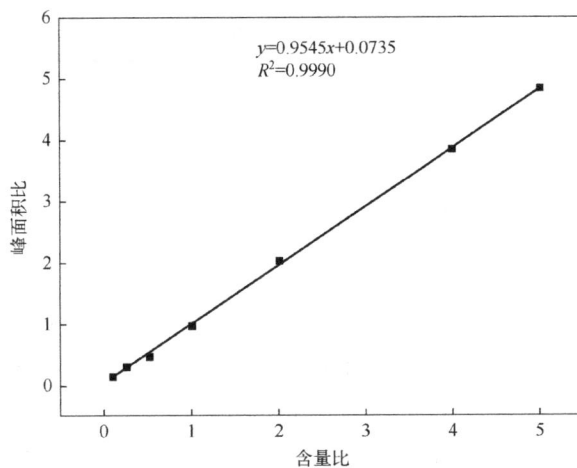

图 4-17　环丙沙星校准曲线

$y=0.9545x+0.0735$
$R^2=0.9990$

表 4-19　鸡蛋液中恩诺沙星含量测定结果

编号	批次	含量/(μg/kg)	平均值/(μg/kg)	标准偏差/(μg/kg)	相对标准偏差/%	总平均值/(μg/kg)	总标准偏差/(μg/kg)	总相对标准偏差/%
1	1	32.17	31.84	0.46	0.01	31.64	0.63	0.02
	2	32.04						
	3	31.32						
2	1	31.96	32.05	0.57	0.02			
	2	32.66						
	3	31.52						

续表

编号	批次	含量/(μg/kg)	平均值/(μg/kg)	标准偏差/(μg/kg)	相对标准偏差/%	总平均值/(μg/kg)	总标准偏差/(μg/kg)	总相对标准偏差/%
3	1	30.78	31.34	0.50	0.02			
	2	31.47						
	3	31.76				31.64	0.63	0.02
4	1	30.63	31.34	0.28	0.01			
	2	32.34						
	3	31.05						

同样,随机抽取鸡蛋液中环丙沙星残留分析标准物质候选物样品4支,按上述方法测定,结果见表4-20。实验结果显示,组间及组内的相对标准偏差均在3%以内,测量重复性和精密度良好。

表4-20 鸡蛋液中环丙沙星含量测定结果

编号	批次	含量/(μg/kg)	平均值/(μg/kg)	标准偏差/(μg/kg)	相对标准偏差/%	总平均值/(μg/kg)	总标准偏差/(μg/kg)	总相对标准偏差/%
1	1	39.41	40.11	0.74	0.02			
	2	40.83						
	3	40.10						
2	1	40.84	40.48	0.78	0.02			
	2	41.01						
	3	39.59				40.36	0.61	0.02
3	1	40.07	40.74	0.67	0.02			
	2	40.74						
	3	41.40						
4	1	40.44	40.10	0.30	0.01			
	2	39.96						
	3	39.90						

在添加回收率实验中,按照上述测定结果的25%、50%和100%分别向鸡蛋液样品中添加恩诺沙星、环丙沙星,并采用建立的方法进行测定,每个添加浓度水平样品平行测定三次。通过实测值与理论计算值比较,计算三个不同浓度水平下的回收率。鸡蛋液中恩诺沙星与环丙沙星添加回收率实验测定结果分别见表4-21和表4-22。

表 4-21　恩诺沙星添加回收率实验结果

添加量/%	理论值/(μg/kg)	测量值/(μg/kg)	RSD/%	回收率/%
—		31.64	2.0	—
25	39.55	38.96	1.8	98.5
50	47.46	48.65	2.5	102.5
100	63.28	65.87	4.3	104.1

表 4-22　环丙沙星添加回收率实验结果

添加量/%	理论值/(μg/kg)	测量值/(μg/kg)	RSD/%	回收率/%
—	—	40.36	2.0	—
25	50.45	47.98	4.3	95.1
50	60.54	58.97	3.3	97.4
100	80.72	82.17	3.9	101.8

　　实验表明，恩诺沙星三个不同浓度水平的回收率结果在 98.5%～104.1%之间；环丙沙星三个不同浓度水平的回收率结果在 95.1%～101.8%之间，方法的准确性良好。

　　为了评价方法对于不同浓度，以及不同来源方式（空白添加、给药饲喂）获得的样品的测量准确性，条件实验中，通过空白蛋液添加恩诺沙星或环丙沙星、均质混匀、封装的方式制备了浓度水平约为 20μg/kg 的样品，并采用建立的方法测定了该添加样品中恩诺沙星、环丙沙星的含量，测定结果如表 4-23 和表 4-24 所示。

表 4-23　蛋液中恩诺沙星含量测定结果

编号	批次	含量/(μg/kg)	平均值/(μg/kg)	标准偏差/(μg/kg)	相对标准偏差/%	总平均值/(μg/kg)	总标准偏差/(μg/kg)	总相对标准偏差/%
1	1	19.32	19.57	0.22	0.01			
	2	19.64						
	3	19.75						
2	1	20.09	19.44	0.63	0.03	19.36	0.41	0.02
	2	19.41						
	3	18.83						
3	1	18.97	19.18	0.51	0.03			
	2	19.76						
	3	18.81						

编号	批次	含量/(μg/kg)	平均值/(μg/kg)	标准偏差/(μg/kg)	相对标准偏差/%	总平均值/(μg/kg)	总标准偏差/(μg/kg)	总相对标准偏差/%
4	1	19.58	19.26	0.28	0.01	19.36	0.41	0.02
	2	19.15						
	3	19.05						

表 4-24　蛋液中环丙沙星含量测定结果

编号	批次	含量/(μg/kg)	平均值/(μg/kg)	标准偏差/(μg/kg)	相对标准偏差/%	总平均值/(μg/kg)	总标准偏差/(μg/kg)	总相对标准偏差/%
1	1	18.49	18.40	0.14	0.01			
	2	18.24						
	3	18.46						
2	1	18.97	19.06	0.33	0.02			
	2	19.42						
	3	18.78				18.80	0.49	0.03
3	1	18.14	18.95	0.74	0.04			
	2	19.08						
	3	19.64						
4	1	18.20	18.78	0.51	0.03			
	2	18.96						
	3	19.17						

上述实验结果显示，组间及组内的相对标准偏差均较小，测量重复性和精密度良好。说明该方法适用性强，对不同来源方式阳性样品均有较好的测量重复性，同时也证明，对于添加的同位素内标不存在歧视效应，可满足基体标准物质定值的要求。

（3）方法检出限及定量限　采用液相色谱同位素稀释质谱法，通过单点法校准，测定制备的鸡蛋液中恩诺沙星含量。以 3 倍信噪比为检出限，以 10 倍信噪比为定量限，计算出该方法的恩诺沙星检出限与定量限分别为 0.4μg/kg 和 1.2μg/kg，环丙沙星的检出限和定量限分别为 0.7μg/kg 和 2.3μg/kg。

第二节
对虾肉粉中氟苯尼考残留分析标准物质研制实例

一、概述

氟苯尼考，又名氟甲砜霉素，是甲砜霉素的单氟衍生物，英文名称 florfenicol，CAS 号 73231-34-2；分子式 $C_{12}H_{14}Cl_2FNO_4S$，分子量 358.21，熔点 155℃，储存条件 0~5℃，是一种白色或微浅黄色结晶性粉末，无臭、味苦。本品在二甲基甲酰胺中极易溶解，在甲醇中溶解，在冰醋酸中略溶，在水或氯仿中微溶解；是广谱抗菌药，分子结构如图 4-18 所示。

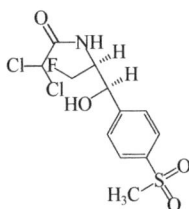

图 4-18　氟苯尼考分子结构

从区域分布来看，亚洲是全球对虾的主要产区，我国则是全球对虾养殖和生产的第一大国，早在 2012 年，我国对虾产量为 150 万吨，占全球对虾产量比重高达 42%。水产蛋白是全球人口动物蛋白来源的重要组成部分，与畜禽蛋白相比，水产蛋白肉质更嫩，而且脂肪含量少，更有利于人体健康。对虾作为水产品的重要组成部分，营养价值极高，且含有镁、磷、钙等微量元素，有益于人体健康。此外，对虾体内含有一种重要的物质——虾青素，虾青素是目前发现的最强的抗氧剂，具有非常高的食品、药品和化妆品使用价值。因此，随着我国经济的发展和居民收入的提升，我国对虾的消费量和需求量持续快速增长。而目前集约化规模养殖模式中，养殖密度大，标准化管理水平较差，养殖企业和养殖户为了防病和治病，常常存在违规添加禁限用药物的情况。农业农村部农产品质量安全监测结果表明，水产品中酰胺醇类药物检出问题突出，尤其是对虾中氟苯尼考残留问题需要引起关注。

1. 研究目的

氟苯尼考在水产养殖中不规范使用，给人体健康和公共卫生安全带来严重风险，其残留问题也日益受到各级政府监管部门重视。近几年农业农村部全国水产品例行监测中，氟苯尼考已被列入重点监测参数。但是，由于缺乏相应的有证标准物质，直接影响了监测结果的准确性、可靠性以及可比性。因此，研制单位从 2015 年起开展了相关国家有证标准物质的研制工作，目前氟苯尼考纯度标准物质［GBW(E)090959］、甲醇中氟苯尼考溶液标准物质［GBW(E)082558］以及甲醇中氟苯尼考及氟苯尼考胺混合溶液标准物质［GBW(E)083592］均已成功研制并获得国家有证标准物质证书。为了进一步满足分析方法研究与确认以及实验室能力比对、质量控制等分析测量的需求，2019 年起，研制单位在农业农村部财政专项支持下启动了对虾肉粉中氟苯尼考残留分析标准物质的研制工作。

2. 国内外现状

经国家标准物质信息服务平台查询，未检索到对虾肉粉中氟苯尼考残留分析相关标准物质。相关虾基体标准物质主要有 GBW08572 对虾成分分析标准物质、GBW10050 生物成分分析标准物质（大虾），其特性量均为无机元素。在美国 NIST 标准物质信息数据库中也未检索到对虾肉粉中氟苯尼考残留分析相关标准物质。

3. 预期目标与应用前景

预期研制对虾肉粉中氟苯尼考残留分析标准物质，基体标准物质候选物中氟苯尼考残留浓度水平控制在 10～20μg/kg 范围内，总包装单元为 400 个，每个包装不少于 3g 包装量。上述标准物质可用于食品、农业、商检等领域中氟苯尼考残留检测，以及测量质量控制、分析仪器校准、分析方法确认与评估等，为国家和各地方水产品质量安全和风险监管提供有效技术支撑，保障水产品及其他动物源食品中氟苯尼考监测工作的有效实施及对禁限用药物违规使用行为依法进行打击。

二、候选物选择与制备

1. 候选物选择

（1）选择原则　基体标准物质作为方法评价和质量控制的有效手段，具有与实际样品基质组成、结构、性质等一样或相近的特性。同时，还要保证基体标准物质候选物具有代表性，特性成分含量满足实际检测的需求。

对虾中氟苯尼考药物残留量的测定方法，相关研究报道较多，同时我国也出台了相关国家标准 GB/T 20756—2006《可食动物肌肉、肝脏和水产品中氯霉素、甲砜霉素和氟苯尼考残留量的测定　液相色谱-串联质谱法》，其中规定氟苯尼考的检出限为 1.0μg/kg。为保证本项目所研制的基体标准物质具有较好适用性，能够很好地满足实际检测过程中方法确认与质量控制的需要，以检出限的 3～5 倍作为特性量的目标浓度水平，对虾肉粉中氟苯尼考的含量应控制在 10～20μg/kg 范围内。

（2）制备方案　为了获得特性量值满足要求、基质组成与真实样品一致的对虾肉粉中氟苯尼考残留分析基体标准物质原料，基于药浴实验确定给药方案，通过药浴获得含有氟苯尼考的对虾样品原料。针对获得的对虾阳性样品，经过去头去壳、制糜、冻干、磨粉、过筛、分装、辐照、低温保存等技术工艺，最终获得该基体标准物质候选物。

2. 候选物制备

（1）药浴实验　通过对不同药浴时间的对虾进行氟苯尼考残留量的测定，发现在药浴后代谢 2h，对虾中的氟苯尼考含量迅速下降。为保证获得药物含量在 10～20μg/kg 目标范围内，故选择收集药浴 6h 后的对虾。对虾药浴实验结果见表 4-25～表 4-27。

表 4-25　不同药浴时间对虾中氟苯尼考残留量

时间	残留量/(μg/kg)
药浴 2h	16.64
药浴 4h	42.73
药浴 6h	27.54
药浴 8h	38.25

表 4-26 药浴 4h 后不同代谢时间对虾中氟苯尼考残留量

时间	残留量/(μg/kg)
药浴 4h,代谢 2h	5.12
药浴 4h,代谢 4h	3.91
药浴 4h,代谢 6h	2.56
药浴 4h,代谢 8h	4.41
药浴 4h,代谢 20h	0.86
药浴 4h,代谢 22h	0.4

表 4-27 药浴 6h 后不同代谢时间对虾中氟苯尼考残留量

时间	残留量/(μg/kg)
药浴 6h,代谢 2h	5.71
药浴 6h,代谢 4h	3.48
药浴 6h,代谢 6h	1.25
药浴 6h,代谢 18h	0.70
药浴 6h,代谢 20h	1.20
药浴 6h,代谢 22h	1.68

（2）样品制备 取 40kg 空白对虾于 34m³ 水池中,池中蓄有 20m³ 水。向池中加入 10g 氟苯尼考标准品（TCI 公司,纯度大于 99%）,药浴 6h 后将虾捞出,立即转移至-20℃冷库中放置过夜。将虾微解冻后进行去头去壳处理,只保留其肌肉部分,打碎成虾糜后置于真空冷冻干燥机中冷冻干燥。将冷冻干燥后的样品打磨成粉,过 40 目筛后分装至棕色瓶中,每瓶不少于 3g。分装后装于银色包装袋内,用真空塑封机进行塑封,辐照。保存于-20℃。制备过程如图 4-19 所示。

图 4-19　对虾肉粉中氟苯尼考残留分析标准物质候选物制备过程

（3）候选物水分测定　虾糜经过冻干制粉混匀分装后，仍然存在微量的水分。因此，针对冻干分装的对虾肉粉基体标准物质候选物，采用卡尔费休法测量了其微量水分含量。随机抽取 3 个包装单元，每个单元平行测量 2 次，称样量为 6mg。结果如表 4-28 所示，对虾肉粉中氟苯尼考残留分析标准物质候选物的水分含量为 6.99%。

表 4-28　对虾肉粉中氟苯尼考残留分析标准物质候选物中水分测定结果

序号	1	2	3	4	5	6	平均值	标准偏差
水分含量/%	6.896	7.362	7.200	6.726	6.809	6.923	6.99	0.24

为了进一步考察环境湿度对于对虾肉粉称量过程的影响，分别模拟了高湿度环境（相对湿度 90%）和干燥环境（相对湿度 20%）条件下，对虾肉粉质量随时间的变化，如图 4-20 所示。准确称取 1g 对虾肉粉于 50mL

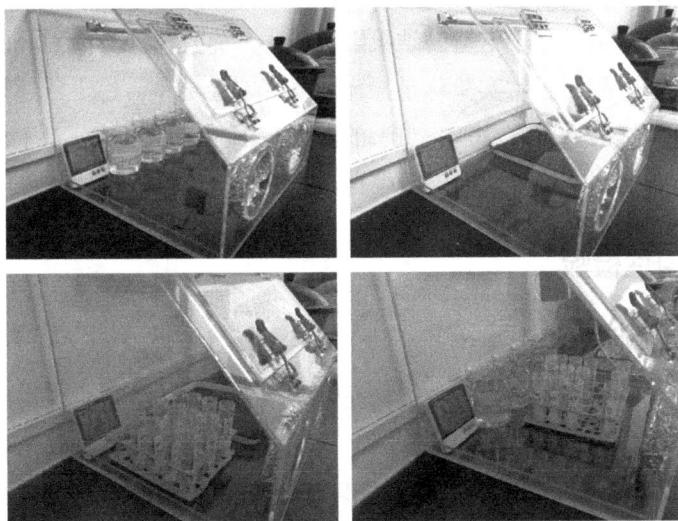

图 4-20　环境湿度对虾肉粉质量的影响

离心管中，敞口置于湿度模拟环境中，分别于 10min、20min、30min、60min
称量质量变化，结果如表 4-29 和表 4-30 所示。

表 4-29　高湿环境对称量影响评价（相对湿度：90%±2%）　单位：g

样品	0min		10min	20min	30min	60min	60min 最大称重变化
	离心管	虾肉粉	总重	总重	总重	总重	
KB	10.5569	0	10.5581	10.5574	10.5578	10.5571	—
XF-S1	10.4340	1.0125	11.4487	11.4510	11.4521	11.4565	0.0100
XF-S2	10.5743	1.0134	11.5888	11.5905	11.5918	11.5961	0.0084
XF-S3	10.4445	1.0330	11.4800	11.4819	11.4836	11.4866	0.0091

表 4-30　干燥环境对称量影响评价（相对湿度：20%±2%）　单位：g

样品	0min		10min	20min	30min	60min	60min 最大称重变化
	离心管	虾肉粉	总重	总重	总重	总重	
KB	10.5571	0	10.5575	10.5571	10.5571	10.5564	—
XF-S1	10.5360	1.0083	11.5470	11.5481	11.5490	11.5494	0.0051
XF-S2	10.5363	1.0026	11.5413	11.5423	11.5430	11.5441	0.0052
XF-S3	10.5761	1.0052	11.5829	11.5841	11.5842	11.5854	0.0041

由表中数据可以看到，对虾肉粉暴露于上述高湿和干燥的环境中，
60min 内最大重量变化分别为 0.0100g 和 0.0052g，相对于检测时 1g 称样
量上述变化较小，对于定值的结果影响较小，而且模拟时间 60min 是较为
极端的称量时间，正常实验称量操作所受影响会更小。综上所述，认为对
虾肉粉基体标准物质在 20%～90% 的湿度范围内，环境水分对于样品称量
的影响可忽略不计，且对虾肉粉中存在的微量水分含量也较为稳定。

三、均匀性检验

1. 检验方案

根据 JJF 1006—1994《一级标准物质技术规范》的要求对标准物质进
行均匀性检验。记总体单元数为 N，当 $200<N\leqslant500$ 时，抽样单元数不少
于 15 个。因此，本研究按照整个封装过程的前、中、后随机抽取 15 个包
装单元，随机抽取的样品从 1 到 15 编号，每个随机抽取的单元再平行取

3 个子样，记录编号为 1-1、1-2、1-3，2-1、2-2、2-3，…，15-1、15-2、15-3。均匀性检验方法采用液相色谱-同位素稀释串联质谱法测定结果（具体方法参数见标准物质定值部分，定值方法确认过程见附件），结果采用方差分析法进行统计分析，通过比较 F 检验值与 F 临界值的大小来判定。

2. 检验结果与统计分析

对虾肉粉中氟苯尼考残留成分特性量值均匀性检验测定结果及数据统计分析结果见表 4-31。

表 4-31 对虾肉粉中氟苯尼考残留成分基体标准物质的均匀性检验结果

单位：μg/kg

项目	1	2	3	平均值
1	11.81	12.21	12.42	12.15
2	12.18	12.62	11.47	12.09
3	11.19	11.52	11.99	11.57
4	11.04	11.23	10.99	11.09
5	12.06	11.52	11.36	11.65
6	11.34	11.41	11.93	11.56
7	10.78	12.09	10.59	11.15
8	13.04	10.95	11.40	11.80
9	10.92	11.19	11.26	11.12
10	11.12	11.18	11.20	11.17
11	11.69	11.29	12.11	11.70
12	11.48	12.16	10.96	11.53
13	10.63	10.79	10.45	10.62
14	11.09	11.67	11.46	11.41
15	10.47	10.99	11.78	11.08
总平均			11.45	
总标准偏差			0.58	
s_1^2			0.5092	
s_2^2			0.2560	
F			1.99	
$F_{0.05}$（14,30）			2.04	
结论			$F < F_{0.05}$（14,30），原料样品均匀	

上述实验数据表明，对虾肉粉中氟苯尼考特性量值均通过 F 检验，表明基体标准物质均匀性良好，满足技术规范要求。此外，本实验均匀性检

验时的取样量为 1g，因此，本项目研制的对虾肉粉中氟苯尼考残留分析标准物质以 1g 作为最小取样量。

四、稳定性考察

1. 长期稳定性

（1）考察方案　根据 JJF 1006—1994《一级标准物质技术规范》和 JJF 1343—2012《标准物质定值的通用原则及统计学原理》的要求，标准物质稳定性考察按先密后疏的原则进行。因此，本项目分别在第 0、1、3、6、9、15 个月开展长期稳定性监测。每次随机取 3 个包装单元，每个单元平行测定三次，测量方法与均匀性检验采用的方法相同，均为液相色谱-同位素稀释串联质谱法。取三个包装单元测量结果的平均值作为该次长期稳定性监测结果，结果分析采用趋势分析法，以监测时间和结果拟合直线，并对结果进行统计分析。

（2）结果与统计分析　对虾肉粉中氟苯尼考残留分析标准物质长期稳定性监测结果如表 4-32 所示，以检测时间和结果拟合直线（见图 4-21），采用趋势分析法对稳定性检验结果进行统计分析。

表 4-32　对虾肉粉中氟苯尼考残留分析标准物质的长期稳定性监测结果

单位：μg/kg

项目	2019 年 4 月	2019 年 5 月	2019 年 7 月	2019 年 10 月	2020 年 1 月	2020 年 7 月
1#	11.12	11.99	11.97	10.49	10.97	11.85
2#	11.89	10.47	12.12	10.83	11.19	11.79
3#	11.32	11.09	10.34	11.10	12.34	12.03
平均	11.44	11.83	11.48	10.81	11.50	11.89
b_1	0.0331					
b_0	11.20					
s^2	0.1202					
$s(b_1)$	0.0275					
$t_{0.95,n-2}$	2.78					
$t_{0.95,n-2} \cdot s(b_1)$	0.0765					
结论	$|b_1| < t_{0.95,n-2} \cdot s(b_1)$，稳定					

$$y=0.0331x+11.196$$

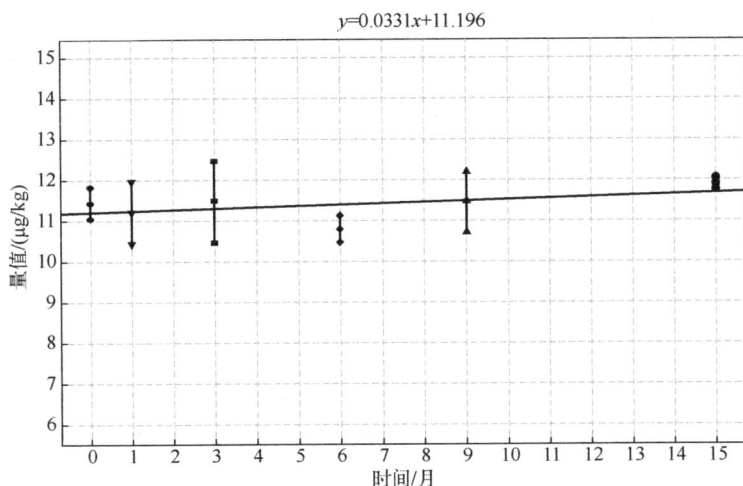

图 4-21 对虾肉粉中氟苯尼考残留分析标准物质长期稳定性趋势图

2. 短期稳定性

（1）考察方案 根据 JJF 1006—1994《一级标准物质技术规范》和 JJF 1343—2012《标准物质定值的通用原则及统计学原理》的要求，标准物质短期稳定性考察主要评价标准物质在运输过程中特性量值受环境温度变化而产生的变化或影响。本研究将随机抽取的样品置于 4℃、20℃和 40℃恒温箱中（模拟运输条件）保存，分别在第 0、1、3、5、7、9 天进行稳定性监测，测定方法与长期稳定性监测方法相同，同样采用趋势分析对监测数据进行统计分析。

（2）结果与统计分析 对虾肉粉中氟苯尼考残留分析标准物质短期稳定性监测结果如表 4-33 所示，以检测时间和结果拟合直线（见图 4-22），采用趋势分析法对稳定性检验结果进行统计分析。

表 4-33 对虾肉粉中氟苯尼考残留分析标准物质的短期稳定性监测结果

单位：μg/kg

项目	温度条件（4℃）	温度条件（20℃）	温度条件（40℃）
0 天	12.09	12.15	11.44
1 天	10.84	11.35	11.19
3 天	11.51	11.82	11.48
5 天	12.54	11.58	10.81
7 天	11.74	12.90	11.50

项目	温度条件（4℃）	温度条件（20℃）	温度条件（40℃）
9 天	12.42	11.92	11.44
平均值	11.86	11.95	11.31
b_1	0.0923	0.0568	0.0064
b_0	11.47	11.72	11.28
s^2	0.372	0.3152	0.0902
$s(b_1)$	0.0782	0.0720	0.0385
$t_{0.95,n-2}$	2.78	2.78	2.78
$t_{0.95,n-2} \cdot s(b_1)$	0.2174	0.2002	0.1070
结论	$\|b_1\| < t_{0.95,n-2} \cdot s(b_1)$，稳定	$\|b_1\| < t_{0.95,n-2} \cdot s(b_1)$，稳定	$\|b_1\| < t_{0.95,n-2} \cdot s(b_1)$，稳定

$y = 0.0919x + 11.473$

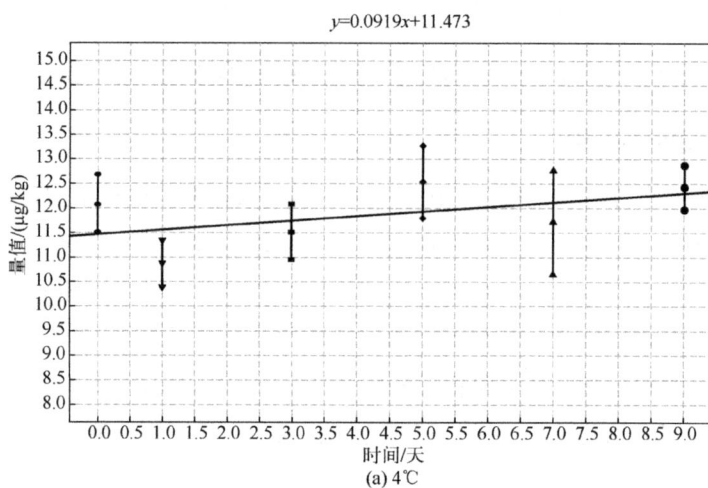

(a) 4℃

$y = 0.0569x + 11.715$

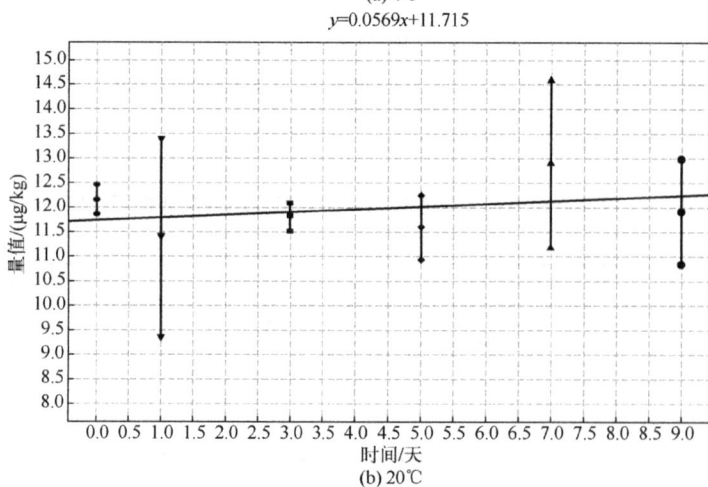

(b) 20℃

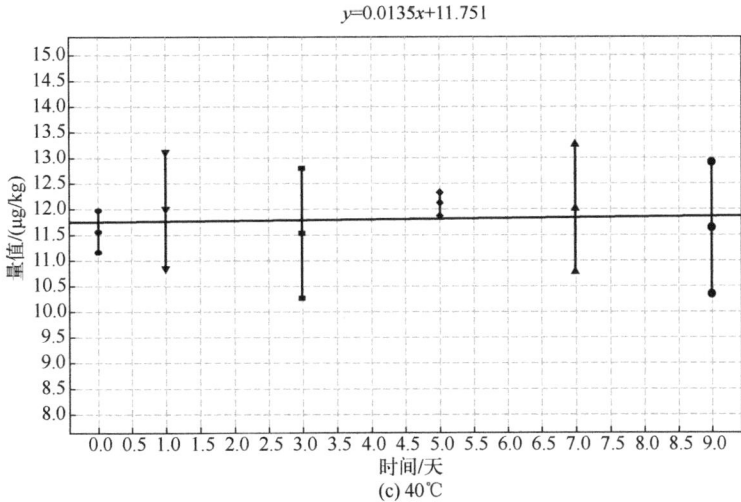

$$y=0.0135x+11.751$$

图 4-22 对虾肉粉中氟苯尼考残留分析标准物质短期稳定性趋势图

对虾肉粉中氟苯尼考药物残留分析标准物质，在−20℃保存条件下，完成了 15 个月的稳定性考察。长期稳定性结果表明：15 个月内特性量值稳定可靠。短期稳定性结果表明：环境温度低于 40℃、9 天之内的运输条件下，该标准物质的特性量值无显著变化。

五、定值

1. 测量方法选择

根据 JJF 1006—1994《一级标准物质技术规范》和 JJF 1343—2012《标准物质定值的通用原则及统计学原理》的要求，针对一级标准物质可采用两种不同原理的方法同时定值，或者采用一种方法多家实验室联合定值。然而，复杂基体标准物质一般难以满足两种不同原理方法同时定值，通常采用一种绝对测量方法——同位素稀释质谱法（IDMS），多家实验室联合定值的方式。本项目根据前期文献调研，拟采用高效液相色谱-同位素稀释串联质谱法定值。

2. 实验仪器与试剂

液相色谱-质谱联用仪（Waters Acquity UPLC 串联 AB TripleQuad

3500，美国）；高速冷冻离心机（美国 Thermo 公司）；水浴氮吹仪（DSY-Ⅲ，北京东方精华苑科技有限公司）；色谱柱 Waters X-bridge C_{18}（150mm×2.1mm，3.5μm）；涡旋混合器 VORTEX-5（美国 Scientific industries 公司）；分析天平（METTLER AL104，d=0.1mg；METTLER XS105，d=0.01mg）。

氟苯尼考纯度标准物质为国家二级有证标准物质，编号 GBW(E)090959，纯度为 99.0%，不确定度为 0.4%；氟苯尼考-D_3 标准品，同位素丰度大于 98%，德国 Witega。甲醇、乙腈、正己烷、乙酸乙酯、氨水（25%，水中）、甲酸均为色谱纯。氨化乙酸乙酯（2%）：取乙酸乙酯 980mL，加 20mL 氨水混匀。

3. 测量方法

（1）标准溶液制备

① 标准储备液。准确称取 3.0mg（精确到 0.001mg）氟苯尼考纯度国家有证标准物质和色谱级甲醇溶剂 30g（精确到 0.1mg）于棕色玻璃瓶中，配制浓度为 100mg/kg 的氟苯尼考标准储备液，涡旋，充分溶解后于 4℃条件下保存，有效期 9 个月。

② 同位素标记储备液。准确称取 0.5mg（精确到 0.001mg）氟苯尼考-D_3 同位素固体纯品和色谱级甲醇溶剂约 5g（精确到 0.1mg）于棕色玻璃瓶中，配制浓度为 100mg/kg 的氟苯尼考-D_3 同位素内标储备液，涡旋，充分溶解后于 4℃条件下保存，有效期 9 个月。

③ 标准中间液。准确称取 1.0g（精确到 0.0001g）氟苯尼考标准储备液和 9g（精确到 0.0001g）色谱级甲醇溶剂于棕色玻璃瓶中，配制浓度为 10mg/kg 的氟苯尼考标准中间液，涡旋，充分溶解后分装，于 4℃条件下保存，有效期 6 个月。

④ 同位素标记中间液。准确称取 1.0g（精确到 0.0001g）氟苯尼考-D_3 储备液和 9g（精确到 0.0001g）色谱级甲醇溶剂于棕色玻璃瓶中，配制浓度为 10mg/kg 的氟苯尼考-D_3 中间液，涡旋，充分溶解后分装，于 4℃条件下保存，有效期 6 个月。

⑤ 标准工作液。准确称取 0.3g（精确到 0.0001g）氟苯尼考标准中间液和 30g（精确到 0.0001g）色谱级甲醇溶剂于棕色玻璃瓶中，配制浓度为 100μg/kg 的氟苯尼考标准工作液，涡旋，充分溶解后分装，于 4℃条件下保存，有效期 3 个月。

⑥ 同位素标记工作液。准确称取 0.3g（精确到 0.0001g）氟苯尼考-D$_3$ 中间液和 30g（精确到 0.0001g）色谱级甲醇溶剂于棕色玻璃瓶中，配制浓度为 100μg/kg 的氟苯尼考-D$_3$ 工作液，涡旋，充分溶解后分装，于 4℃条件下保存，有效期 3 个月。

⑦ 混合校准溶液。准确称取一定质量的标准工作溶液和内标标准工作溶液，记录各自质量，混合后定容至 1mL，浓度应与样品上机浓度尽可能接近，用于单点校准，现用现配。

（2）样品前处理

① 提取：称量 1.0g 虾粉样品于 50mL 离心管中，加入 5g 水后充分涡旋。加入适量同位素标记工作液并准确称量，涡旋平衡 2h 后，加入 15mL 提取剂（乙酸乙酯：氨水=98：2），涡旋混匀 1min 后静置 5min。5000r/min 离心 5min 后转移上清液于 15mL 离心管中，氮气吹至干。

② 净化：将 1mL 水和 3mL 正己烷加入离心管中，涡旋混匀后以 5000r/min 离心 5min。将下清液移入 1.5mL 离心管，10000r/min 离心 10min，过 0.22μm 滤膜，待上机测定。

（3）LC-MS/MS 测定方法

① 色谱条件。色谱柱：Waters Bridge C$_{18}$ 柱（150mm×2.1mm×3.5μm）。流动相 A：0.1%甲酸水溶液。流动相 B：0.1%甲酸甲醇溶液。梯度洗脱程序：0～1min，5%B；1～3min，5%B～100%B；3～4min，100%B；4～4.5min，100%B～5%B；4.5～7min，5%B。流速：0.3mL/min。进样体积为 5μL。柱温 30℃。

② 质谱条件。电喷雾离子源（ESI）；负离子扫描方式；多反应监测（MRM）模式；源温度：550℃；毛细管电压：4.5kV；干燥气温度：500℃；干燥气（氮气）流速：900L/h；碰撞气（氩气）流速：0.16mL/min。其他质谱参数见表 4-34。

表 4-34　质谱 MRM 监测离子对信息

化合物	母离子/(m/z)	去簇电压/V	子离子/(m/z)	碰撞能/V
氟苯尼考	355.9	−73	336.0[①], 184.9	−14
氟苯尼考-D₃	359.1	−70	339.2[①], 188.1	−14

① 定量离子。

（4）测量结果计算　样品前处理时，每瓶样品分三个子样，平行前处理，样品编号记为 S1-1、S1-2、S1-3、S2-1、S2-2、S2-3……S 表示样品，第一个数字表示瓶号，第二个数字表示子样。LC-MS/MS 上机顺序为：空白样品→校准溶液→标准物质样品（S1-1、S1-2、S1-3）→校准溶液→标准物质样品（S2-1、S2-2、S2-3）……最后对虾肉粉中氟苯尼考质量分数采用单点计算法进行计算。计算公式如下：

$$C_1 = \frac{R_1}{R_2} \times \frac{M_1'}{M_2'} \times \frac{M_2}{M_s} \times P_{CRM}$$

式中　C_1 ——对虾肉粉中被测物的质量浓度，μg/kg；

　　　R_1 ——仪器测得的对虾肉粉样品溶液中被测物与同位素标记物的峰面积比；

　　　R_2 ——仪器测得的标准工作溶液中被测物与同位素标记物的峰面积比；

　　　M_1' ——加入对虾肉粉样品中的同位素标记物的质量，mg；

　　　M_2' ——加入标准工作溶液中的同位素标记物的质量，mg；

　　　M_2 ——加入标准工作溶液中的标准物质质量，mg；

　　　M_s ——对虾肉粉样品的质量，mg；

　　P_{CRM} ——标准物质的纯度。

4. 多家实验室联合定值

对虾肉粉中氟苯尼考残留分析标准物质的研制，采用液相色谱-同位素稀释串联质谱法（LC-ID-MS/MS），6 家实验室联合定值。由标准物质研制单位农业农村部农产品质量标准研究中心统一组织与实施联合定值，筛选我国具有相关检测资质的、专业的、权威的实验室参加，并对参加单位的定值能力进行充分调研与考察。参加联合定值实验室单位有中国水产科学研究院黑龙江水产研究所、农业农村部水产品质量监督检验测试中心、江苏省农业科学院农产品质量安全与营养研究所、国家水产品质量监督检验中心、四川省农业科学院分析测试中心、农业农村部农产品质量标准研究中心。

参加联合定值的 6 家实验室均为国家级或省部级权威实验室，为标准物质准确定值提供了可靠保证。联合定值的实施方案主要包括：组织召开联合定值研讨会；由标准物质研制单位开展定值方法的研究，为其他联合定值单位提供 SOP 方法参考，并统一分发定值所需的氟苯尼考标准溶液、氘代同位素内标物溶液以及随机抽取的对虾肉粉残留分析标准物质样品（每个实验室各三份）；各参加实验室根据 SOP 方法结合各自仪器型号进一步优化定值方法，并完成标准物质候选物样品定值，提交定值结果数据，提供实验设备、仪器型号以及具体操作过程等文件材料。

各参加实验室统一参考与采用研制单位提供的作业指导书。6 家实验室的定值数据结果见表 4-35。

表 4-35　对虾肉粉中氟苯尼考残留分析标准物质合作定值结果　　单位：μg/kg

项目	实验室 1	实验室 2	实验室 3	实验室 4	实验室 5	实验室 6
1-1	10.89	12.31	12.89	11.96	12.53	11.65
1-2	10.78	12.10	12.28	11.22	12.47	11.11
1-3	10.98	11.79	12.61	11.58	12.30	12.14
2-1	11.03	11.85	12.37	11.38	12.26	11.62
2-2	10.93	12.12	11.85	11.17	11.74	11.05
2-3	11.26	12.04	12.13	12.10	12.18	10.95
3-1	10.54	12.04	12.70	12.17	12.48	11.19
3-2	11.04	11.95	12.62	11.56	12.38	11.52
3-3	11.00	12.80	12.86	11.24	11.89	11.99
平均值	10.94	12.11	12.48	11.60	12.25	11.47
标准偏差	0.20	0.30	0.35	0.39	0.27	0.42
总平均值	11.81					
总标准偏差	0.57					

根据 JJF 1343—2012《标准物质定值的通用原则及统计学原理》，对联合定值测量数据进行评估。首先，采用夏皮罗-威尔克正态检验法，对各个

实验室原始独立测量数据进行正态性检验。

$$W = \left\{ \sum a_K \left[X_{n+1-K} - X_K \right] \right\}^2 / \sum_{K=1}^{n} \left(X_K - \bar{X} \right)^2$$

式中，下标的 K 值，当测量次数 n 是偶数时为 $1 \sim n/2$，当测量次数是奇数时则为 $1 \sim (n-1)/2$；系数 a_K 是与 n 及 K 有关的特定值。该统计量 W 的判据是，当 $W > W(n, p)$，则接受测定数据为正态分布。

结果如表 4-36 所示。

表 4-36　夏皮罗-威尔克正态检验结果

实验室	W 值	W（9，95%）	检验结果
实验室 1	1.554	0.829	正态分布
实验室 2	3.025	0.829	正态分布
实验室 3	1.607	0.829	正态分布
实验室 4	1.475	0.829	正态分布
实验室 5	2.133	0.829	正态分布
实验室 6	2.041	0.829	正态分布

结果显示各组 $W > W(9, 95\%)$，表明各组测量结果服从正态分布。其次，对各组数据开展异常值检验。采用狄克逊准则对各实验室定值数据进行统计检验。将各组测量结果分别按照由小到大的顺序排列：

$$x_{(1)} \leqslant x_{(2)} \leqslant \cdots \leqslant x_{(n-1)} \leqslant x_{(n)}$$

当 $n = 9$，

$$r_1 = \frac{x_{(2)} - x_{(1)}}{x_{(n-1)} - x_{(1)}}$$

$$r_n = \frac{x_{(n)} - x_{(n-1)}}{x_{(n)} - x_{(2)}}$$

结果如表 4-37 所示。

由狄克逊检验可知，各个实验室测定结果的 r_1 和 r_n 均小于 $f(0.05, 9)$，表明各组测量结果均通过检验，均无异常值，测量结果保留。

表 4-37 狄克逊检验异常值结果

实验室	r_1	r_n	$f(0.05, 9)$	检验结果
实验室 1	0.4912	0.4542	0.5640	无异常值
实验室 2	0.1220	0.5104	0.5640	无异常值
实验室 3	0.2772	0.0395	0.5640	无异常值
实验室 4	0.5013	0.0628	0.5640	无异常值
实验室 5	0.0521	0.0660	0.5640	无异常值
实验室 6	0.0962	0.1376	0.5640	无异常值

采用科克伦法判断这 6 组数据的标准偏差进行检验,判断是否等精度。根据科克伦准则,计算如下:

$$C = \frac{s_{max}^2}{\sum\limits_{i=1}^{m} s_i^2} = \frac{0.42^2}{0.6554} = 0.2691$$

查表得, $C(0.05,6,9) = 0.3817$,则 $C < C(0.05,6,9)$,因此,6 组数据等精度。

经检验 6 家实验室数据等精度,对各组平均值采用狄克逊检验,判断是否存在异常值。结果如下:

当 $n = 6$,

$$r_1 = \frac{x_{(2)} - x_{(1)}}{x_{(n)} - x_{(1)}} = \frac{11.47 - 10.94}{12.48 - 10.94} = 0.3442$$

$$r_2 = \frac{x_{(n)} - x_{(n-1)}}{x_{(n)} - x_{(1)}} = \frac{12.48 - 12.25}{12.48 - 10.94} = 0.1494$$

又因为 $n = 6$,由狄克逊检验表查 $f(0.05,6) = 0.628$

由狄克逊检验可知,各个实验室测定结果平均值的 r_1 和 r_n 均小于 $f(0.05,6)$,表明各组测量结果平均值通过检验,无异常值,结果保留。

综上所述,对虾肉粉中氟苯尼考残留分析标准物质特性量值定值结果为 6 家定值实验室的总平均值 11.8μg/kg,即为标准值。

六、不确定度评估

对虾肉粉中氟苯尼考残留分析标准物质研制过程中引入的不确定度

来源主要有标准物质定值引入的不确定度u_{char}、标准物质的均匀性引入的不确定度u_{bb}、标准物质长期稳定性和短期稳定性引入的不确定度u_{lts}和u_{sts}等。各不确定度分量及具体计算结果如下。

1. 标准物质定值引入的不确定度

标准物质定值引入的不确定度u_{char}由多家联合定值引入的A类不确定度和校准溶液配制、样品称量等引入的B类不确定度两部分组成。

（1）A类不确定度　由于本研究工作采用了液相色谱-同位素稀释-串联质谱法，其他合作定值单位也采用了同种方法独立测量，经科克伦检验和狄克逊检验无异常值，最终标准物质特性量值为多家单位合作定值结果的平均值，按照JJF 1343—2012《标准物质定值的通用原则及统计学原理》，将这6组数据视为等精度数据，则6个平均值构成一组新的数据，联合定值引入的A类标准不确定度为：

$$u_A = \sqrt{\frac{\sum_{i=1}^{n}(\overline{x}_i - \overline{\overline{x}})^2}{n \times (n-1)}} = \frac{s}{\sqrt{n}} = \frac{0.57\mu g / kg}{\sqrt{6}} = 0.23\mu g / kg$$

因此，联合定值引入的A类相对标准不确定度为

$$u_{A,rel} = \frac{u_A}{\overline{x}} = \frac{0.23\mu g / kg}{11.81\mu g / kg} = 1.95\%$$

（2）B类不确定度　依照单点法结果计算公式，B类不确定度主要由以下几部分引入：氟苯尼考标准溶液配制；校准溶液中氟苯尼考质量；校准溶液中同位素标记氟苯尼考-D_3质量；样品中添加同位素标记氟苯尼考-D_3质量；样品称量。

① 氟苯尼考标准溶液配制引入的不确定度$u_{标准溶液,rel}$　氟苯尼考标准溶液配制过程中引入的不确定度主要来源于标准物质纯度不确定度，称量纯度标准物质引入的不确定度，以及标准储备液、中间液、稀释溶剂称量引入的不确定度。

氟苯尼考标准物质纯度不确定度由不确定证书得到扩展不确定度为0.4%（$k=2$），除以扩展因子得到纯度引入的标准不确定度，记为

$$u_p = \frac{0.4\%}{2} = 0.2\%$$

因此，纯度引入的相对不确定度为：

$$u_{p,rel} = \frac{0.2\%}{99.0\%} = 0.2\%$$

纯度标准物质称量选择 METTLER TODOLE XP6 百万分之一天平。由于称量是在空气中进行，且样品为固体结晶粉末，受空气浮力影响非常小，浮力影响引入的不确定度可以忽略不计。因此称量的不确定度来自两个方面：一是称量的变动性，根据天平检定证书可知，变动性的检定结果为 0.005mg，假设均匀分布，则变动性引入的不确定度 $u_{1变动性} = 0.005/\sqrt{3} = 0.0029mg$；二是天平的最大允许误差，按照检定证书给出的为 0.002mg，假设均匀分布，则换算成标准偏差 $u_{1允差} = 0.002/\sqrt{3} = 0.0012mg$。因此，METTLER TODOLE XP6 天平称量引入的合成不确定度为：

$$u_{1称量合成} = \sqrt{u_{1变动性}{}^2 + u_{1允差}{}^2} = \sqrt{0.0029^2 + 0.0012^2} = 0.0031mg$$

氟苯尼考纯度标准物质称量质量约为 3mg，因此，称量引入的相对不确定度为：

$$u_{1氟苯尼考固体称量,rel} = \frac{0.0031}{3} = 0.0011 = 0.10\%$$

溶剂称量选择 METTLER AL104 万分之一天平。称量的不确定度主要来自两个方面：一是称量的变动性，根据天平检定证书，变动性的标准偏差为 0.1mg，假设均匀分布，则变动性引入的不确定度 $u_{2变动性} = 0.1/\sqrt{3} = 0.0578mg$；二是天平最大允许误差，检定证书给出的为 0.1mg，假设均匀分布，则换算成标准偏差 $u_{2允差} = 0.1/\sqrt{3} = 0.0578mg$。

$$u_{2称量合成} = \sqrt{u_{2变动性}{}^2 + u_{2允差}{}^2} = \sqrt{0.0578^2 + 0.0578^2} = 0.082mg$$

储备液溶剂称量质量约为 30g，因此，称量引入的相对不确定度为：

$$u_{2储备液溶剂称量,rel} = \frac{0.082mg}{30g} = \frac{0.082mg}{30000mg} = 0.0003\%$$

储备液稀释至中间液过程，选择 METTLER AL104 万分之一天平分别称取了标准储备液 1.0g 和稀释溶剂 9.0g。同理可得：

$$u_{3标准储备液称量,rel} = \frac{0.082mg}{1.0g} = \frac{0.082mg}{1000mg} = 0.0082\%$$

$$u_{4中间液溶剂称量,rel} = \frac{0.082mg}{9.0g} = \frac{0.082mg}{9000mg} = 0.0009\%$$

中间液稀释至工作溶液过程，选择 METTLER AL104 万分之一天平分别称取了标准中间液 0.3g 和稀释溶剂 30.0g。同理可得：

$$u_{5中间液称量,rel} = \frac{0.082mg}{0.3g} = \frac{0.082mg}{300mg} = 0.027\%$$

$$u_{6标准工作溶剂称量,rel} = \frac{0.082mg}{30.0g} = \frac{0.082mg}{30000mg} = 0.0003\%$$

因此，氟苯尼考标准工作溶液配制引入的合成相对不确定度为：

$$u_{标准溶液,rel} = \sqrt{\begin{array}{l} u_{p,rel}{}^2 + u_{1氟苯尼考固体称量,rel}{}^2 + u_{2储备液溶剂称量,rel}{}^2 + u_{3标准储备液称量,rel}{}^2 + \\ u_{4中间液溶剂称量,rel}{}^2 + u_{5中间液称量,rel}{}^2 + u_{6标准工作溶剂称量,rel}{}^2 \end{array}}$$

$$= \sqrt{\begin{array}{l} 0.2\%^2 + 0.10\%^2 + 0.0003\%^2 + 0.0082\%^2 + \\ 0.0009\%^2 + 0.027\%^2 + 0.0003\%^2 \end{array}}$$

$$= 0.23\%$$

② 混合校准溶液中氟苯尼考和氟苯尼考-D_3 称量引入的不确定度 $u_{校准溶液,rel}$ 同上可知，METTLER AL104 万分之一天平称量引入的合成称量不确定度为 0.082mg。配制混合校准溶液时，氟苯尼考标准工作溶液称量引入的相对不确定度 $u_{7,rel} = 0.082mg / 120mg = 0.068\%$；氟苯尼考-$D_3$ 储备液称量引入的相对不确定度 $u_{8,rel} = 0.082mg / 120mg = 0.068\%$。

$$u_{校准溶液,rel} = \sqrt{u_{7,rel}{}^2 + u_{8,rel}{}^2} = \sqrt{0.068\%^2 + 0.068\%^2} = 0.096\%$$

③ 样品中添加氟苯尼考-D_3 称量引入的不确定度 $u_{添加称量,rel}$ 对虾肉粉样品中氟苯尼考-D_3 同位素标记物采用称重法添加，采用 METTLER AL104 万分之一天平添加相应浓度的内标物溶液 120mg。由于合成称量不确定 0.082mg，因此，相对不确定度 $u_{添加称量,rel} = 0.082mg / 120mg = 0.068\%$。

④ 样品称量引入的不确定度 $u_{样品称量,rel}$ 对虾肉粉样品称取量为 1.0g，

实验中所使用的天平为 METTLER AL104 万分之一天平，因此合成称量不确定为 0.082mg，样品称量引入相对不确定度 $u_{样品称量,rel} = 0.082\text{mg}/1000\text{mg} = 0.0082\%$。

$$合成不确定度 u_{B,rel} = \sqrt{u_{标准溶液,rel}^2 + u_{校准溶液,rel}^2 + u_{添加称量,rel}^2 + u_{样品称量,rel}^2}$$
$$= \sqrt{0.23\%^2 + 0.096\%^2 + 0.068\%^2 + 0.0082\%^2}$$
$$= 0.26\%$$

定值引入的不确定度

$$u_{char,rel} = \sqrt{u_{A,rel}^2 + u_{B,rel}^2} = \sqrt{1.95\%^2 + 0.26\%^2} = 1.97\%$$

2. 均匀性引入的不确定度

均匀性引入的不确定度 u_{bb} 包括样品加工过程不均匀性、分装不均匀性以及平行实验分析间的偏差，标准物质的不均匀性以独立测量的平行实验来表示，即以瓶间与瓶内均匀性检验结果的相对标准偏差来表示。由均匀性检验结果可知，该标准物质均匀性良好。

$$s_H^2 = \frac{s_1^2 - s_2^2}{n} = \frac{0.5092 - 0.2560}{3} = 0.0844$$

均匀引入的相对不确定度为

$$u_{bb,rel} = \frac{s_H}{\overline{X}} = \frac{0.2905}{11.45} = 2.54\%$$

3. 稳定性引入的不确定度

长期稳定性引入的不确定度为：

$$u_{lts} = s(b_1) \cdot t = 0.0275 \times 15 = 0.413$$

因此，由表 4-32 结果计算可得，对虾肉粉中氟苯尼考残留成分基体标准物质长期稳定性引入的相对不确定度为：

$$u_{lts,rel} = \frac{0.413}{11.20} = 3.69\%$$

由表 4-33 结果计算可得 4℃时标准偏差较大，短期稳定性引入的不确定度为 u_{sts}：

$$u_{sts} = s(b_1) \cdot t = 0.0782 \times 9 = 0.704$$

因此，对虾肉粉中氟苯尼考残留分析标准物质短期稳定性引入的相对不确定度为：

$$u_{lts,rel} = \frac{0.704}{11.86} = 5.94\%$$

4. 标准物质的合成不确定度

对虾肉粉中氟苯尼考残留分析标准物质的合成相对不确定度计算结果如下：

$$
\begin{aligned}
u_{CRM,rel} &= \sqrt{u_{char,rel}^2 + u_{bb,rel}^2 + u_{lts,rel}^2 + u_{sts,rel}^2} \\
&= \sqrt{1.97\%^2 + 2.54\%^2 + 3.69\%^2 + 5.94\%^2} \\
&\approx 7.7\%
\end{aligned}
$$

$k = 2$ 时的相对扩展不确定度为：

$$U_{rel} = u_{CRM,rel} \times k = 15.4\% \approx 16\%$$

因此，对虾肉粉中氟苯尼考残留分析标准物质的扩展不确定度为：

$$U_{CRM} = U_{rel} \times 11.8 \mu g / kg = 1.9 \mu g / kg$$

综上所述，对虾肉粉中氟苯尼考残留分析标准物质特性量值及其不确定度如表 4-38 所示。

表 4-38　对虾肉粉中氟苯尼考残留分析标准物质特性量值及其扩展不确定度结果

名称	质量浓度/(μg/kg)	扩展不确定度（k=2）/(μg/kg)
对虾肉粉中氟苯尼考残留分析标准物质	11.8	1.9

目前，针对本案例所述对虾肉粉中氟苯尼考残留分析标准物质已完成 15 个月长期稳定性监测，样品性质稳定、特性量值准确可靠。为充分保证标准物质量值的准确可靠，需继续跟踪监测标准物质的稳定性。

附件 定值方法研究

1. 仪器与试剂

液相色谱-质谱联用仪（Waters Acquity UPLC 串联 AB TripleQuad 3500，美国）；高速冷冻离心机（美国 Thermo 公司）；水浴氮吹仪（DSY-Ⅲ，北京东方精华苑科技有限公司）；色谱柱 Waters X-bridge C_{18}（150mm×2.1mm，3.5μm）；涡旋混合器 VORTEX-5（美国 Scientific industries 公司）；分析天平（METTLER AL104，d=0.1mg；METTLER XS105，d=0.01mg）。

氟苯尼考纯度标准物质为国家二级有证标准物质，编号 GBW(E)090959，纯度为 99.0%，不确定度为 0.4%；氟苯尼考-D_3 标准品，同位素丰度大于98%，德国 Witega。甲醇、乙腈、正己烷、乙酸乙酯、氨水（25%，水中）、甲酸均为色谱纯。氨化乙酸乙酯（2%）：取乙酸乙酯 980mL，加 20mL 氨水混匀。

2. 标准溶液制备

（1）标准储备液 准确称取 3.0mg（精确到 0.001mg）氟苯尼考纯度国家有证标准物质和色谱级甲醇溶剂 30g（精确到 0.1mg）于棕色玻璃瓶中，配制浓度为 100mg/kg 的氟苯尼考标准储备液，涡旋，充分溶解后于 4℃条件下保存，有效期 9 个月。

（2）同位素标记储备液 准确称取 0.5mg（精确到 0.001mg）氟苯尼考-D_3 同位素固体纯品和色谱级甲醇溶剂约 5g（精确到 0.1mg）于棕色玻璃瓶中，配制浓度为 100mg/kg 的氟苯尼考-D_3 同位素内标储备液，涡旋，充分溶解后于 4℃条件下保存，有效期 9 个月。

（3）标准中间液 准确称取 1.0g（精确到 0.0001g）氟苯尼考标准储备液和 9g（精确到 0.0001g）色谱级甲醇溶剂于棕色玻璃瓶中，配制浓度为 10mg/kg 的氟苯尼考标准中间液，涡旋，充分溶解后分装，于 4℃条件下保存，有效期 6 个月。

（4）同位素标记中间液 准确称取 1.0g（精确到 0.0001g）氟苯尼考-D_3 储备液和 9g（精确到 0.0001g）色谱级甲醇溶剂于棕色玻璃瓶中，配制浓度为 10mg/kg 的氟苯尼考-D_3 中间液，涡旋，充分溶解后分装，于 4℃条件下保存，有效期 6 个月。

（5）标准工作液　准确称取 0.3g（精确到 0.0001g）氟苯尼考标准中间液和 30g（精确到 0.0001g）色谱级甲醇溶剂于棕色玻璃瓶中，配制浓度为 100μg/kg 的氟苯尼考标准工作液，涡旋，充分溶解后分装，于 4℃条件下保存，有效期 3 个月。

（6）同位素标记工作液　准确称取 0.3g（精确到 0.0001g）氟苯尼考-D_3 中间液和 30g（精确到 0.0001g）色谱级甲醇溶剂于棕色玻璃瓶中，配制浓度为 100μg/kg 的氟苯尼考-D_3 工作液，涡旋，充分溶解后分装，于 4℃条件下保存，有效期 3 个月。

（7）混合校准溶液　准确称取一定质量的标准工作溶液和内标标准工作溶液，记录各自质量，混合后定容至 1mL，浓度应尽可能与样品上机浓度接近，用于单点校准，现用现配。

（8）同位素标准品中氟苯尼考的筛查　取氟苯尼考-D_3 工作液，采用 LC-MS/MS 法考察氟苯尼考-D_3 中是否存在氟苯尼考原型。结果如图 4-23 所示，同位素标记工作溶液中未检出氟苯尼考原型。因此，该同位素标记物作为内标使用时不会对标准物质量值产生影响。

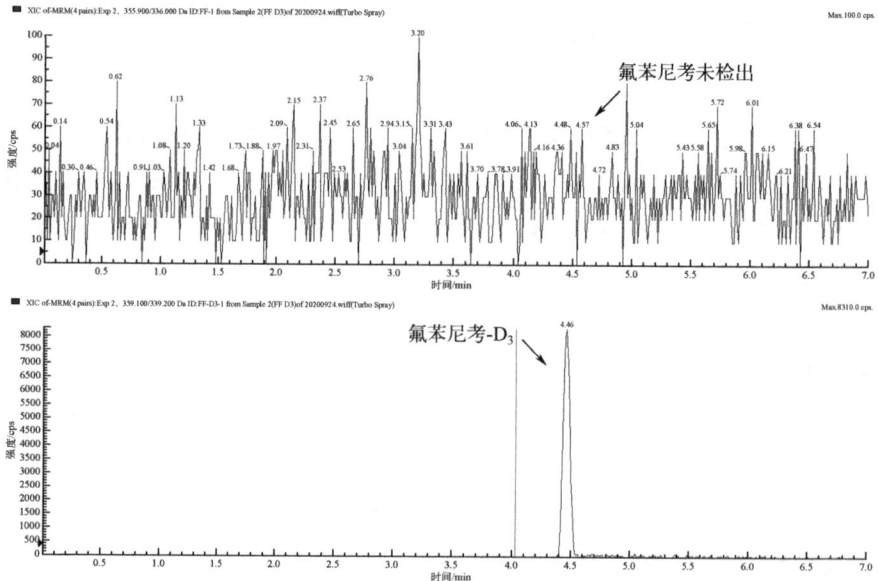

图 4-23　同位素标准品中氟苯尼考的筛查质谱图

3. 样品前处理条件优化

（1）冻干粉复原比例优化　经过称量比较冻干前后质量变化，得到对虾虾肉冻干失水率约为75%，在冻干粉复原虾糜时，优先考虑了按照失水率以1∶3（1g虾粉∶3g水）复原。但是实际实验中发现受虾粉中胶质基质的影响，复原后的虾糜黏稠，对于同位素内标添加平衡影响较大。因此，实验分别比较了冻干粉与水1∶3和1∶5复原比例条件下对测量结果的影响。结果如图4-24所示，1∶5的复原比例能够显著提高测量的精密度。因此，最终选择质量比为1∶5的复原比例。

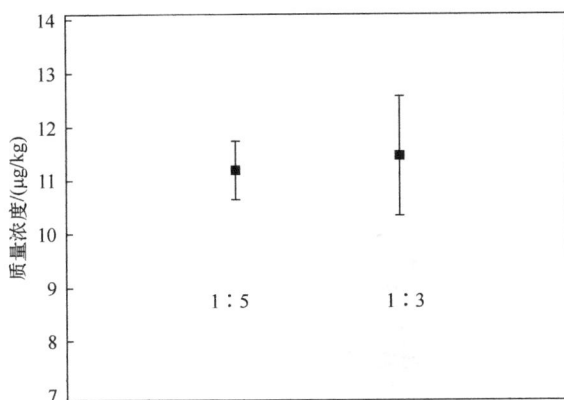

图4-24　冻干粉复原比例条件优化

（2）提取剂的优化　在文献调研的基础上，本实验选择与比较了乙酸乙酯∶氨水=98∶2、乙酸乙酯、乙腈、乙酸乙酯∶乙腈∶氨水=49∶49∶2、乙腈∶氨水=98∶2、乙酸乙酯∶氨水=100∶3六种常用于复杂基质中氟苯尼考样品前处理的提取剂。采用液相色谱-同位素稀释质谱法测定，通过目标物的绝对峰面积来比较六种提取剂的提取效果，结果如图4-25（a）所示，比较发现乙腈∶氨水=98∶2、乙酸乙酯的提取效率较差，氨化有机溶剂的提取效率较高，其中乙酸乙酯∶氨水=98∶2提取效率最高。之后，又进一步考察了不同浓度的氨化乙酸乙酯对氟苯尼考的提取效率，结果如图4-25（b）所示，当氨水添加体积达到5%时，对于提取效果有显著的抑制作用，比较发现乙酸乙酯∶氨水=98∶2的提取效率最高。

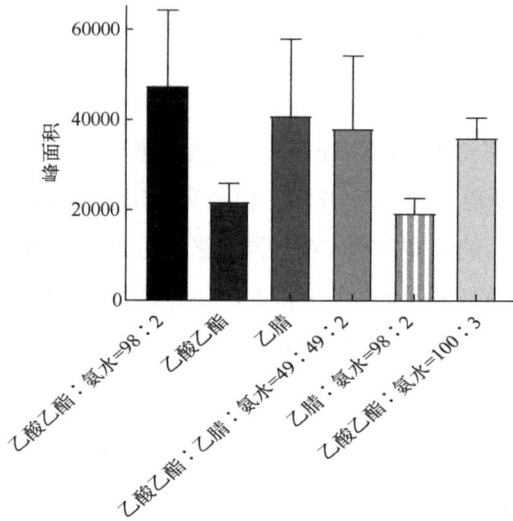

(a) 不同提取剂

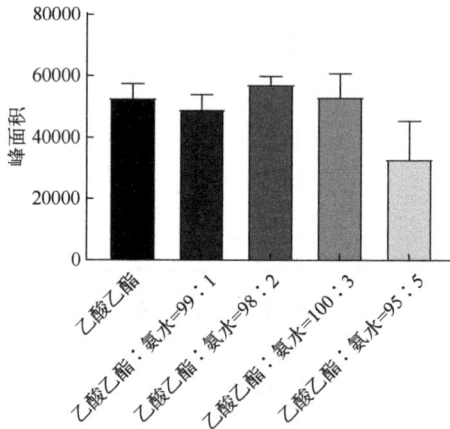

(b) 不同浓度氨水乙酸乙酯

图 4-25　不同提取剂提取效果的比较

　　加入提取剂涡旋混匀 1min 后，实验又比较了超声、振荡、涡旋以及静置的提取方式。通过质谱绝对峰面积比较发现，相同的 5min 提取时间内，静置提取得到的质谱峰面积较高，提取效果较好，如图 4-26 所示。

　　根据文献报道，在提取剂中添加无水硫酸钠也会对提取效果产生一定的影响。因此，要比较无水硫酸钠对提取效果的影响。对比结果如图 4-27 所示，添加 5g 无水硫酸钠后，提取效率反而被抑制。

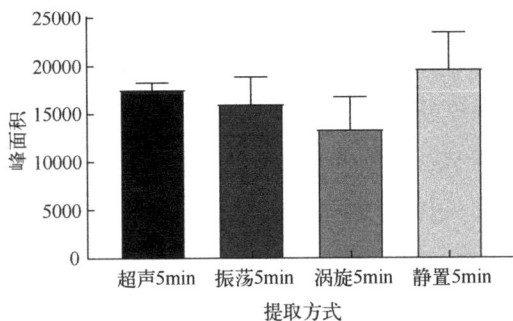

图 4-26　不同提取方式提取效果的比较

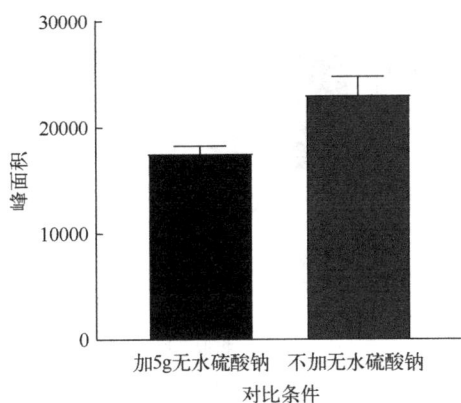

图 4-27　不同提取条件提取效果的比较

　　针对无水硫酸钠的影响及超声、静置两种提取效率较高的提取方式开展日间重复实验验证。结果如图 4-28 所示，乙酸乙酯∶氨水=98∶2 提取剂在不加无水硫酸钠、静置 5min 条件下的提取效果最优。

　　（3）净化剂的优化　优先考察了 QuEChERS 净化方法，选择常见的 GCB、PSA 及 C_{18} 三种净化剂考察净化效果，同时与不加净化剂，单纯采用正己烷除脂的净化方式比较。从图 4-29 中可以看出，PSA、C_{18}、GCB 对样品中的氟苯尼考有很大的吸附作用，导致药物响应很低，不加净化剂时氟苯尼考的药物响应更高。

　　此外，比较采用正己烷、QuEChERS（30mg C_{18}）和 SPE 方法的净化效果。从图 4-30（a）中可以看出，QuEChERS 和 SPE 两种前处理条件下

色谱净化效果并无显著差异，而采用正己烷获得的绝对峰面积最大，说明
QuEChERS 和 SPE 法对于目标物都存在一定的吸附作用。同时，从图 4-30
（b）谱图基线的样品干扰峰可以看出正己烷的净化效果优于其他两种方法。
考虑到单纯采用正己烷除脂不但能满足净化效果，而且能减少目标物被吸
附，质谱响应较高。因此，选择采用正己烷除脂的净化方式。

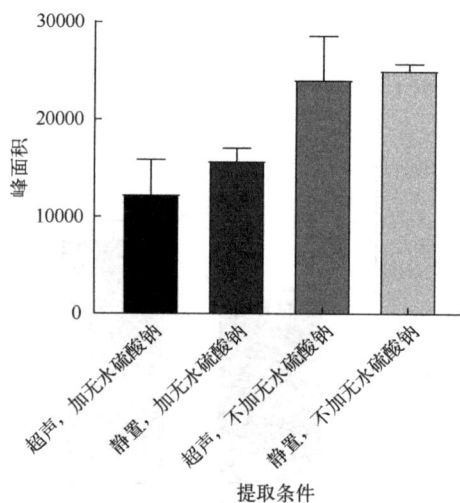

图 4-28　乙酸乙酯∶氨水=98∶2 提取剂在不同提取
条件下的提取效果比较

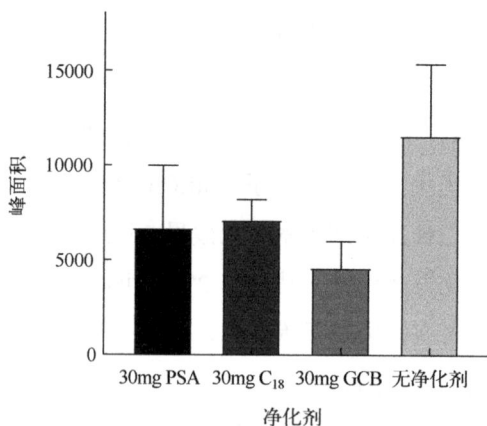

图 4-29　不同净化剂净化效果的比较

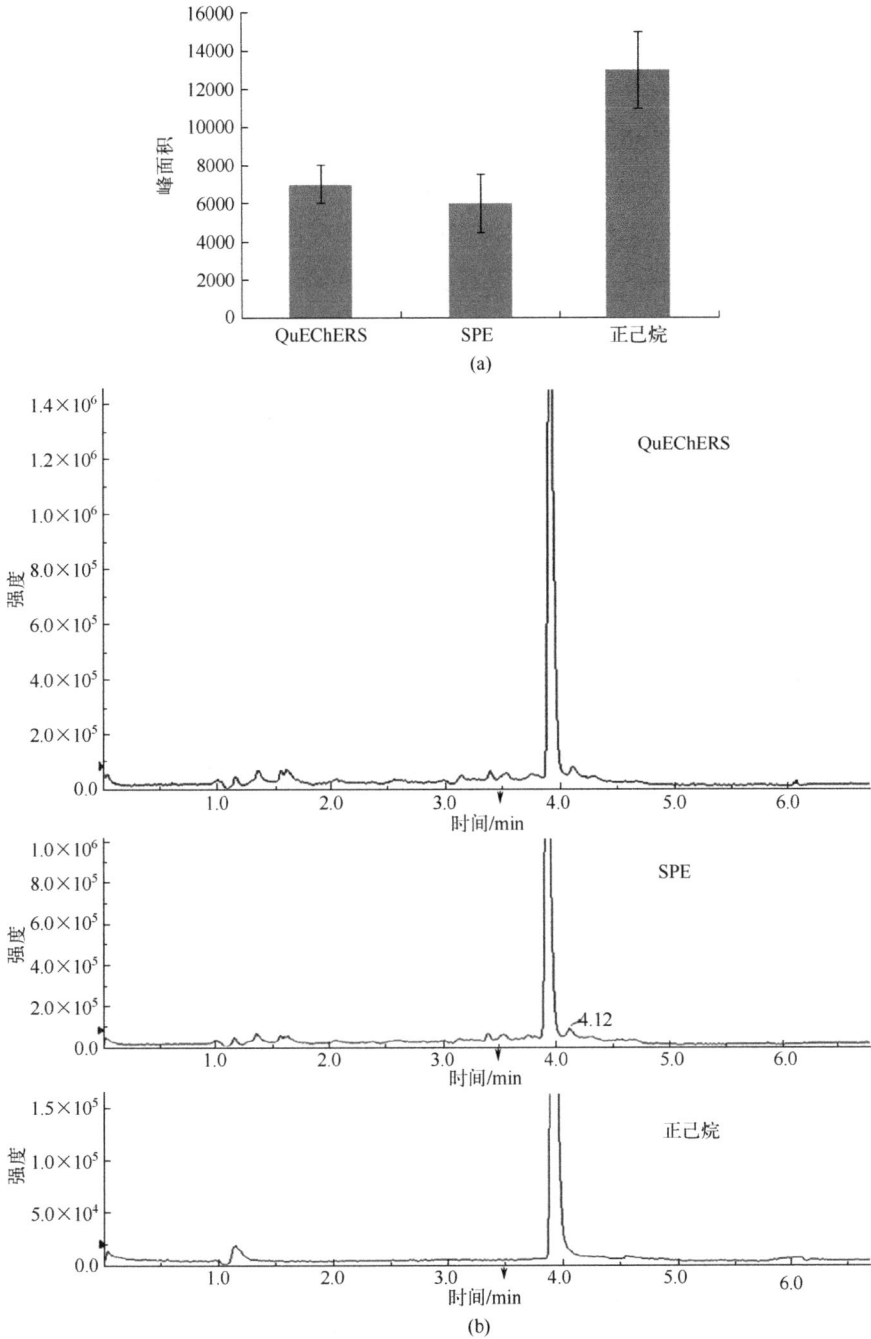

图 4-30 不同净化方式的比较

4. LC-MS/MS 条件优化

分别比较水、0.1%甲酸水溶液以及 5mmol/L 醋酸铵作为流动相水相，发现 0.1%甲酸流动相条件下可以使峰形较对称、尖锐。相同色谱条件下考察了 Waters X-bridge C_{18}（2.1mm×150mm，3.5μm）和 Angilent zobrax plus C_{18}（2.1mm×150mm，3.5μm）两个品牌色谱柱对氟苯尼考的分离和保留效果。如图 4-31 所示，实验结果表明氟苯尼考在 X-bridge C_{18} 柱上分离效

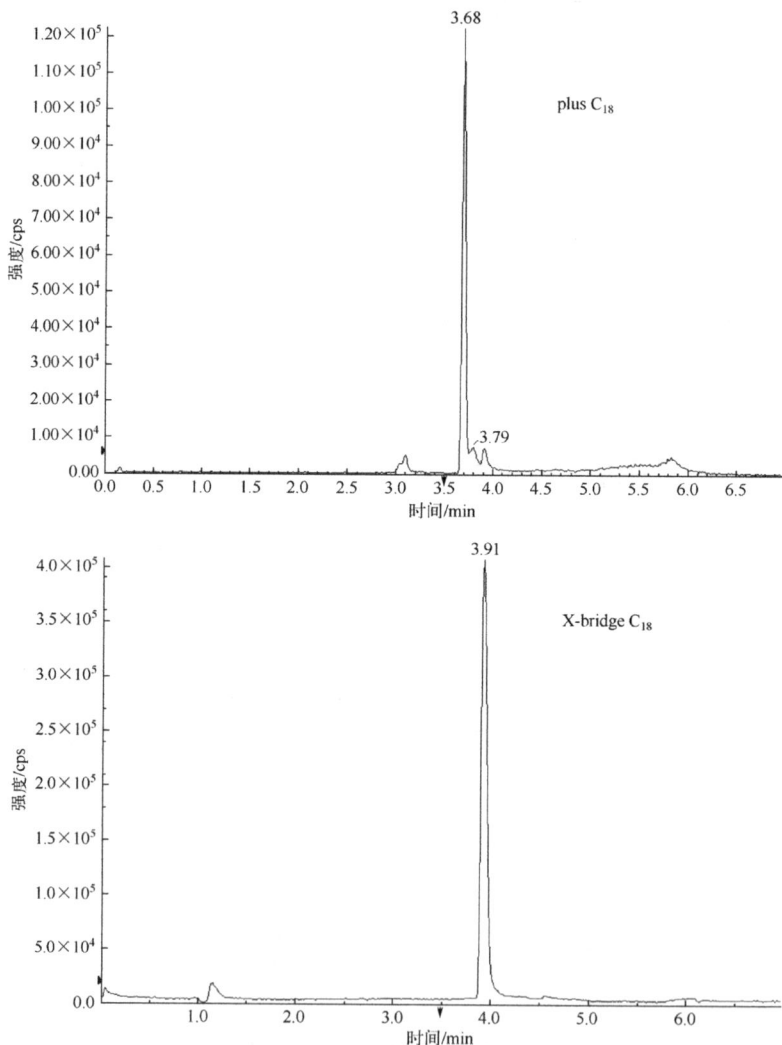

图 4-31 不同色谱柱条件下的色谱图

果最好，基线平稳。最终确定色谱条件如下。色谱柱：Waters X-bridge C_{18} 柱（2.1mm×150mm，3.5μm）。流动相 A：0.1%甲酸水溶液。流动相 B 0.1% 甲酸甲醇溶液。梯度洗脱程序：0～1min，5%B；1～3min，5%B～100%B；3～4min，100%B；4～4.5min，100%B～5%B；4.5～7min，5%B。流速：0.3mL/min。进样体积为 5μL。柱温 30℃。

进行 LC-MS/MS 质谱条件的优化，10μg/kg 氟苯尼考标准溶液首先在质谱全扫描模式下，正离子和负离子模式分别进行扫描，以确定分子离子峰和合适的电离方式。实验结果表明氟苯尼考在负离子模式下容易失去质子形成较为稳定的 $[M-H]^-$ 去质子化峰，所以选择负离子模式。在确定分子离子峰的情况下，将分子离子峰作为母离子，通过碰撞池进行二次碎裂，并全扫二级子离子，选择响应较高的 2 个子离子作为定性定量离子对，并在此基础上优化碰撞能（CE），以保证得到的子离子有最大的离子响应。

电喷雾离子源（ESI）；负离子扫描方式；多反应监测（MRM）模式；源温度：550℃；毛细管电压：4.5kV；干燥气温度：500℃；干燥气（氮气）流速：900 L/h；碰撞气（氩气）流速：0.16mL/min。其他质谱参数见表 4-34。

采用建立的 LC-MS/MS 方法分析了校准溶液与前处理后的对虾肉粉标准物质样品，结果如图 4-32 所示。色谱峰形对称、基线平稳、杂质干扰少、质谱响应满足测定要求。

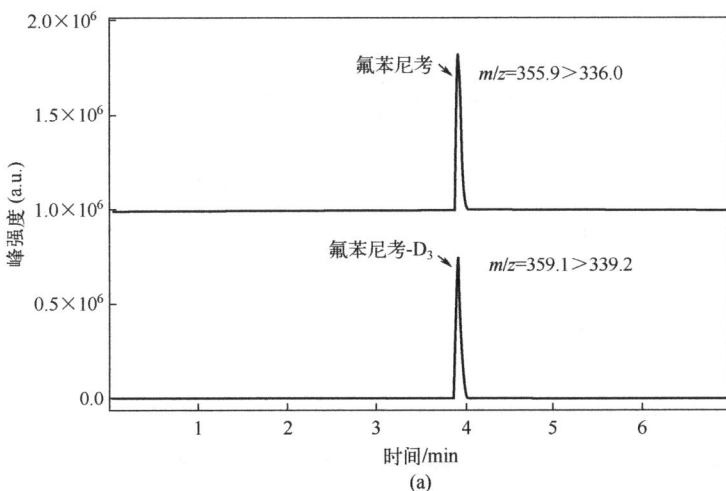

图 4-32

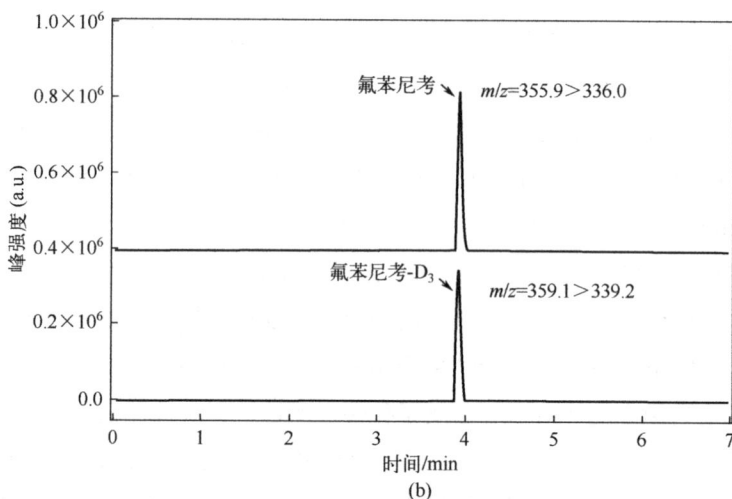

图 4-32　LC-MS/MS 条件下校准溶液（a）与对虾样品（b）的色谱图

5. 测量程序及结果计算

样品前处理时，每瓶样品分三个子样，平行前处理，样品编号记为 S1-1、S1-2、S1-3、S2-1、S2-2、S2-3……S 表示样品，第一个数字表示瓶号，第二个数字表示子样。LC-MS/MS 上机顺序为：空白样品→校准溶液→标准物质样品（S1-1、S1-2、S1-3）→校准溶液→标准物质样品（S2-1、S2-2、S2-3）……最后对虾肉粉中氟苯尼考质量分数采用单点计算法进行计算。计算公式如下：

$$C_1 = \frac{R_1}{R_2} \times \frac{M_1'}{M_2'} \times \frac{M_2}{M_s} \times P_{CRM}$$

式中　C_1 ——对虾肉粉中被测物的质量浓度，μg/kg；

　　　R_1 ——仪器测得的对虾肉粉样品溶液中被测物与同位素标记物的峰面积比；

　　　R_2 ——仪器测得的标准工作溶液中被测物与同位素标记物的峰面积比；

　　　M_1' ——加入对虾肉粉样品中的同位素标记物的质量，mg；

　　　M_2' ——加入标准工作溶液中的同位素标记物的质量，mg；

　　　M_2 ——加入标准工作溶液中的标准物质质量，mg；

M_S——对虾肉粉样品的质量，mg；

P_{CRM}——标准物质的纯度。

6. 方法学评价

（1）线性范围　采用单点法作为定值计算方法，默认标准曲线是过原点的。同时考察不同标准溶液的线性回归方程，取氟苯尼考标准储备液，配制成 0.1、0.5、1、5、10、20、50μg/kg 的标准溶液，各标准溶液中均加入相同量的氟苯尼考-D_3同位素内标。以氟苯尼考与氟苯尼考-D_3的含量比与质谱中二者的峰面积比拟合曲线，如图 4-33 所示。实验表明氟苯尼考在 0.1～50μg/kg 浓度范围内具有良好线性，线性回归方程为：$y=0.9574x+0.06574$，$R^2=0.9992$。从方程上也可得出，曲线截距很小，单点法是准确可靠的。

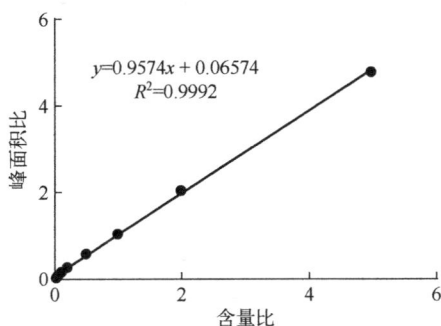

$y=0.9574x + 0.06574$
$R^2=0.9992$

图 4-33　氟苯尼考标准曲线

（2）测量重复性和精密度　采用液相色谱-同位素稀释质谱法，通过单点法校准，分别考察了方法准确性与精密度。随机抽取对虾肉粉中氟苯尼考残留分析标准物质候选物样品 4 支，每支分 3 个子样，测定结果见表 4-39。实验结果显示，组间及组内的相对标准偏差均在 4%以内，测量重复性和精密度良好。

（3）回收率　为了进一步考察方法的准确性，在添加回收率实验中，向对虾肉粉基体标准物质样品中分别按照测量结果的 10%、20%、40%低中高三个浓度水平加标，采用建立的方法进行前处理及结果测定，计算回收率。回收率实验测定结果见表 4-40。

表 4-39 对虾肉粉中氟苯尼考含量测定结果

编号	批次	含量/(μg/kg)	平均值/(μg/kg)	标准偏差/(μg/kg)	相对标准偏差/%	总平均值/(μg/kg)	总标准偏差/(μg/kg)	总相对标准偏差/%
1	1	11.65	11.63	0.52	0.04	11.63	0.36	0.03
	2	11.11						
	3	12.14						
2	1	11.62	11.21	0.36	0.03			
	2	11.05						
	3	10.95						
3	1	11.19	11.57	0.40	0.03			
	2	11.52						
	3	11.99						
4	1	11.81	12.09	0.24	0.02			
	2	12.21						
	3	12.24						

表 4-40 氟苯尼考添加回收率实验结果

添加量/(μg/kg)	理论值/(μg/kg)	测量值/(μg/kg)	RSD/%	回收率/%
0	0	11.62	—	—
1.8	13.44	13.74	0.9	102.2
3.6	15.24	15.76	1.8	103.4
7.2	18.84	19.62	1.5	104.2

结果表明，对虾肉粉中氟苯尼考三个不同浓度水平的回收率结果在102.2%～104.2%之间，回收率较好，方法的准确性良好。

（4）基质效应评价 采用液质联用法在分析复杂样品时通常存在基质效应，基质效应是兽药残留检测中重要的影响因素之一，开展基质效应（ME）考察，通过测定同浓度的基质提取液中氟苯尼考和标液中氟苯尼考的离子响应值，计算二者比值以考察样品的基质效应。计算公式为 ME=B/A，其中，A 为标液中氟苯尼考的峰面积，B 为基质溶液中氟苯尼考的峰面积。若 ME<1，说明基质会抑制分析物的响应；若 ME>1，则说明基质对分析物的响应有增强作用；ME=1 表示不存在基质效应。

由表 4-41 结果可知，氟苯尼考和氟苯尼考-D_3 的基质效应均小于 1，说明存在基质抑制作用。通过比较发现，ME/ME′=1.07，说明基质抑制作用对于氟苯尼考和氟苯尼考-D_3 的抑制效率是基本一致的。因此，使用同位素内标能有效抵消基质效应对测量结果准确性的影响。

表 4-41 氟苯尼考在对虾肉粉基质中的基质效应评价（$n=3$）

项目	氟苯尼考	ME	氟苯尼考-D_3	ME'	ME/ME'
A	92390		94099		
B	67698	73.3%	64143	68.2%	1.07

（5）方法检出限及定量限 采用液相色谱-同位素稀释质谱法，通过单点法校准，测定了制备的对虾肉粉中氟苯尼考含量。通过质谱自带数据处理软件计算出 11.0μg/kg 质量浓度下氟苯尼考样品的信噪比为 458.6，以 3 倍信噪比为检出限，以 10 倍信噪比为定量限，计算出该方法氟苯尼考检出限与定量限分别为 0.1μg/kg 和 0.3μg/kg。

第五章

标准物质申报材料与申报流程

在我国，有证标准物质（certified reference material，CRM）的申报和管理工作主要国家市场监管总局负责，由全国标准物质管理委员会和中国计量科学研究院（NIM）具体实施，并依据《标准物质管理办法》及相关技术规范执行。申报流程包括：①材料提交，即向全国标准物质管理委员会提交研制报告、均匀性/稳定性研究数据、不确定度评估等材料；②技术评审，由专家委员会对标准物质的均匀性、稳定性、定值方法及溯源性进行评审；③批准与编号，通过评审后，获批的标准物质被赋予 GBW（国家一级）或 GBW(E)（国家二级）编号，并列入国家目录。

本章重点从申报材料编写、网上申报、技术评审等方面，介绍国家有证标准物质申报材料要求与申报流程及注意事项。

第一节
申报材料编写

标准物质申报材料是用于申报标准物质时需要提交的一系列文件和资料。这些材料包括但不限于以下内容：

① 标准物质定级鉴定行政许可申请书；

② 标准物质认定证书和标签的样式；

③ 标准物质量值表；

④ 企业自我声明；

⑤ 研制报告；

⑥ 用户试用情况报告；

⑦ 保障统一量值需要的持续供应能力和管理制度（研制、生产、运输、储存环境如何保证量值的稳定可靠）；

⑧ 与所制造的标准物质相适应的生产设施、测量仪器设备和实验室环境条件，满足生产需要的工程技术人员和管理人员情况，以及相关的质量管理和体系认证文件（展示图片和文字说明）；

⑨ 查新报告；

⑩ 申报标准物质单位的法人注册登记证书复印件。

一、申请书

标准物质定级鉴定行政许可申请书的撰写需要包含以下几个核心部分：

① 基本信息 包括申请单位的名称、社会信用代码或营业执照编号、单位地址、邮政编码、联系人姓名及联系方式等。这些信息应填写完整，确保申请书的正式性和可追溯性。

② 申请目的和背景 简要说明申请定级鉴定的原因和背景，例如是为了提升产品质量、满足行业标准或法规要求，或是为了参与招投标等。这部分应明确申请的目的和意义，以便审批部门理解申请的重要性。

③ 标准物质信息 详细描述标准物质的名称、制备单位、任务来源、起止时间、主要研制人员、技术指标（包括量值及其不确定度、均匀性、稳定性及有效期限等）、包装形式、参考价格、定值方法等。这些信息是评估标准物质质量和可靠性的关键。

④ 国内外同类标准物质水平的比较 说明该标准物质与国内外同类标准物质的比较情况，包括主要技术特性、定值方法、定值不确定度、稳定性等方面的对比。这有助于评估该标准物质的先进性和适用性。同时，也是标准物质查新的情况说明。

⑤ 鉴定历史和试用情况 说明该标准物质何时曾通过何种形式的鉴定及鉴定结论，以及在实际中的试用情况。这有助于证明标准物质的可靠性和实用性。国家一级标准物质在正式申报前需要组织相关领域专家进行鉴定，通过后才可正式提交申报材料。

⑥ 生产能力和供应措施 描述标准物质的生产能力及供应措施，确保能够满足市场需求和用户需求。这体现了申请单位的实际执行能力和供应保障能力。

⑦ 附件 列出申请书附件目录，包括但不限于相关证书、检测报告、用户试用报告等。这些附件将进一步支持申请的合理性和可行性。

撰写时需要注意以下几点。a. 格式规范：确保申请书按照规定的格式填写，如标题、申请人信息、申请目的、标准物质详细信息、附件目录等。b. 内容准确：提供的信息应准确无误，特别是标准物质的技术指标和比较数据，需有科学依据和实验证明。c. 语言规范：使用正式和专业的语言，避免口语化和非规范用语，确保申请书的正式性和严肃性。d. 附件齐全：根据要求提供所有必要的附件，如检测报告、用户反馈、相关证书等，以支持申请内容。申请书样式如图 5-1 所示。

<figure>

标 准 物 质

定级鉴定行政许可

申 请 书

标准物质申报等级＿＿＿＿＿＿＿＿＿＿＿＿＿＿＿＿＿＿＿＿

申 报 单 位＿＿＿＿＿＿＿＿＿＿＿＿＿＿＿（盖章）

社会信用代码/营业执照编号＿＿＿＿＿＿＿＿＿＿＿＿＿＿＿

申报单位负责人＿＿＿＿＿＿＿＿＿＿＿＿＿＿（签盖）

申 报 日 期＿＿＿＿＿＿＿＿＿＿＿＿＿＿＿＿＿＿

申 请 书 编 号＿＿＿＿＿＿＿＿＿＿＿＿＿＿＿＿＿＿

全国标准物质委员会

</figure>

标准物质名称			
制备单位名称			
任 务 来 源		起止时间	
主要研制人员		联系人 手机、电话	
单位地址 邮政编码			
主要协作单位、 主要人员及协 作内容			
主要技术指标 （被鉴定的量值 及其不确定度、 均匀性、稳定性 及有效期限等）			
包装形式		参考价格	
定值方法			

1

图 5-1

意义及用途	
国内外同类标准物质水平的比较（主要技术特性、定值方法、定值不确定度、稳定性等）	
何时曾通过何种形式的鉴定及鉴定结论	
试用情况	

生产能力与供应措施	
主管部门意见	（签章） 年　月　日
附件目录	

中国计量测试学会(标物办公室)：北京市朝阳区农展馆北路麦子店街22号楼6层

联系人：×××　　电话：××××××　　邮箱：××××××

3

图 5-1　申请书样式

二、证书与标签

标准物质证书是标准物质发布后标准物质产品附带的证书，是标准物质使用过程中重要的技术说明文件。因此，证书的编写至关重要。标准物质证书应包含以下核心信息。

① 认定机构的名称和地址　明确证书的出具机构，这是证书的基本信息，确保证书的权威性和可追溯性。

② 标准物质的名称和编号　标识标准物质的具体名称和唯一代码，便于用户识别和使用。

③ 定值方法和测量不确定度　说明如何确定标准物质的数值及其误差范围，定值方法描述了如何确定标准物质的数值，而测量不确定度则说明了测量的误差范围，帮助用户了解测量结果的可靠性。

④ 认定值及其不确定度　详细列出标准物质的认定值及其不确定度。

⑤ 溯源性　说明标准物质的量值如何溯源到国际单位制（SI）基本单位。标准物质的量值可以溯源到 SI 基本单位或其他有证标准物质，确保了测量结果的准确性和一致性。

⑥ 使用和保存指导　提供正确使用和存储标准物质的必要信息。包括如何正确使用标准物质以及存储条件，确保标准物质在使用前和使用过程中的稳定性。

除了上述核心信息，标准物质证书还可能包含以下附加信息。a. 稳定性信息：说明标准物质在特定条件下的稳定性，确保长期使用的可靠性。b. 安全信息：提供处理和使用标准物质时的安全注意事项。c. 法律信息：涉及标准物质使用的相关法律法规信息。

这些信息共同确保了标准物质证书的全面性和权威性，为用户提供了必要的信息来正确使用和维护标准物质。证书样式见图 5-2。

国家标准物质（NCRM）

标准物质编号：**GBW XXXXX**

Code

标 准 物 质 证 书

XXXXXXX（中文名称）

XXXXXXXXX（英文名称）

批 次 编 号：
Batch　Number
定 值 日 期：
Certification Date
有 　效　 期：
Period of Validity

研制（生产）单位：**XXXXXXXXXX**
Reference Material Producer **XXXXXXXXXXX**（盖章）
单位地址：　　**XXXXXXXXXXX**
Address
联系电话：　　**XXXXXX**
Telephone
电子邮箱：　　**XXXXXX**
Email
版本号：　　　**XX**
Version

图 5-2

概述
　xxxxxxxxxxxxxxxxxxxxxxxxxxxxxxxxxxxxxxxxxxxxxxxxxxxxxxxxxxxx
xxxxxxxxx.

一、样品制备
　xxxxxxxxxxxxxxxxxxxxxxxxxxxxxxxxxxxxxxxxxxxxxxxxxxxxxxxxxxxx
xxxxxxxxxxxxxx.

二、溯源性及定值方法
　　xxxxxxxxxxxxxxxxxxxxxxxxxxxxxxxxxxxxxxxxxxxxxxxxxxxxxxxxxx
xxxxxxxxxxxxxxxxxxxxxxxxxxxxxxxxxxxxxxxxxxxxxxxxxxxxxxxxxxxx
xxxxxxxxxxxxxxxxx.

三、特性量值及不确定度

标准物质编号	标准物质名称	标准值	扩展不确定度（*k*=2）
GBWXXXXX			

四、均匀性检验及稳定性考察
　　xxxxxxxxxxxxxxxxxxxxxxxxxxxxxxxxxxxxxxxxxxxxxxxxxxxxxxxxxx
xxxxxxxxxxxxxxxxxxxxxxxxxxxxxxxxxxxxxxxxxxxxxxxxxxxxxxxxxxxx
xxxxxxxxxxxxxxxxx.

五、包装、储存及使用
　　xxxxxxxxxxxxxxxxxxxxxxxxxxxxxxxxxxxxxxxxxxxxxxxxxxxxxxxxxx
xxxxxxxxxxxxxxxxxxxxxxxxxxxxxxxxxxxxxxxxxxxxxxxxxxxxxxxxxxxx
xxxxxxxxxxxxxxxxx.

六、合作单位（非必须项）
　　xxxxxxxxxxxxxxxxxxxxxxxxxxxxxxxxxxxxxxxxxxxxxxxxxxxxxxxxxx
xxxxxxxxxxxxxxxxxxxxxxxxxxxxxxxxxxxxxxxxxxxxxxxxxxxxxxxxxxxx
xxxxxxxxxxxxxxxxx.

声明
1. xxxxxxxxxxxxxxxxxxxxxxxxxxxxxxxxxxxxxxxxxxxxxxxxxxxxxxxx.
2. xxxxxxxxxxxxxxxxxxxxxxxxxxxxxxxxxxxxxxxxxxxxxxxxxxxxxxxx.
3. xxxxxxxxxxxxxxxxxxxxxxxxxxxxxxxxxxxxxxxxxxxxxxxxxxxxxxxx.
4. xxxxxxxxxxxxxxxxxxxxxxxxxxxxxxxxxxxxxxxxxxxxxxxxxxxxxxxx.

第 1 页 共 1 页

图 5-2　标准物质证书样式

标准物质标签样式如图 5-3 所示，标签主要信息包括标准物质的中英文名称、研制单位，以及标准物质编号和批号。在未发布前，编号以“暂空”表示。目前，原则上不建议在标签上标注标准物质特性量值。

国家标准物质（NCRM）

标准物质编号：GBW XXXXX
Code

XXXXXX（中文名称）

XXXXXX（英文名称）

批次编号：
Batch Number

研制单位：XXXXXXXXXXXXXXXXXXXXXXXX
Reference Material Producer

图 5-3 标准物质标签样式

三、量值表

标准物质量值表是国家市场监督管理总局发布标准物质证书时所需的重要技术指标文件。量值表的规范格式如图 5-4 所示，表头一般包括标准物质名称、标准物质编号、特性量、不确定度等栏目。表格左下方为研制单位信息，研制单位后以括号方式注明研制单位所在城市。当有多个特性量和量值时，可将特性量、不确定度分栏分行。

标准物质量值表

标准物质名称	标准物质编号	特性量	扩展不确定度（k=2）
	GBW（暂空）		

研制单位：XXXXXXXXX（XX 市）

图 5-4 标准物质量值表样式

四、研制报告

国家有证标准物质研制报告编写主要依据 JJF 1218—2009《标准物质研制报告编写规则》。该规范规定了国家标准物质研制报告的编写要求、内容和格式，适用于申报国家一级、二级标准物质定级评审的研制报告。同时，编写过程中依据的其他技术文件主要有 JJF 1005—2016《标准物质通用术语和定义》、JJF 1186—2018《标准物质证书和标签要求》、JJF 1343—2022《标准物质的定值及均匀性、稳定性评估》等。标准物质研制报告是描述标准物质研制的全过程，并评价结果的重要技术文件，在标准物质的定级评审时，作为技术依据交给相关评审机构，因此，报告应提供标准物质研制过程和数据分析的充分信息。

研制报告编写总体要求如下。首先，研制者应将研制工作中采用的方法、技术路线和创造性工作体现在报告中，写出研制的特色。其次，报告内容应科学、完整、易读及数据准确。最后，报告中采用的计量单位应符合国家发布的相关要求，报告中使用的术语、符号、代号应执行国家有关标准和技术规范，报告中的图、表和照片应确保完整清晰。

研制报告主要包括概括介绍、报告主体、附件材料三部分。每个部分又有相应的组成内容，如图 5-5 所示。

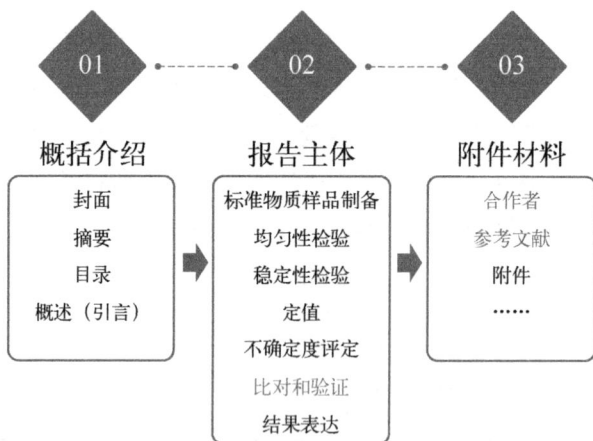

图 5-5 研制报告基本组成

概括介绍部分包括封面、摘要、目录、概述（引言）。封面中标题要简明、准确、高度概括，体现研制单位名称、项目负责人、完成时间。报告摘要是介绍报告内容和重要信息的简短陈述，应体现研制中创造性工作和解决的技术难题。原则是重点突出、简明扼要、客观；包含研制目的、测量方法、定值结果、最终结论。摘要一般不超过 500 字。目录表明报告的结构和主要内容。由报告的章、节、条款、附录等序号和名称依报告论述的次序排列而成。概述要简明扼要地说明该项目的研究背景、研究目的和范围，国内外现状，同类标准物质信息，预期目标和应用前景等。

报告主体主要由标准物质样品制备、均匀性检验、稳定性检验、定值、不确定度评定、比对和验证、结果表达等部分组成。

样品制备要说明标准物质候选物的选择原则、来源、检验方法、与待定特性量值相关的物理化学特性，提供相关的数据及谱图等证据。主要包括：①详细描述标准物质候选物的制备方法和制备工艺，必要时可用流程图表示。例如鸡肉粉金刚烷胺残留分析标准物质原料制备，切碎→冻干→磨粉→过筛→混匀→（二次冻干）→分装。②同时要描述为保证标准物质均匀、稳定等，在制备过程中采取的必要措施。例如，防水、避光、混匀、辐照、均质分装、冷冻干燥等。对不易均匀的物质，应进行均匀性初检，描述抽样和检验方式，列出数据，判断均匀程度。例如给药饲喂后样品的初检。③标准物质样品的混匀、分装方法，操作过程。④标准物质样品的数量。⑤对分装容器有特殊要求的标准物质，应当描述其材料的材质，及其对量值影响的实验数据。

均匀性检验主要包括均匀性检验方案设计、测量方法、测量过程、统计分析和结果判断等内容。必要时，在测量过程中提供测量条件，如测量仪器主要参数。主要内容有所研制的标准物质的均匀性检验抽样方法和操作步骤，总体最小包装单位数量及具体抽样数量；测量方法描述和实验数据列表；简要描述所选择的统计检验方法，并进行检验，得出样品均匀与否的判断，给出最小取样量。报告中应体现数据统计结论一览表。

稳定性检验主要包括稳定性检验方案设计、测量方法、测量过程、统计分析和结果判断等内容。在规定的保存条件下，给出不同时间间隔的稳定性检验数据，能够体现出特性量值的变化趋势。主要内容有所研制的标准物质的稳定性检验方法的描述和实验数据列表；简要描述所选择的统计检验方法，并进行检验，得出标准物质稳定性与否判断，给出标准物质的有效期限及相关证据；对于易变的标准物质，应进行短期稳定性检验，提供测量数据。

定值主要包括拟采用的定值方法的理论基础和溯源性评价；所研制标

准物质的定值测量方法的确认过程，必要时在附件中提供定值方法的研究报告。对于所研制标准物质的溯源性的保证措施，包括所使用的测量标准、测量仪器的计量检定/校准，实验室资质确认和质量保证，以及参加定值实验室能力考核等。测量方法描述，也叫测量过程描述，应包括测量的主要仪器设备、测量条件和测量步骤等。

比对验证主要描述所研制标准物质与以往发布的同类型标准物质进行量值比对的过程与比对结果。同类型标准物质指具有相同基质组成、量值水平相当的国家有证标准物质。需要注意的是，量值比对选择的国家有证标准物质的计量学水平要等同或优于所研制标准物质，比对的结果才具有意义。量值比对内容不是研制报告必要组成部分。

不确定度评定部分主要描述所研制的标准物质的不确定度评定方式，识别各个不确定度分量的来源，并量化各个不确定度分量，最后计算合成不确定度扩展不确定度。

结果表达中说明所研制的标准物质的认定值（标准值）确定方式，明确给出所研制标准物质的认定值（标准值）和不确定度，如以扩展不确定度表达，应给出包含因子 k 值。所研制的标准物质的认定值（标准值）和不确定度较多时，建议列表给出。如提供参考值或信息值时，应给出提供的原则和规范表达。

附件材料一般包括：测量仪器的计量检定/校准证书、所用标准物质的标准物质证书、必要的谱图等内容。还包括自我声明、试用证明、查新报告等。

第二节
网上申报与评审

一、系统账号注册

国家有证标准物质的申请采用网上申报的方式，首次申报的研制单位及个人（业务人员）需要登录国家市场监督管理总局中国电子质量监督（e-CQS）公共服务平台注册并准确登记相关信息。研制单位（企业）管理员登录网站，选择左侧行政审批、企业，然后点击右上角注册，完成研制单位相关信息填写后即可注册。研制单位注册成功后，研制单位的个人（业务人员）同样登录网站，选中左侧"个人"，然后点击右上角注册，完善个人相关信息后即可完成注册，企业及个人注册页面分别如图5-6和图5-7所示。

图 5-6　企业注册页面

图 5-7　个人注册页面

国家有证标准物质申报是以单位为主体，个人完成信息填写后还应该向单位账号提出关联申请，并由企业管理员登录单位账号，在个人中心通过个人授权申请后，个人账户才具有相关权限，经研制单位账号授权后个人账号才能提交申报材料，一个单位账号可以关联和授权若干个人用户，如图 5-8 所示。

图 5-8　企业（单位）授权管理个人账号页面

经过单位账号授权的个人账号可以独立申报国家有证标准物质以及查询申请材料的受理情况。登录标准物质定级鉴定系统个人账号后，如果提交新的标准物质申报申请，则点击"标准物质定级鉴定-申请"右侧的直接办理；如果对以往申请进展进行查询，则点击"标准物质定级鉴定-申请单查询"右侧的直接办理，可以查看已申请标准物质的进展等信息。如图 5-9 所示。

二、网上申请填报

在线申请材料填报包括申请书、标准物质基本情况（一）、标准物质基本情况（二）、标准物质基本情况（三）以及附件五部分内容，如图 5-10所示。其中前四部分表格涉及内容与标准物质申请书的内容一致，可一一对应填写。

图 5-9　申请与查询页面

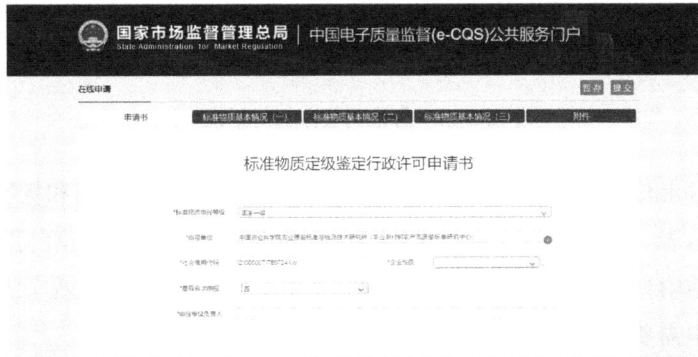

图 5-10　在线申请页面

填写标准物质名称时，点击方框后的"标准物质"，弹出添加标准物质对话框，如图 5-11 所示。在对话框中选择标准物质分类名称、准确的标准物质名称、包装形式与参考价格，并上传量值表后提交。其余的内容可直接在对话框中填写，如图 5-12 所示。

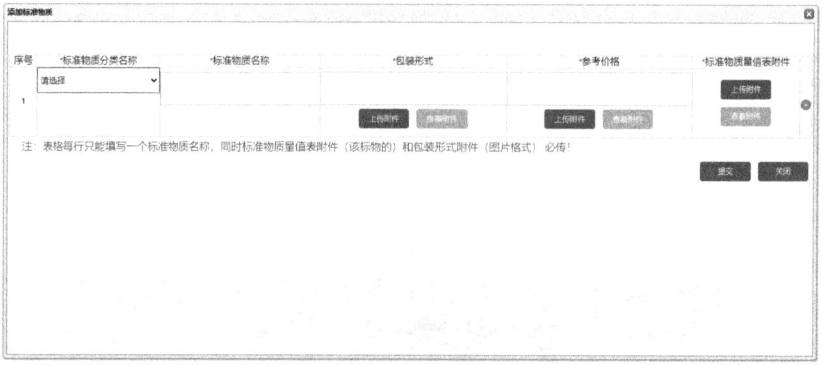

图 5-11　标准物质添加对话框

附件上传如图 5-13 所示，需要将标准物质申请书、证书和标签格式、量值汇总表、研制报告、用户试用情况报告和查新报告、企业自我声明，以及其他附件上传至系统。其中申请书需要上传 pdf 和 word 两个版本，上传材料中需要加盖公章的位置，必须提供盖章材料。

上传时，点击对话框右侧的"新增附件"即弹出图 5-14 的对话框，点击"+"号上传相应的附件。需要查看已上传附件时，点击对话框右侧"查看附件"，在弹出对话框中查看。

材料上传完成后，可点击图 5-13 右上方绿色的按键"暂存"来保存已填报与上传的材料，便于后期修改与完善，或点击"提交"直接提交至系统，待行政管理部门审核。提交后，系统会分配申请单号，用于查询申请受理进展。

申请人提交线上申报材料后，可登录系统个人账户通过"标准物质定级鉴定-申请单查询"，点击"直接办理"查看申报进展。

当申请材料不符合要求，行政管理部门会退回修改，并在受理意见栏中写明退回修改的原因，如图 5-15 所示，申请人需要根据意见修改后再次提交。待受理通过后，进入下一环节，即现场评审环节。

图 5-12　基本情况填写栏

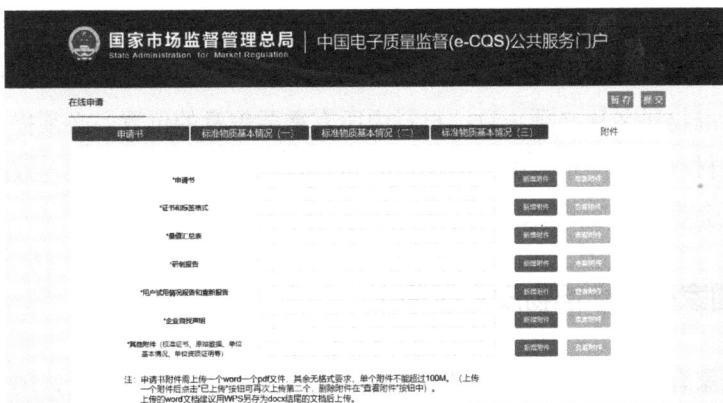

图 5-13　新增附件页面

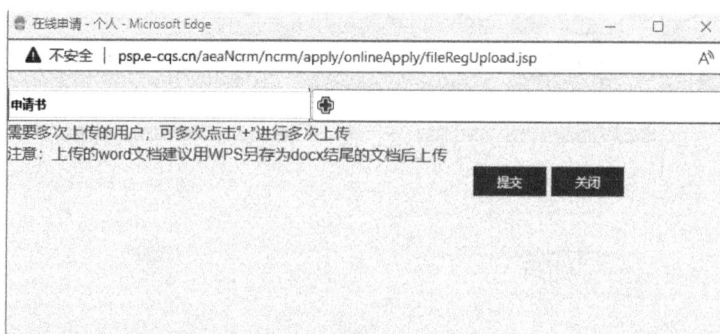

图 5-14　新增附件对话框

图 5-15　受理意见查询

在线申请注意事项：每项标准物质独立申请，即每一项标准物质一个申请流水号；材料中所有涉及申报单位名称的地方，必须一致；材料中出现的标准物质名称必须一致；材料中所有需要盖章的位置，必须提供盖章扫描的材料；试用报告中试用单位的名称与公章上的名称必须一致；成功申报后会收到受理短信。

三、国家有证标准物质定级鉴定

国家有证标准物质须经国务院计量行政主管部门定级鉴定，用于统一量值的有证标准物质包括国家一级标准物质和国家二级标准物质。国家有证标准物质定级鉴定审评由国务院计量行政主管部门聘请有关专家组成技术审评组织，对国家标准物质等级和标准物质研制（生产）机构利用该标准物质的认定值开展量值溯源和传递能力的评审。国家标准物质定级鉴定批准由国务院计量行政主管部门对国家标准物质等级和标准物质研制（生产）机构利用该标准物质的认定值开展量值溯源和传递能力的正式确认。

标准物质网上申报受理成功后，将进入评审环节，具体评审流程如图5-16所示。目前，针对首次申报的研制机构、新领域申请等情况，评审事务组将组织专家开展现场核查，核查通过后进行闭门评审，不再需要研制单位现场答辩；已有标准物质研制经历的单位将继续开展上会答辩的评审方式。闭门评审或答辩评审通过后，研制单位将收到标准物质整改意见书，需要在收到通知后的10个工作日内完成整改，并返回评审组审查，评审组根据整个意见与修改的情况给予是否最终通过的意见并签字确认。在评审环节和整改环节未通过的标准物质申报项目，由研制单位自行决定是否需要修改完善后重新申报。

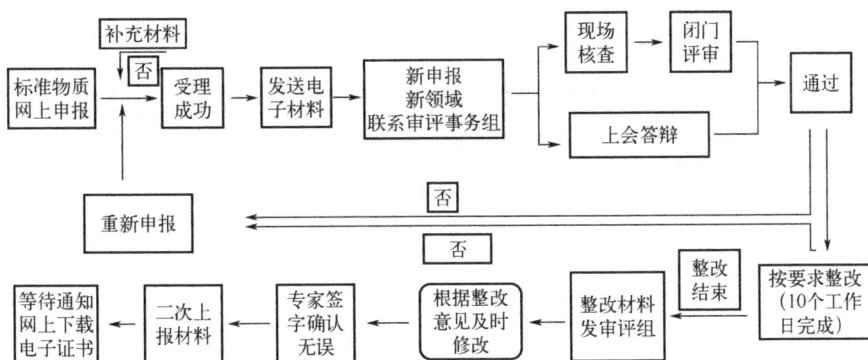

图 5-16 申报评审流程

最终通过的标准物质申报项目，申请人需要登录系统，申请单查询中标准物质项目条目前打钩选中，点击整改材料补传，将修改后的材料上传系统，如图5-17所示。同时，最终整改材料发送标准物质管理办公室一套备案。

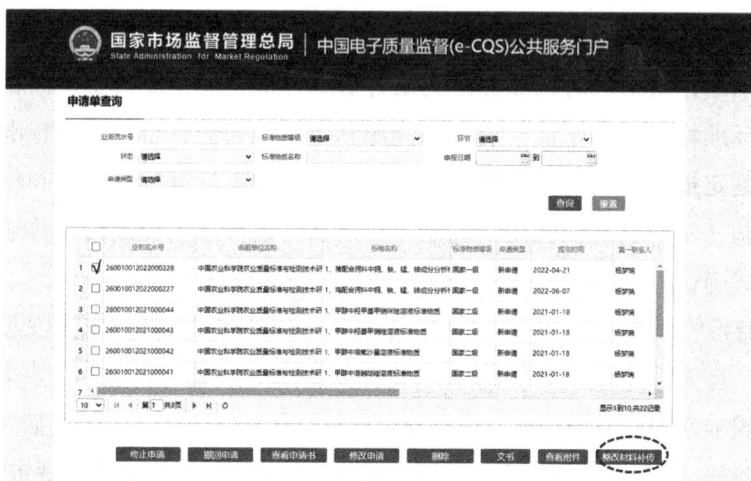

图 5-17　补充材料页面

四、认定与颁发证书

经国家市场监督管理总局认定和颁发的国家标准物质证书可通过申报系统自行下载。如图 5-18 所示，登录系统后，选中标准物质项目，点击右下方的"文书"，在弹出的对话框（图 5-19）中选中附件类型"证书"，点击弹出界面右下方"下载"即可下载证书。

图 5-18　标准物质证书查询

图 5-19　证书下载对话框

　　证书样式如图 5-20 所示，证书包括标准物质名称、编号、标准物质研制机构、定值数据表及发证日期。

国家标准物质定级证书
The Gradation Certificate of the National Certified Reference Material

〔2022〕国标物 证字第 4598 号

根据《中华人民共和国计量法》，按照《标准物质管理办法》的要求，经鉴定，批准为国家一级标准物质，特发此证。

This is to certify that the following reference materials have been approved, according to "the Law on Metrology of the People's Republic of China", as the First class of National Certified Reference Materials in compliance with the requirements on the "Regulation of Reference Materials".

标准物质名称　　猪配合饲料中铜、铁、锰、锌成分分析标准物质
Name of Reference Material

编号　　GBW10259
Code（s）

标准物质研制机构　　中国农业科学院农业质量标准与检测技术研究所
Producers of the Reference Material　　（农业农村部农产品质量标准研究中心）

发证日期 2022 年 09 月 30 日
Date Issued

（正面）

[2022] 国标物 证字第 4598 号

定值数据表/Table of Certified Value(s)

标准物质名称	标准物质编号	特性量	质量分数（mg/kg）	不确定度（mg/kg）
猪配合饲料中铜、铁、锰、锌成分分析标准物质	GBW10259	Cu	61.6	5.2
		Fe	367	19
		Mn	159	8
		Zn	336	11

研制单位：中国农业科学院农业质量标准与检测技术研究所（农业农村部农产品质量标准研究中心）（北京市）

证书样式（背面）

图 5-20　证书样式

第三节
管理机构与职责

2021 年，市场监管总局印发《市场监管总局关于成立全国标准物质委员会及专项工作组的通知》（以下简称《通知》），将原全国标准物质管理委员会和国家标准物质技术委员会合并，新成立全国标准物质委员会及专项工作组，进一步加强和规范全国标准物质管理，提升标准物质供给质量。《通知》指出，全国标准物质委员会主要由标准物质专业领域院士专家和市场监管总局及相关部门的行政管理人员组成，体现了行政管理和专业技术相结合的原则，具有较好的代表性和较高的权威性。《通知》明确，全国标准物质委员会主要职责是审议标准物质管理制度、发展规划和政策措施，审议批准发布标准物质技术发展报告等。办公室设在市场监管总局计量司，委员会下设综合协调组、审评事务组和审评专家组。

综合协调组负责标准物质管理综合协调，研究起草和组织实施有关标准物质方面的政策措施和管理制度，在各领域推进标准物质研制和应用，提出我国标准物质管理的政策建议。审评事务组受市场监管总局委托，负责标准物质评审的各类事务工作，包括审查标准物质各类评审资料，组织标准物质专家评审会，提交标准物质报批材料，建立评审记录和档案，协助处理标准物质评审过程中的有关问题。设立技术观察员和行政监督员，适时参加标准物质评审，提升评审工作的公正性、规范性。审评专家组受市场监管总局委托，协助总局建立和维护标准物质技术评审专家库，随机生成评审专家名单，提交审评事务组，对审评事务组形成的评审报告和报批材料进行技术把关，提出标准物质评审过程中的有关技术意见和建议，跟踪标准物质国际发展动态，撰写标准物质技术发展报告，承担标准物质技术文件的起草、修订和宣贯，组织开展技术评审专家的培训、考核，协助总局开展标准物质量值核查和专项监督等工作。

参考文献

[1] 国家技术监督局. 一级标准物质技术规范: JJF 1006—1994[S]. 北京: 中国计量出版社, 1994.

[2] 国家质量监督检验检疫总局.标准物质定值的通用原则及统计学原理: JJF 1343—2012[S]. 北京: 中国质检出版社, 2012.

[3] 国家质量监督检验检疫总局. 国家计量校准规范编写规则: JJF 1071—2010[S]. 北京: 中国质检出版社, 2011.

[4] 国家市场监督管理总局. 标准物质证书和标签要求: JJF 1186—2018[S]. 北京: 中国质检出版社, 2018.

[5] 国家质量监督检验检疫总局. 标准物质研制报告编写规则: JJF 1218—2009[S]. 北京: 中国质检出版社, 2009.

[6] Yang M R, Wang M, Zhou J, et al. Establishment of metrological traceability for fluoroquinolones measurement in monitoring plan of quality and safety for agro-product in China[J]. Microchemical Journal, 2022, 177: 107315.

[7] Yang M R, Jian L, Wang M, et al. Study of a new matrix certified reference material for accurate measurement of florfenicol in prawn meat powder[J]. Measurement, 2021, 185: 110011.

[8] Yang M R, Liu F, Wang M, et al. New matrix certified reference material for accurate measurement of ciprofloxacin residue in egg[J]. Analytical and Bioanalytical Chemistry, 2020, 412: 635-645.

[9] Yang M R, Liu F, Wang M, et al. Development of a whole liquid egg certified reference material for accurate measurement of enrofloxacin residue[J]. Food Chemistry, 2020, 309: 125253.

[10] 杨梦瑞, 李鹏, 简凌波, 等. 甲砜霉素纯度标准物质定值研究及其不确定度评估[J]. 农产品质量与安全, 2019, 5: 63-68.

[11] 杨梦瑞, 刘芳, 王敏, 等. 恩诺沙星纯度标准物质的定值研究[J]. 农产品质量与安全, 2017, 4: 52-55, 74.

[12] 杨梦瑞, 王敏, 周剑, 等. 氟罗沙星纯度标准物质的研制[J]. 农产品质量与安全, 2016, 6: 31-36.